"十四五"职业教育国家规划教材

"十四五"职业教育河南省规划教材

高等职业教育计算机类系列教材

Linux 服务器
配置与管理

（第二版）

主编 刘开茗 马国峰

西安电子科技大学出版社

内 容 简 介

本书根据当前我国高等职业教育课程改革的基本理念，以工作过程为导向，以项目为载体，以 Red Hat Enterprise Linux 9.2 为平台，详细介绍了 Linux 服务器配置与管理的方法。

本书分为 10 个项目，主要内容包括 Linux 服务器安装与测试、Linux 服务器基本操作、网络和软件包配置与管理、远程访问服务器配置与管理、文件共享服务器配置与管理、DNS 服务器配置与管理、LAMP 服务器配置与管理、LNMP 服务器配置与管理、容器配置与管理以及防火墙配置与管理。每个项目分为多个任务，通过不同任务的学习，读者可逐个掌握该项目的各个知识要点。

本书可作为高职院校计算机应用技术、计算机网络技术、大数据技术、云计算技术应用、信息安全技术应用等相关专业的理实一体化教材，也可作为 Linux 系统运维人员的自学指导用书。

图书在版编目 (CIP) 数据

Linux 服务器配置与管理 / 刘开茗，马国峰主编 . -- 2 版 . -- 西安：
西安电子科技大学出版社 , 2025. 2. -- ISBN 978-7-5606-7550-3

Ⅰ. TP316.85

中国国家版本馆 CIP 数据核字第 2025V0K133 号

策　　划　高　樱
责任编辑　高　樱
出版发行　西安电子科技大学出版社 (西安市太白南路 2 号)
电　　话　(029) 88202421　88201467　　　　邮　　编　710071
网　　址　www.xduph.com　　　　　　　　电子邮箱　xdupfxb001@163.com
经　　销　新华书店
印刷单位　咸阳华盛印务有限责任公司
版　　次　2025 年 2 月第 2 版　2025 年 2 月第 1 次印刷
开　　本　880 毫米 × 1230 毫米　1/16　印 张　19
字　　数　522 千字
定　　价　68.00 元

ISBN 978-7-5606-7550-3

XDUP 7851002-1

*** 如有印装问题可调换 ***

前　言

　　Linux 操作系统作为近年来最为流行的网络操作系统之一，被国内外企业广泛应用于中小型网络服务器上，配置与管理 Linux 服务器已成为网络及安全运维人员的必备技能。本书作者与深信服股份有限公司合作，以企业中网络及安全运维岗位为背景，还原了 Linux 服务器运维的工作任务，以使读者能够体验 Linux 服务器运维的工作要求，并掌握相应的工作技能，为胜任相关工作岗位打下坚实的基础。

　　本书通过 10 个项目来展示 Linux 服务器的应用场景。其中，项目 1 到项目 3 旨在为无任何 Linux 基础的读者提供必要的知识准备；项目 4 到项目 10 则分别介绍了远程访问服务器、文件共享服务器、DNS 服务器、LAMP 服务器、LNMP 服务器、容器和防火墙的配置与管理方法。每个项目均细分为若干个任务，这些任务的难度由简到繁，涵盖了该项目所需掌握的所有技能要点。

　　本书是一本"项目导向、任务驱动"的理实一体化教材。每个项目首先通过"项目描述"和"学习目标"明确本项目的学习内容和重难点。然后通过"预备知识"介绍本项目的背景、历史、发展和理论等基本知识。接下来通过不同的任务，讲解项目的技能要点。每个任务都按照任务提出、任务分析、任务实施、任务总结、同步训练等步骤组织和展开，以使读者能够了解具体任务内容、理解所需知识点、掌握实现过程并做到学以致用。此外，书中还穿插有"小贴士""知识链接"等环节，既可拓展相关任务的知识，也可增加阅读的趣味性。

　　本书第 1 版自 2020 年出版以来，深受广大师生的欢迎，并于 2023 年被评为首批"十四五"职业教育国家规划教材。这次改版，我们在保留原版教材特色的基础上，全面更新了教材内容，以能够及时反映 Linux 领域的新技术和国家对人才培养的新要求。具体修改之处有：

　　(1) 升级软件版本。2022 年 5 月 Red Hat 公司发布了正式版操作系统 Red Hat Enterprise Linux 9(RHEL9)，因此本书以 RHEL9.2 版本为基础来进行介绍，同时将运行 Linux 的 VMware 软件也升级到 VMWare Workstation Pro 17.0，以符合当前最新技术潮流。

　　(2) 整合和扩充教材内容。根据企业真实工作岗位对人才技术技能的要求，将原有内容重新整合，形成了项目 3 网络和软件包配置与管理、项目 4 远程访问服务器配置与管理、项目 5 文件共享服务器配置与管理、项目 7 LAMP 服务器配置与管理、项目 8 LNMP 服务器配置与管理等新章节，并增加了磁盘管理、进程管理、VPN 服务器、NFS 服务器、MySQL 服务器、Nginx 服务器、PHP 解释器、Python 解释器、容器、SELinux 等内容，以使教材结构更加合理，内容更加充实。

(3) 融入课程思政元素。为了全面贯彻党的教育方针，落实立德树人根本任务，加强思想政治教育，构建"三全育人"格局，本书加入了课程思政的内容。在每个项目的开始确定"思政目标"，并结合每个项目的内容特点，挖掘 1～2 个课程思政元素，将习近平新时代中国特色社会主义思想、党的大政方针、国家法律法规、社会主义核心价值观、大国工匠精神、家国情怀等思政元素融入教材内容中，以达到"润物无声"的育人效果。

本书的参考学时为 60 学时，由于采用理实一体化形式进行编排，因而在实际课堂教学中不必严格区分理论学时和实践学时，可以将理论与实践教学混合进行。各项目参考学时如下：

项 目	内 容	参考学时
项目 1	Linux 服务器安装与测试	4
项目 2	Linux 服务器基本操作	4
项目 3	网络和软件包配置与管理	6
项目 4	远程访问服务器配置与管理	4
项目 5	文件共享服务器配置与管理	6
项目 6	DNS 服务器配置与管理	10
项目 7	LAMP 服务器配置与管理	10
项目 8	LNMP 服务器配置与管理	6
项目 9	容器配置与管理	6
项目 10	防火墙配置与管理	4
总计		60

郑州铁路职业技术学院刘开茗、马国峰担任本书主编，赵紫萱、朱军涛担任副主编。赵紫萱编写了项目 1 和项目 2，马国峰编写了项目 3 和项目 4，刘开茗编写了项目 5 到项目 8，朱军涛编写了项目 9 和项目 10。深信服股份有限公司李正东结合实际工作岗位需求设计了项目案例，并提供了相关技术资料。

由于编者水平有限，书中难免存在不足之处，敬请读者批评指正。如果读者在学习中需要与我们沟通交流，请发送电子邮件到 23006546@qq.com。

编 者

2024 年 5 月

目　录

项目 1　Linux 服务器安装与测试......................1

预备知识　认识 Linux 操作系统.................1

任务一　安装 Red Hat Enterprise Linux 9.....5

　任务提出.......................................5

　任务分析.......................................5

　任务实施.......................................5

　任务总结......................................16

　同步训练......................................17

任务二　熟悉 Red Hat Enterprise Linux 9 的
　　　　工作界面................................17

　任务提出......................................17

　任务分析......................................17

　任务实施......................................19

　任务总结......................................23

　同步训练......................................23

项目总结..23

项目训练..23

项目 2　Linux 服务器基本操作.....................25

预备知识　认识 Linux 系统的文件............25

任务一　操作文件和目录........................26

　任务提出......................................26

　任务分析......................................26

　任务实施......................................35

　任务总结......................................39

　同步训练......................................39

任务二　管理用户和组..........................39

　任务提出......................................39

　任务分析......................................40

　任务实施......................................43

　任务总结......................................44

　同步训练......................................44

任务三　管理磁盘................................45

　任务提出......................................45

　任务分析......................................45

　任务实施......................................50

　任务总结......................................62

　同步训练......................................62

任务四　管理进程................................63

　任务提出......................................63

　任务分析......................................63

　任务实施......................................66

　任务总结......................................72

　同步训练......................................72

项目总结..72

项目训练..73

项目 3　网络和软件包配置与管理..................75

预备知识　认识计算机网络....................75

任务一　配置与管理网络........................78

　任务提出......................................78

　任务分析......................................78

　任务实施......................................81

　任务总结......................................92

　同步训练......................................92

任务二　安装软件包..............................93

　任务提出......................................93

　任务分析......................................93

　任务实施......................................95

　任务总结......................................99

　同步训练......................................99

任务三　配置与管理 DHCP 服务器...........99

　任务提出......................................99

　任务分析.....................................100

　　　任务实施 103
　　　任务总结 108
　　　同步训练 108
　　项目总结 109
　　项目训练 109
项目4　远程访问服务器配置与管理 110
　　预备知识　认识远程访问服务 110
　　任务一　配置与管理 Telnet 服务器 112
　　　任务提出 112
　　　任务分析 112
　　　任务实施 112
　　　任务总结 113
　　　同步训练 113
　　任务二　配置与管理 SSH 服务器 113
　　　任务提出 113
　　　任务分析 114
　　　任务实施 114
　　　任务总结 122
　　　同步训练 122
　　任务三　配置与管理 VPN 服务器 122
　　　任务提出 122
　　　任务分析 122
　　　任务实施 125
　　　任务总结 131
　　　同步训练 132
　　项目总结 132
　　项目训练 132
项目5　文件共享服务器配置与管理 133
　　预备知识　认识文件共享服务 133
　　任务一　配置与管理 NFS 服务器 136
　　　任务提出 136
　　　任务分析 137
　　　任务实施 138
　　　任务总结 143
　　　同步训练 143
　　任务二　配置与管理 Samba 服务器 143
　　　任务提出 143
　　　任务分析 144
　　　任务实施 145

　　　任务总结 151
　　　同步训练 151
　　任务三　配置与管理 FTP 服务器 151
　　　任务提出 151
　　　任务分析 152
　　　任务实施 153
　　　任务总结 160
　　　同步训练 160
　　项目总结 160
　　项目训练 161
项目6　DNS 服务器配置与管理 163
　　预备知识　认识 DNS 服务器 163
　　任务一　安装 DNS 服务器 167
　　　任务提出 167
　　　任务分析 167
　　　任务实施 167
　　　任务总结 169
　　　同步训练 169
　　任务二　配置主 DNS 服务器 169
　　　任务提出 169
　　　任务分析 170
　　　任务实施 170
　　　任务总结 175
　　　同步训练 175
　　任务三　配置辅助 DNS 服务器 175
　　　任务提出 175
　　　任务分析 175
　　　任务实施 176
　　　任务总结 179
　　　同步训练 179
　　任务四　配置转发 DNS 服务器 179
　　　任务提出 179
　　　任务分析 179
　　　任务实施 180
　　　任务总结 183
　　　同步训练 183
　　任务五　配置唯缓存 DNS 服务器 183
　　　任务提出 183
　　　任务分析 183

任务实施....................................183
任务总结....................................184
同步训练....................................185
项目总结..185
项目训练..185

项目7　LAMP 服务器配置与管理..................187
预备知识　认识 LAMP 服务器..................187
任务一　配置与管理 Apache 服务器........189
任务提出....................................189
任务分析....................................190
任务实施....................................192
任务总结....................................200
同步训练....................................200
任务二　配置与管理 MySQL 服务器........201
任务提出....................................201
任务分析....................................202
任务实施....................................207
任务总结....................................217
同步训练....................................218
任务三　配置与管理 PHP 程序解释器........218
任务提出....................................218
任务分析....................................218
任务实施....................................218
任务总结....................................220
同步训练....................................220
项目总结..220
项目训练..220

项目8　LNMP 服务器配置与管理..................222
预备知识　认识 LNMP 服务器..................222
任务一　配置与管理 Nginx 服务器..........223
任务提出....................................223
任务分析....................................224
任务实施....................................226
任务总结....................................231
同步训练....................................231
任务二　集成测试 LNMP 服务器..........231
任务提出....................................231
任务分析....................................231
任务实施....................................232

任务总结....................................235
同步训练....................................235
任务三　配置与管理 Python 解释器..........236
任务提出....................................236
任务分析....................................236
任务实施....................................237
任务总结....................................239
同步训练....................................239
项目总结..239
项目训练..239

项目9　容器配置与管理..........................241
预备知识　认识容器..........................241
任务一　安装 Podman......................244
任务提出....................................244
任务分析....................................244
任务实施....................................245
任务总结....................................246
同步训练....................................247
任务二　使用 Podman 管理容器..................247
任务提出....................................247
任务分析....................................247
任务实施....................................248
任务总结....................................255
同步训练....................................256
任务三　利用容器搭建 LNMP 服务..........256
任务提出....................................256
任务分析....................................256
任务实施....................................258
任务总结....................................268
同步训练....................................268
项目总结..269
项目训练..269

项目10　防火墙配置与管理..................270
预备知识　认识防火墙..................270
任务一　配置和使用 Firewalld..................272
任务提出....................................272
任务分析....................................273
任务实施....................................275
任务总结....................................280

　　同步训练............................280
任务二　配置和使用 SELinux 280
　　任务提出............................280
　　任务分析............................281
　　任务实施............................286

　　任务总结............................294
　　同步训练............................294
　项目总结............................294
　项目训练............................295
参考文献............................296

Linux 服务器安装与测试

项目描述

　　某公司要搭建企业内部网络，要求服务器具有 Web、FTP、DNS、DHCP、Samba 等功能，从而为企业内部用户提供相应的服务。考察目前主流的操作系统后，决定选择 Red Hat Enterprise Linux 9 作为服务器的操作系统。

　　本项目需要对 Red Hat Enterprise Linux 9 有一定的认识，并安装好该操作系统。

学习目标

　　(1) 了解 Linux 的历史、发展和特点。
　　(2) 掌握 Linux 的安装方法。
　　(3) 熟悉 Linux 操作界面。

思政目标

　　(1) 理解共商共建共享的全球治理观。
　　(2) 了解国家知识产权发展战略，共同保护知识产权。

预备知识　认识 Linux 操作系统

1. Linux 的起源与发展

　　Linux 操作系统的产生与 UNIX 密不可分。

　　1973 年，美国 AT&T 公司贝尔实验室的 Ken Thompson 和 Dennis Ritchie 共同开发了 UNIX 操作系统。它以高度可移植性和稳定性的特点，被很多商业公司应用。但是由于 UNIX 操作系统只适用于服务器的硬件配置，没有针对个人计算机的设计，因此许多个人用户无法体验 UNIX 的强大功能。

　　1979 年，AT&T 公司在 UNIX Version 7 推出后发布了新的使用条款，将 UNIX 源代码私有化，大学中不能再使用 UNIX 源代码。荷兰阿姆斯特丹 Vrije 大学计算机科学系的 Andrew S. Tanenbaum 教授为了能在课堂上教授学生操作系统运行的实现细节，决定在不使用任何 UNIX 源代码的前提下，自行开发与 UNIX 兼容的操作系统。他以小型 UNIX(mini-UNIX) 之意将开发的操作系统称为 MINIX。

1991 年年初，芬兰赫尔辛基大学的学生 Linus Torvalds 开始在一台 386SX 兼容微机上学习 MINIX 操作系统。1991 年 4 月，Torvalds 开始酝酿并着手编制自己的操作系统。1991 年 10 月 5 日，Torvalds 在赫尔辛基大学的新闻组发布消息，正式向外宣布 Linux 内核诞生，并将 Linux 内核上传到学校的 FTP 服务器上供计算机爱好者下载和使用。此后，Torvalds 根据用户的反馈意见不断修改 Linux 内核。由于 Linux 的功能越来越强大，单靠 Torvalds 一个人的力量已经无法维持，于是不少志愿者加入到 Linux 的修改和升级工作中。在大家的共同努力下，Linux 1.0 正式版于 1994 年发布。

如今，Linux 凭借优秀的设计、不凡的性能，加上 IBM、Intel、AMD、Dell、Oracle、Sybase 等国际知名企业的大力支持，市场份额逐步扩大，已成为主流操作系统之一。

2. GNU 计划

1984 年，美国知名黑客 Richard M. Stallman 提出 GNU 计划，目的是建立一个自由、开放的操作系统 GNU。GNU 是 "GNU's Not UNIX" 的递归缩写，意思是 GNU 是与 UNIX 完全不同的操作系统。Stallman 首先编写了许多在 UNIX 上运行的小软件，其功能与 UNIX 上的软件功能相同，内核却完全不一样，更重要的是，这些软件是免费的。

Stallman 认为，编写程序的最大快乐就是把自己编写的软件分享给大家使用。而既然是分享，就应该把源代码也一并给出，这样才能方便大家把程序修改成适合自己计算机的软件。这个将源代码连同软件程序一起发布的行动，就称为自由软件 (Free Software) 运动。

1985 年，Stallman 又创立了自由软件基金会 (Free Software Foundation，FSF)，来为 GNU 计划提供技术、法律以及财政支持。尽管 GNU 计划大部分时候是由个人自愿无偿贡献的，但 FSF 有时还是会聘请程序员帮助编写。当 GNU 计划逐渐获得成功时，一些商业公司开始介入开发和技术支持。其中最著名的就是之后被 Red Hat 兼并的 Cygnus Solutions。

为了避免 GNU 所开发的自由软件被其他人拿去申请专利，Stallman 与律师草拟了著名的通用公共许可证 (General Public License，GPL)，并且称它为 Copyleft(相对于专利软件 Copyright)。Stallman 将 GNU 与 FSF 发展出来的软件都加上了 GPL 版权标识，使其成为自由软件。这类软件具有如下特色。

(1) 取得软件的源代码：用户可以根据自己的需求来取得源代码并执行这个自由软件。

(2) 复制：用户可以自由地复制该软件。

(3) 修改：用户可以将取得的源代码进行修改，使之更适合特定的工作。

(4) 再发行：用户可以将修改过的程序再度自由发行，而不会与原先的撰写者冲突。

(5) 回馈：用户应该将修改过的程序代码回馈社区群。

Torvalds 的 Linux 就是 GNU GPL 授权模式。所以，任何人均可取得源代码且可以执行这个核心程序，还可以修改这个程序。Linux 与其他 GNU 软件结合，形成了完全自由的操作系统。因此，Linux 也被称为 "GNU/Linux"。

课程思政

Linux 作为一款自由软件，不仅为全球程序员研究和使用提供了便利，还使自己得到了改进和提高。自由软件的思想与习近平总书记倡导的共商共建共享的全球治理理念相吻合，也为破解当今人类社会面临的共同难题提供了新原则新思路。当今全球信息技术的发展也需要践行共商共建共享的理念，只有世界各国集思广益、团结合作，才能共同促进人类科学技术的进步。

3. Linux 的系统架构

Linux 的系统架构如图 1-1 所示。最内层为硬件，包括我们熟悉的 CPU、内存、硬盘、输

入 / 输出 (I/O) 设备等。在硬件之外，Linux 操作系统的第一层是内核 (kernel)。内核直接管理着计算机的硬件设备，包括进程管理、内存管理、文件系统管理、输入 / 输出管理等。所有的计算机操作命令都要通过内核传递给硬件。

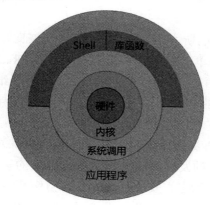

图 1-1　Linux 的系统架构

为了方便用户调用内核，Linux 将内核的功能接口制作成系统调用 (system call)。系统调用看起来就像 C 语言的函数，用户可以在程序中直接调用。Linux 有两百多个这样的系统调用。用户不需要了解内核的复杂结构，就可以使用内核。系统调用是操作系统的最小功能单位。一个操作系统以及基于操作系统的应用都不可能实现超越系统调用的功能。

系统调用提供的功能非常基础，所以使用起来很麻烦。一个简单的给变量分配内存空间的操作，就需要动用多个系统调用。Linux 定义一些库函数 (library routine) 来将系统调用组合成某些常用的功能。例如，上面分配内存的操作就可以定义成一个库函数 (如 malloc())。

Shell 是一个特殊的应用。很多用户将它称为命令行。Shell 是一个命令解释器 (interpreter)，通过系统调用，指挥内核实现用户发出的命令。Shell 是可编程的，它可以执行符合 Shell 语法的文本。这样的文本叫作 Shell 脚本 (script)。在架构图中可以看到，Shell 下通系统调用，上通各种应用，同时还有许多自身的小工具可以使用。Shell 脚本可以在寥寥数行中实现复杂的功能。

与用户最接近、最能够实现用户需求的是一般的应用程序。它可以使用系统调用，也可以调用库函数，还可以运行 Shell 脚本。这些应用程序由多种语言来开发，可以实现不同的功能。如今，基于 Linux 操作系统的应用程序种类非常丰富，从办公软件到声音图像处理软件，以及即时通信工具、浏览器等，种类和功能与 Windows 中的应用程序不相上下。

4. Linux 的版本

Linux 的版本分为内核版本和发行版本。

1) 内核版本

内核只提供基本的设备驱动、文件管理、资源管理等功能，是 Linux 操作系统的核心组件。Linux 内核可以被广泛移植，而且适用于多种硬件。

内核的开发和规范一直由 Torvalds 领导的开发小组控制着，版本也是唯一的，开发小组每隔一段时间公布新的版本或其修订版。内核的版本号命名是有一定规则的，版本号的格式通常为"主版本号 . 次版本号 . 修正号"。主版本号和次版本号标志着重要的功能变动，修正号表示较小的功能变更。其中次版本号还有特殊含义：如果是偶数数字，则表示该内核是一个可放心使用的稳定版；如果是奇数数字，则表示该内核加入了某些测试的新功能，是一个可能存在着缺陷的测试版。

2) 发行版本

仅有内核而没有应用软件的操作系统是无法使用的，所以许多公司或社团将内核、源代码及相关的应用程序构成一个完整的操作系统，让一般的用户可以简便地安装和使用 Linux，这就是所谓的发行版本 (Distribution)。一般说到的 Linux 系统版本都是指发行版本。目前各种发行版本超过 300 种，它们的发行版本号各不相同，现在流行的发行版本有 Red Hat(红帽)、CentOS、Ubuntu 和 Kylin(麒麟) 等。

Red Hat 从 1999 年在美国纳斯达克上市以来，一直发展良好，目前已经成为 Linux 商界中的龙头。Red Hat Linux 安装简单，适合初级用户使用。目前 Red Hat 旗下的 Linux 包括两种版本：一种是个人版的 Fedora(由 Red Hat 公司赞助，并且由社区维护和驱动，Red Hat 并不提供技术支持)；另一种是商业版的 Red Hat Enterprise Linux(缩写为 RHEL)，最新版本为 Red Hat Enterprise Linux 9，其中文官方网址为 https://www.redhat.com/zh。

CentOS 是 RHEL 源代码再编译的产物，是去掉 RHEL 相关图标等具有商业版权的信息后形成的与 RHEL 版本相对应的发行版。CentOS 在 RHEL 的基础上修正了不少已知的 BUG，相对于其他 Linux 发行版，其稳定、安全、高效等特点吸引了一大批 IT 企业使用，其中不乏像淘宝、网易这样的 IT 巨头。2020 年 12 月 8 日，CentOS 社区在官方博客发布 "CentOS Project shifts focus to CentOS Stream" 和关于该问题的维基百科说明，标志着 CentOS Linux 版本的终结。从 2020 年 12 月以后不会再有 CentOS Linux 9 及之后的版本。作为 CentOS Linux 的替代，CentOS Stream 出现了。CentOS Stream 不再是 RHEL 原生代码的重新编译版。传统的 "Fedora→RHEL→CentOS" 路径已经成为历史，取而代之的是 "Fedora→CentOS Stream→RHEL"。CentOS Stream 是一个持续交付的发行版，介于 Fedora 与 RHEL 之间，而随着更新的软件包通过测试并满足稳定性标准，它将成为最新的 RHEL。目前 CentOS Stream 的最新版本为 CentOS Stream 9，其官方网址为 https://www.centos.org/。

Ubuntu 是 Linux 发行版本中的后起之秀，它具备吸引个人用户的众多特性，如简单易用的操作方式、漂亮的界面、众多的硬件支持等，其中文官方网址为 https://cn.ubuntu.com/。

Kylin(麒麟) 是一个中国自主知识产权的操作系统，是国家高技术研究发展计划 (863 计划) 的重大成果之一。它基于 Linux 系统，可支持多种微处理器和多种计算机体系结构，具有高性能、高可用性与高安全性，是一个与 Linux 应用二进制兼容的国产中文操作系统。

 课程思政

习近平总书记指出，知识产权保护工作关系国家治理体系和治理能力现代化，关系高质量发展，关系人民生活幸福，关系国家对外开放大局，关系国家安全。构建我国自主知识产权的操作系统是我国信息技术发展的重大成就，也是保护知识产权工作的重大成就。近十年来，我国知识产权事业快速发展，从无到有、由弱变强、由多向优，走出了一条中国特色知识产权发展之路。

当然，我国自主知识产权的操作系统还需要进一步完善，希望各位读者认真学习，能为我国的操作系统发展贡献自己的一份力量。

5. Red Hat Enterprise Linux 9 的新特性

2022 年 5 月 18 日，Red Hat 公司发布了 Red Hat Enterprise Linux 9(简称 RHEL 9) 正式版。该版本是第一个基于 CentOS Stream 构建的生产版本，提供了强大的安全功能和许多增强功能。

(1) 内核版本：基于 Linux 5.14 内核系列，引入了增强的 Web 控制台性能指标，可更好地识别可能影响系统性能的各种威胁。

(2) 文件系统：支持扩展文件分配表 (exFAT) 文件系统，用户可以挂载、格式化并使用这个文件系统。通常在闪存内存中会用到该文件系统。

(3) 网络系统：在基于区域的防火墙中，数据包只输入一个区域且隐式数据包传输是概念违规的，并允许意外流量或服务。而在 Red Hat Enterprise Linux 9 中，firewalld 服务不再允许两个不同区域间的隐式数据包传输，并且区域内的转发功能允许 firewalld 区域内接口间或源间转发流量。

(4) 安全性：引入了完整性测量架构 (IMA) 数字签名和哈希函数。利用完整性测量架构，用户可以通过数字签名和哈希函数验证操作系统的完整性。这有助于检测恶意的基础架构修改，从而更容易防止系统受到损害。

任务一　安装 Red Hat Enterprise Linux 9

▼ 任务提出

在了解了 Red Hat Enterprise Linux 9 以后，请在 VMware 虚拟环境中安装 Red Hat Enterprise Linux 9.2。

▼ 任务分析

Linux 操作系统有多种安装方式，常见的有以下几种。

1. 从光盘安装

从光盘安装是比较简单方便的安装方式，Linux 发行版可以在对应的官方网站下载。下载完成后刻录成光盘，然后将计算机设置成光驱引导。把光盘放入光驱，重新引导系统，系统引导完成即进入图形化安装界面。

2. 从硬盘安装

从对应的官方网站下载 Linux 发行版的光盘映像文件 (ISO 文件)，就可以直接从硬盘进行安装。通过特定的 ISO 文件读取软件可以将光盘解压到指定的目录待用，重新引导即可进入 Linux 的安装界面。这时安装程序会提示用户选择用光盘安装还是从硬盘安装。选择从硬盘安装后，系统会提示用户输入安装文件所在的目录。

3. 在虚拟机上安装

在虚拟机上安装，其实也分为光盘安装或 U 盘安装，因为虚拟机也具备这些虚拟端口。与其他方式不同的是，必须先安装一个虚拟机软件。

4. 其他安装方式

Linux 发行版还可以通过 U 盘或网络进行安装，每种安装方式的方法类似，区别在于安装过程中系统的引导方式不同。

如果对安装过程不熟悉，推荐使用虚拟机安装方式，因为这种安装方式要求简单，危险性也低。

▼ 任务实施

本书采用的虚拟机软件为 VMware Workstation Pro 17.0，下面以 Red Hat Enterpreise Linux 9.2 为例介绍如何安装 Linux 操作系统。

安装 Red Hat
Enterprise Linux 9

1. 创建虚拟机

(1) 打开 VMware 软件的主界面 (如图 1-2 所示)，单击【创建新的虚拟机】选项，或在【文件】下拉菜单中选择【新建虚拟机】选项，开始创建虚拟机。

图 1-2　VMware 软件的主界面

(2) 出现如图 1-3 所示的【新建虚拟机向导】界面，选中【典型 (推荐)】单选按钮，单击【下一步】按钮，进行虚拟机的创建。

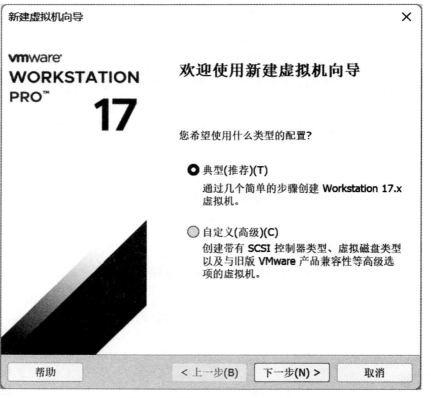

图 1-3　选择虚拟机的配置类型

(3) 进入如图 1-4 所示的界面，选择【稍后安装操作系统】，然后单击【下一步】按钮。

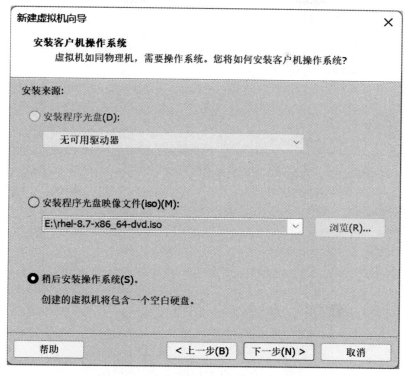

图 1-4　选择安装客户机操作系统的方式

(4) 进入如图 1-5 所示的界面，在【客户机操作系统】中选择【Linux】，在【版本】下拉列表中选择【Red Hat Enterprise Linux 9 64 位】，然后单击【下一步】按钮。

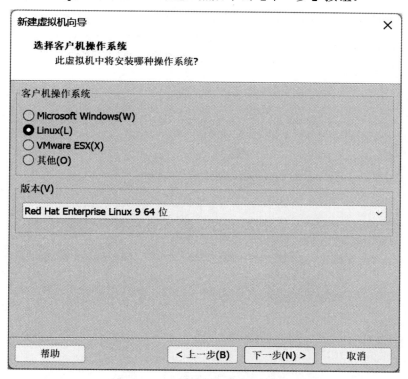

图 1-5　选择要安装的操作系统类型

(5) 进入如图 1-6 所示的界面，这里需要给虚拟机命名，并选择虚拟机文件存放的位置。我们将虚拟机命名为【Red Hat Enterprise Linux 9】，虚拟机文件存放位置可以根据实际需要进行修改，然后单击【下一步】按钮。

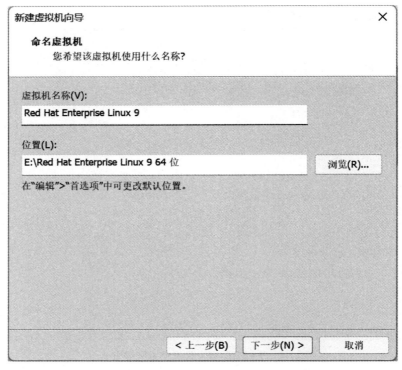

图 1-6　为虚拟机命名

(6) 进入如图 1-7 所示的界面，这里需要给虚拟机分配硬盘空间。建议使用默认的 20 GB，其他选项选择默认即可，然后单击【下一步】按钮。

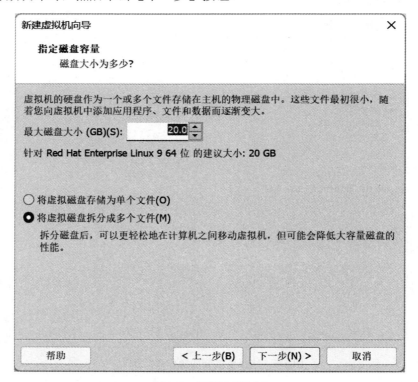

图 1-7　设置磁盘空间

(7) 进入如图 1-8 所示的界面，这里会将前面所配置的虚拟机的硬件信息一一列出来。如果发现配置错误，则选择【上一步】进行修改；如果确认无误，则单击【完成】按钮，向导会创建一个虚拟机硬件，如图 1-9 所示。

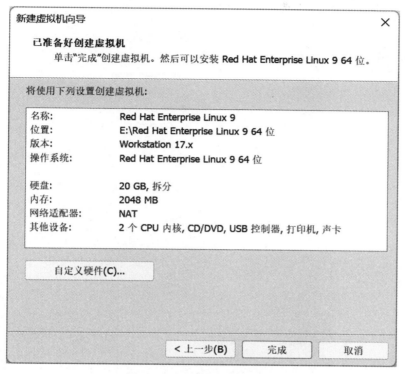

图 1-8 确认虚拟机硬件信息

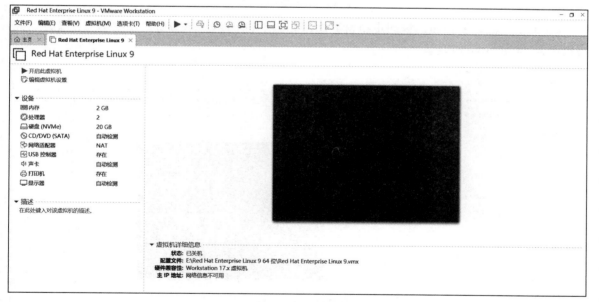

图 1-9 完成虚拟机硬件配置

2. 安装 Red Hat Enterprise Linux 9

下面以光盘安装为例介绍 Linux 的安装步骤。

(1) 鼠标左键双击图 1-9 所示界面左侧【设备】栏中的第四项【CD/DVD(SATA)】，打开如图 1-10 所示的窗口。在右侧【连接】栏中，选择【使用 ISO 映像文件】单选按钮，然后单击【浏览】按钮，在弹出的文件选择窗口中选择 RHEL9.2 的 ISO 文件。

图 1-10　设置虚拟机光驱

（2）单击【确定】按钮，返回虚拟机界面，如图 1-11 所示。单击窗口左侧第一行【开启此虚拟机】，即可启动虚拟机。

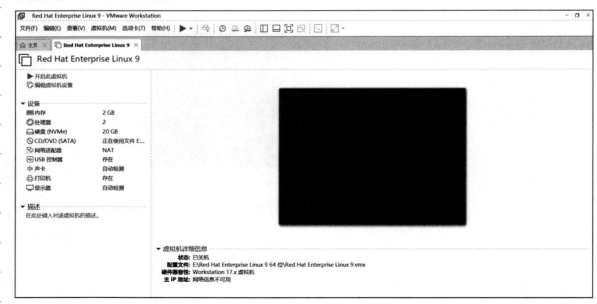

图 1-11　准备开始安装

（3）启动后耐心等待安装程序引导完毕，即进入 Linux 的安装界面，如图 1-12 所示。安装界面的第一个选项【Install Red Hat Enterprise Linux 9.2】表示立即开启安装进程，第二个选项【Test this media & install Red Hat Enterprise Linux 9.2】表示先测试安装介质是否有误，再开启安装进程。如果确认光盘没有问题，则选择第一个选项，否则建议选择第二个选项。

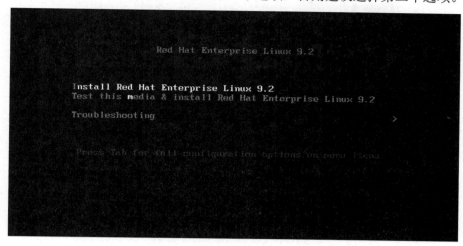

图 1-12 安装界面

◎小贴士：使用鼠标单击安装界面之后才能进行选择。此处使用键盘上的↑、↓键进行选择，使用 Enter 键对选择进行确认。

(4) 选择第一个选项【Install Red Hat Enterprise Linux 9.2】，按照系统提示，单击 Enter 键开始安装。

(5) 引导程序加载安装程序，等待数秒后，出现图形安装界面，如图 1-13 所示。安装的第一步是选择安装过程中使用的语言，在左侧栏选择【中文】，右侧栏选择【简体中文】，然后单击【继续】按钮。

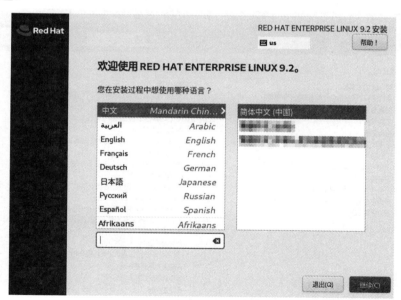

图 1-13 选择安装语言

(6) 进入如图 1-14 所示的【安装信息摘要】界面，确认安装的相关设置。设置分为本地化、软件、系统和用户设置四个部分。

① Linux 已经根据之前选择的语言对【本地化】进行了默认设置，一般情况下保持默认即可，也可以单击相关设置进行修改。需要特别注意的是，如果此计算机在中国大陆地区使用，就需要将【语言支持】设置为【简体中文 (中国)】，否则会出现系统中的中文文件名、中文文本变为乱码的现象。

图 1-14 【安装信息摘要】界面

②【软件】设置主要用来定制服务器角色。【安装源】用来选择安装介质的位置，使用硬盘、网络安装方法时可设置该选项，使用光盘时无意义，保持默认即可。【软件选择】用来定义需要安装的服务器环境及软件包，默认为【带 GUI 的服务器】，也可以点击此选项，打开如图 1-15 所示的【软件选择】界面，根据自己的需要选择相应的软件，选择完成后单击左上角的【完成】按钮即可。

返回【安装信息摘要】界面后，安装程序会计算所选服务器环境需要安装的软件之间的依赖关系，大约需要几秒钟时间，此期间无法重新进入软件选择界面。

本次安装我们使用默认的【带 GUI 的服务器】。

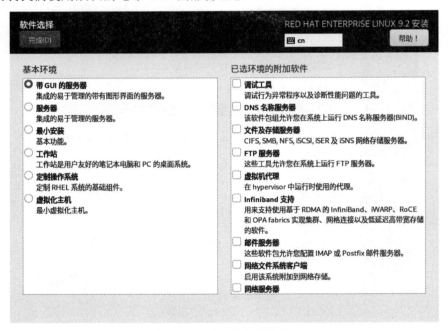

图 1-15 选择安装的软件

③ 单击【系统】中的【安装目的地】选项，进入如图 1-16 所示的界面。如果是全新的计算机，硬盘上没有任何操作系统或数据，则可以将左下角的【存储配置】设置为【自动】，安装程序就会自动根据磁盘以及内存的大小分配磁盘空间和 swap 空间，并建立合适的分区。对于初学者来说，建议选择该选项。如果自动分区不能满足需求，也可以选择【自定义】单选按钮，然后点击左上角的【完成】按钮，进入如图 1-17 所示的界面进行手动分区配置。配置完成后单击

左上角的【完成】按钮即可。此次安装我们以【自动】配置分区为例。

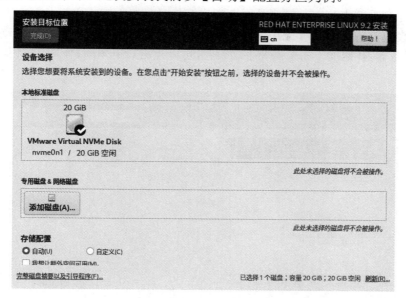

图 1-16　选择安装的磁盘

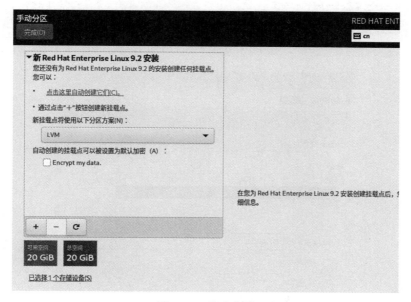

图 1-17　手动分区

④ 在图 1-14 的【安装信息摘要】界面【系统】中的单击【KDUMP】，对 KDUMP 进行设置，如图 1-18 所示。KDUMP 开启后，将会使用一部分内存空间，在系统崩溃时 KDUMP 捕获系统的关键信息，以便分析、查找出系统崩溃的原因。此功能主要是系统相关的程序员使用，对普通用户而言意义不大，建议关闭。取消【启用 kdump】复选框，单击左上角的【完成】按钮。

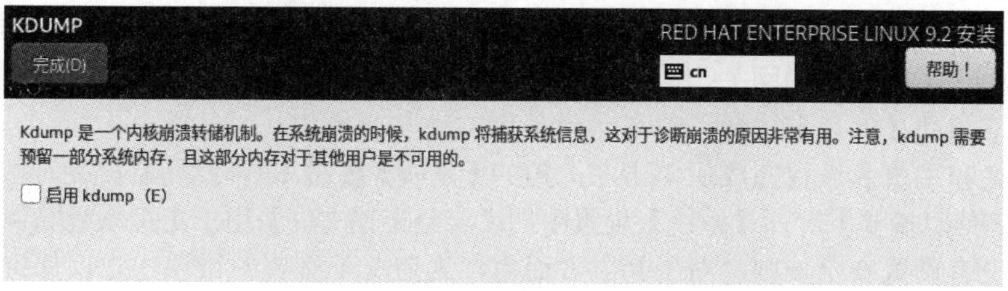

图 1-18　设置 KDUMP

⑤ 单击【系统】中的【网络和主机名】选项，打开如图 1-19 所示的界面，对网络和主机名进行设置。左侧是网卡列表，右侧是网卡的详细信息，左下部【主机名】文本框中可以自己设置主机名，设置完成后单击【应用】按钮即可生效。默认情况下，系统会自动分配 IP 地址、网关和 DNS 服务器 IP 地址。如果需要手动设置，可以点击右下角的【配置】按钮，打开如图 1-20 所示的界面。

图 1-19　设置网络和主机名

图 1-20　配置网卡

在如图 1-20 所示的网卡配置界面中，如果要设置 IPv4 地址，则先单击【IPv4 设置】标签，在【方法】下拉列表中选择【手动】，再单击【地址】栏右侧的【添加】按钮，在【地址】栏中输入 IP 地址、子网掩码和网关，然后在【DNS 服务器】文本框中输入 DNS 服务器的 IP 地址，最后单击右下角的【保存】按钮。IPv6 地址设置方法与此类似。

所有网络和主机名设置完成后单击左上角的【完成】按钮，即可返回【安装信息摘要】界面。

⑥【安装信息摘要】界面【系统】设置中的【安全配置文件】用于定义系统默认的安全规则。默认情况下没有设置安全规则。对于初学者而言，为避免不必要的错误，建议保持默认选项。

⑦【安装信息摘要】界面的【用户设置】中还需要给 root 用户设置密码。点击【root 密码】，

打开如图 1-21 所示的界面。root 用户通常也称为根用户，是 Linux 系统中默认的管理员账户，在系统中拥有最高权限，因此必须为其设置密码。密码输入框下的进度条会根据密码的长度和复杂性显示该密码的强度。

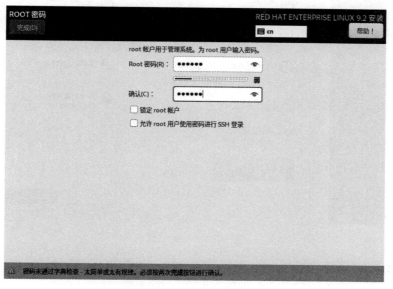

图 1-21　设置 root 密码

在此界面还可以选择【锁定 root 账户】和【允许 root 用户使用密码进行 SSH 登录】。为了配置服务器方便，建议不锁定 root 账户，待配置完成以后可以使用命令锁定 root 账户。为了安全起见，不选择【允许 root 用户使用密码进行 SSH 登录】。

以上所有输入完成后单击左上角的【完成】按钮。如果 root 密码设置得过于简单，必须单击【完成】按钮两次予以确认。

⑧ 在【用户设置】中单击【创建用户】，进入如图 1-22 所示的界面。输入用户名和密码，创建一个普通用户账户。输入完成后单击左上角的【完成】按钮。同样的，如果密码设置得过于简单，需要单击【完成】按钮两次予以确认。

图 1-22　创建用户

(7) 上述设置确认后，单击【安装信息摘要】界面右下角的【开始安装】按钮进行安装，如图 1-23 所示。

图 1-23　开始安装

等待一段时间（根据配置的不同，安装时间不同，一般为 5～15 分钟）后，Linux 操作系统即完成安装。

◎小贴士：即使所有的安装信息都选择默认，如果有一项带有黄色感叹号的图标，也必须点开进行设置，否则【开始安装】按钮是灰色的，无法进行安装。界面最下方会有一行提示信息："请先完成带有此图标标记的内容再进行下一步。"

（8）安装结束后将显示如图 1-24 所示的界面，单击【重启系统】按钮重新启动系统，安装过程全部结束。

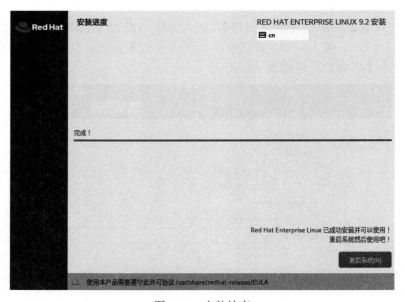

图 1-24　安装结束

▼ 任务总结

此任务中，我们学会了如何在 VMware 中安装 RHEL9。安装过程并不复杂，但需要耐心细致。因为是在 VMware 中进行安装，读者无需担心会对自己的计算机造成什么伤害，所以，请放心大胆地行动起来吧！

不参照书上的步骤，自己安装一个 RHEL9 系统。

任务二　熟悉 Red Hat Enterprise Linux 9 的工作界面

任务提出

Linux 安装完成后，我们需要熟悉它的工作界面，以方便后续的操作。此次任务的主要内容包括：

1. 熟悉登录界面

(1) 以图形界面登录 Linux 系统。
(2) 以命令行界面登录 Linux 系统。
(3) 切换控制台终端。

2. 熟悉图形界面

(1) 激活当前桌面。
(2) 找到应用程序入口。

3. 熟悉命令行界面

熟悉 Linux 命令行的格式，掌握命令行执行技巧。

4. 熟悉 GRUB 界面

在 GRUB 界面选择操作系统并启动。

任务分析

1. Linux 的登录方式

Linux 的登录分为本地登录和远程登录。本地登录是指直接在安装 Linux 操作系统的服务器上登录，分为图形界面登录和命令行界面登录两种方式。而远程登录是指在安装 Linux 操作系统的服务器之外的其他设备通过网络登录到 Linux 服务器上，只能是命令行界面登录。

在 Linux 开机启动后，到底是启动图形界面还是命令行界面或者其他的启动方式，早期版本的 Red Hat Enterprise Linux 是由 Linux 的运行级别决定的。早期版本的 Red Hat Enterprise Linux 中包含了 System V init 或 Upstart 服务，实现了一组预定义的运行级别，这些运行级别代表了特定的操作模式，其中包括启动模式，运行级别编号从 0 到 6。

从 Red Hat Enterprise Linux 7 开始，运行级别的概念被 systemd target 所取代。Red Hat Enterprise Linux 9 仍使用 systemd target。

systemd 是 Linux 操作系统的系统和服务管理器。它被设计为向后兼容 System V init 脚本，并提供许多功能，例如在引导时并行启动系统服务、按需激活守护程序或基于依赖关系的服务控制逻辑。systemd 引入了 systemd 单元 (unit) 的概念。这些单元由单元配置文件表示，并封装了有关系统服务、侦听套接字以及与 init 系统相关的其他对象的信息。Linux 操作系统在启动时要进行大量的初始化工作，如挂载文件系统、交换分区和启动各类进程服务等，这些都可以看作一个一个的单元。systemd target 是单元的组合，用来实现旧版本中的运行级别的概念。然而，systemd target 对运行级别的支持有限。它提供了许多可以直接映射到这些运行级别的单元，并且出于兼容性原因，它也与前面的命令一起分发。但是，并非所有 systemd target 都可以直接映射到运行级别。systemed target 与 System V init 的对应关系如表 1-1 所示。

表 1-1   systemd target 与 System V init 的对应关系

System V init 运行级别	systemd target	说　明
0	poweroff.target	关机。不能将系统缺省运行级别设置为 0，否则无法启动
1	rescue.target	单用户模式，只允许 root 用户对系统进行维护
2	multi-user.target	多用户模式，但不能使用 NFS
3	multi-user.target	命令行界面的多用户模式
4	multi-user.target	一般不用，在一些特殊情况下使用
5	graphical.target	图形界面的多用户模式。一般发行版的默认级别
6	reboot.target	重启。不能将系统缺省运行级别设置为 6，否则会一直重启
emergency	emergency.target	紧急救援模式

2. Linux 的图形界面

Linux 发行版通常为用户提供了图形用户界面 (Graphical User Interface，GUI)。Linux 内核本身并没有 GUI，Linux 发行版的 GUI 解决方案通常基于 X Window System 实现。X Window System 由麻省理工学院于 1984 年提出，它是 UNIX 及类 UNIX 系统最流行的窗口系统之一，是一款跨网络与跨操作系统的窗口系统。X Window System 提供了一个建立窗口的标准，具体的窗口形式由窗口管理器 (Window Manager) 决定。窗口管理器是 X Window System 的组成部分，用于控制窗口外观，并提供用户与窗口交互的方法。

对于需要 GUI 的操作系统用户来说，仅有窗口管理器提供的功能是不够的。为此，开发人员在 X Window System 基础上，增加了各种功能和应用程序 (如会话程序、面板、登录管理器、桌面程序等)，提供更完善的图形用户环境，也就是桌面环境 (Desktop Environment)。

KDE 和 GNOME 是最常见的 Linux 桌面环境。GNOME 是 GNU 计划的一部分，也是开源运动的一个重要组成部分。GNOME 计划于 1997 年 8 月由 Miguel de Icaza 和 Federico Mena 发起，目的是取代 KDE。

在 RHEL 9 中，有两个可用的 GNOME 环境，即 GNOME 标准 (GNOME Standard) 环境和 GNOME 经典 (GNOME Classic) 环境。默认使用的是 GNOME 标准环境。对于不熟悉 Linux 的用户，使用 GNOME 经典环境会更容易上手。

3. Linux 的命令行界面

命令行界面是操作 Linux 最常用的人机交互界面。大多数 Linux 发行版中都配置了终端仿真器 (Terminal Emulator)，这是一种 GUI 环境下的终端窗口 (Terminal Window) 应用程序，方便用户使用命令行方式与 Linux 内核交互。用户既可以通过终端仿真器进入命令行界面，也可以将计算机系统配置成启动后默认进入命令行界面，还可以直接使用远程登录的方式进入命令行界面。不同类型 Linux 发行版的命令行界面会略有差别。通过不同方式进入命令行界面后，其界面样式也存在细微差异。

用户进入命令行界面后，系统将自动启动一个默认的 Shell 解释程序 (通常是 bash)，以解释用户输入的命令。例如，用户在 Shell 提示符后输入一串字符，Shell 解释程序就会对这串字符进行解释，并将解释后的命令传递给内核执行。

4. GRUB 界面

GRUB(Grand Unified Bootloader) 全称为 GNU GRUB，是一个来自 GNU 计划的多操作系统

引导器。它可以让用户在安装的多个不同的操作系统之间选择启动哪一个操作系统，同时还可以向操作系统内核传递参数。RHEL9 默认使用 GRUB2 作为系统引导器。

任务实施

熟悉 Red Hat Enterprise Linux 9 的工作界面

1. 熟悉登录界面

Linux 系统的本地登录分为两种情况，一种是图形界面登录，另一种是命令行界面登录。

1) 图形界面登录

在安装 Linux 系统时如果安装了图形界面，则默认开机后会进入图形登录界面，如图 1-25 所示。

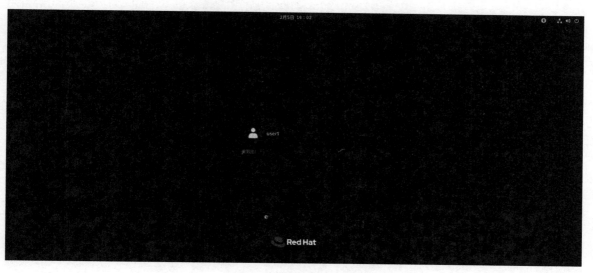

图 1-25　图形登录界面

单击列出的用户，显示密码输入框，如图 1-26 所示。

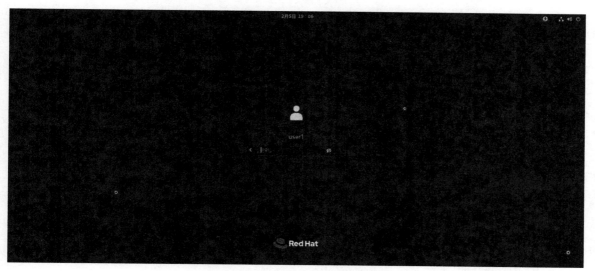

图 1-26　输入列出用户的密码

如果想要登录的用户名不在列表中，可以单击【未列出？】，此时系统会打开界面让用户直接输入想要登录的用户名，如图 1-27 所示。

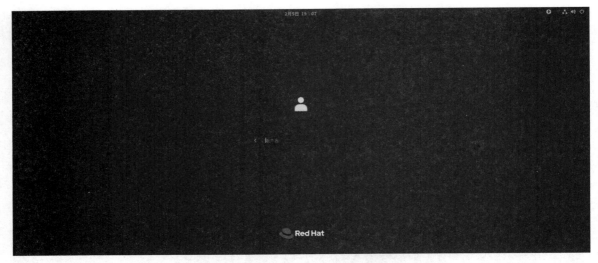

图 1-27　未列出登录用户时输入用户名

◎小贴士：在进行 Linux 配置时，一般会使用 root 用户登录，此用户一般不会直接列出，需要点击【未列出？】后输入。在输入用户名后，单击【下一步】按钮，然后输入密码。

2) 命令行界面登录

当设置开机运行级别为 3 级时，开机时会自动启动命令行登录界面，如图 1-28 所示。

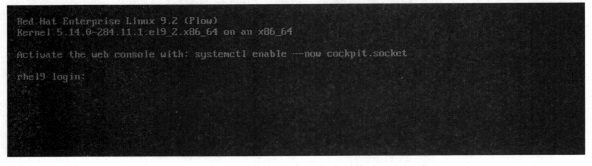

图 1-28　命令行登录界面

在命令行界面登录时，在闪动的光标处直接输入登录的用户名，并按 Enter 键，然后输入密码即可。

◎小贴士：命令行界面下输入密码是不显示任何字符的，光标也不移动。如果密码输错，也不能使用 Backspace 键修改，只能直接按 Enter 键，待系统提示"Login incorrect"后再重新输入用户名和密码。

3) 控制台终端

Linux 是一个多用户多任务的操作系统，允许多个用户同时登录系统进行操作。因此，要为用户提供多个登录的终端。RHEL9 中有 6 个 tty 控制台终端，分别称为 tty1～tty6，其中 tty1 和 tty2 为图形界面终端，tty3～tty6 为命令行终端。不同用户可以同时在这些终端登录并使用服务器。从 tty1、tty2 切换到 tty3/tty4/tty5/tty6，使用【Ctrl + Alt + F3/F4/F5/F6】；在 tty3～tty6 之间切换，使用【Alt + F3/F4/F5/F6】；从 tty3/tty4/tty5/tty6 切换回 tty1、tty2，使用【Alt + F1/F2】。

2. 熟悉图形界面

RHEL9 默认安装的图形界面是 GNOME Standard，其各部分的功能如图 1-29 所示。

GNOME Standard 界面由顶部的菜单栏、中部的桌面和下部的应用程序入口三部分组成。顶部菜单栏最左边的【活动】按钮可以激活当前的活动桌面，在不同的桌面之间进行切换；中间主要显示当前的时间和日期；右边系统菜单可以提供控制音量、网络连接、切换用户、注销、关闭计算机等常用设置的入口，也可以通过【设置】菜单进入系统设置界面进行其他的系统设置。

图 1-29　GNOME Standard 界面

　　下部的应用程序入口主要列出了常用的应用程序，方便用户快速开启。其最右边的 9 个点是所有应用程序的入口，点开之后可以打开所有应用程序列表。与 Windows 不同的是，GNOME Standard 中的每个应用程序对应一个独立的桌面。用户可以根据自己处理信息的种类不同，在不同的桌面运行不同的程序，以方便对程序的分类和查找。桌面之间相互不受影响。

　　3. 熟悉命令行界面

　　我们对 Linux 的操作大多是在命令行界面中进行的，可以通过切换到 tty3～tty6 终端进行命令行操作。也可以点击桌面下方常用应用程序中的终端图标 (如图 1-30 所示)，在图形界面中进行命令行界面的操作。本书默认使用这种方式。

图 1-30　在图形界面中打开命令行界面

在图形界面中打开的命令行界面如图 1-31 所示。

```
user1@rhel9:~
[user1@rhel9 ~]$
```

图 1-31　在图形界面中打开的命令行界面

Linux 的每一行命令都有一个固定的开头，包括方括号内的部分和方括号外的部分。

方括号内的内容由三部分构成：@ 符号前的部分，代表当前登录的用户名；@ 符号后的部分，代表当前的主机名；主机名后接一个空格，空格后的部分，代表当前的目录名。

方括号外的符号有两种：#，代表当前的用户是 root；$，代表当前的用户是普通用户。

在 # 或 $ 符号后，就是要输入的命令。Linux 命令的一般格式为：

命令名【选项】【参数】

命令名是必须要有的，选项和参数根据命令的不同，可能有，也可能没有。如果有，则命令名、选项、参数三者之间由空格隔开。多个空格视为一个空格。命令以 Enter 键作为输入的结束和执行的开始。

(1) 命令名：决定了这个命令"做什么"。它由小写的英文字母构成，往往是表示相应功能的英文单词或单词的缩写。

(2) 选项：决定了该命令"怎么做"。不同的命令能够使用的选项的数量和内容也不相同。选项一般由"-"（半角的减号）引导，多个选项在一起可以合用一个"-"，也有一些特殊情况不用"-"。

(3) 参数：决定了该命令"对谁做"。它提供执行命令所需的一些相关信息或者执行命令过程中所使用的文件名。

命令名、选项和参数均区分大小写。

知识链接

Linux 命令执行小技巧

(1) 命令自动补全：在输入比较长的命令或者参数时，先输入前几个字符，再按 Tab 键，Linux 系统就会自动把剩余的命令或参数补全。

(2) 强制中断：在执行命令的过程中，如果要终止命令的执行，可以使用【Ctrl + c】快捷键。

(3) 临时获得 root 权限：普通用户在执行命令的过程中，如果需要 root 权限，可以在命令名前加上 "sudo"，即可临时获得 root 权限。

(4) 获得命令帮助信息：在使用某命令时，如果不知道该命令如何使用，可以在该命令名前加上 "man"，或者在命令名后加上 "--help"，即可查看该命令的帮助信息。

(5) 查看历史命令：如果想将之前输入的命令再输入一遍，可以使用键盘上的 ↑、↓ 键向上或向下滚动调出之前的命令。如果想查看之前所输入的命令，可以使用 "history" 命令，默认显示之前输入的 1000 条命令。

(6) 在后台执行命令：一个终端在同一时刻只能执行一个命令或程序，在执行结束前，一般不能进行其他操作。对于需要长时间执行的命令或程序，可以让其在后台执行，以释放终端去执行其他命令或程序。让程序在后台执行的方法是在命令后加一个 "&" 符号。

4. 熟悉 GRUB 界面

Linux 每次启动都会显示 GRUB 启动菜单界面，以便让用户选择要启动的操作系统。GRUB 界面如图 1-32 所示。

在 GRUB 界面中，可以使用 ↓、↑ 键选择需要启动的选项，按 Enter 键即可启动相应的选项。默认情况下，RHEL9 提供了两个启动选项：第一个为正常启动系统的选项；第二个为启动系统救援模式的选项。通常只有系统出现问题时才需要启动救援模式进行修复。

除此之外，还可以在启动菜单界面选择其他启动选项。按 e 键选择编辑启动选项，该选项通常是为了向内核传递参数。例如进入紧急模式时，需要向内核传递参数 rd.break，内核接收到此参数后会自动进入紧急模式。

在 GRUB 启动菜单界面中还可以按 c 键进入 GRUB 命令行界面，在命令行界面中可以使用一些命令自定义启动系统等。

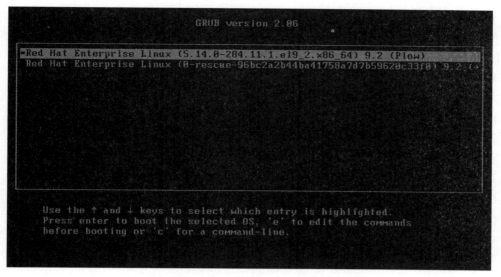

图 1-32　GRUB 启动菜单界面

▼ 任务总结

　　在此任务中，我们初步认识了 RHEL9 的各种工作界面，为后续的操作打下了基础。要想充分熟悉这些工作界面，还要多练习、多摸索，所谓"熟能生巧"。只有对界面非常熟悉，才能找到使用的窍门，以便后续更快捷地操作。

▼ 同步训练

1. 图形界面操作

(1) 用 root 账户登录系统。
(2) 更换自己喜欢的桌面壁纸。
(3) 在桌面打开命令行界面。
(4) 切换到 tty3 的命令行界面并登录。
(5) 从 tty3 切换回 tty2。

2. 命令行界面操作

(1) 在命令行界面查看现在登录的用户名、主机名和当前目录。
(2) 尝试输入命令 reboot，观察命令的效果。

项 目 总 结

　　通过本项目，我们了解了 Linux 的发展历史，学会了如何安装 RHEL9，熟悉了 RHEL9 的基本操作界面。在网络中有非常多的关于 RHEL9 的资料，读者可以自行查阅，进行更深入的学习。

项 目 训 练

一、选择题

1. Linux 的产生与 _____ 操作系统有关。

A. Windows　　　　　　　　　　B. UNIX

C. Macintosh　　　　　　　　　　D. DOS

2. Linux 最初是由 _____ 编写的。

A. Ken Thompson 和 Dennis Ritchie

B. Andrew S. Tanenbaum

C. Richard M. Stallman

D. Linus Torvalds

3. 下列选项中，_____ 是 Linux 的发行版本。

A. Red Hat　　　　　　　　　　B. CentOS

C. Ubuntu　　　　　　　　　　　D. Kylin

4. 在 Linux 中，要想从图形界面切换到 tty3 命令行界面终端，需要按 _____ 键。

A. Ctrl + F3　　　　　　　　　　B. Alt + F3

C. Ctrl + Alt + F3　　　　　　　　D. F3

二、填空题

1. Linux 的版本包括 _____ 版本和 _____ 版本两种。

2. Linux 的系统架构包括 _____、_____、_____ 和 _____ 四个层次。

3. RHEL9 默认有 _____ 个控制台终端。

4. RHEL9 命令行中的 "#" 代表 _____，"$" 代表 _____。

5. 在 Linux 中，如果要中止命令的执行，需要按 _____ 键。

三、实践操作题

1. 在 VMware 中安装一个 Red Hat Enterprise Linux 9 系统，其中主机名设置为 myrhel9，IP 地址设置为 192.168.0.1，并添加普通用户账户 student。

2. 以 root 账户登录 RHEL9 系统，更改桌面背景。

3. 将本机的 IP 地址修改为 192.168.1.1。

4. 切换到 tty3 并使用 student 账户登录。

项目 2

Linux 服务器基本操作

项目描述

公司的 Linux 服务器已经搭建成功。作为服务器的运维人员，需要掌握对服务器的基本操作，包括对文件系统的操作、用户和组管理、磁盘管理以及进程管理等。本项目中需要完成这些任务。

学习目标

(1) 了解 Linux 文件系统的基本概念。
(2) 掌握 Linux 文件管理的基本方法。
(3) 掌握 Linux 用户和组管理的基本方法。
(4) 掌握 Linux 磁盘管理的基本方法。
(5) 掌握 Linux 进程管理的基本方法。

思政目标

(1) 理解大国工匠精神，树立技能报国的信心和决心。
(2) 树立网络安全意识，加强责任感，管理好系统密码。

预备知识　认识 Linux 系统的文件

Linux 系统与 Windows 系统存在较大差异，这让习惯于 Windows 环境的用户会有些不适应。从最常用的文件角度来看，Linux 系统与 Windows 系统主要存在以下几方面的区别：

(1) Linux 操作系统中，一切都是文件。与 UNIX 操作系统类似，Linux 操作系统将一切资源都看作文件。例如，系统中的每个硬件都被当作一个文件，通常称为设备文件。用户可以通过读写文件的方式实现对硬件的访问。

(2) Linux 文件名是严格区分字母大小写的。

(3) Linux 文件不要求扩展名。给 Linux 文件设置扩展名通常是为了方便用户使用。Linux 文件的扩展名和它的类型没有任何关系。例如，**zp.exe** 可以是文本文件，**zp.txt** 也可以是可执行文件。当然，一般不建议采用这种不符合常规的命名方式。

(4) Linux 中没有盘符的概念（如 Windows 中的 C 盘），不同的硬盘分区是被挂载在不同的目录下的。详细内容可参阅任务一的任务分析。

任务一 操作文件和目录

▼ 任务提出

作为一个服务器运维人员，掌握对文件和目录的基本操作是必备技能。此次任务的主要内容包括：

1. 查看文件和目录

(1) 查看当前所在目录的绝对路径。

(2) 查看当前目录下的文件和目录。

2. 创建文件和目录

(1) 在 root 用户的家目录下创建 aa 目录。

(2) 在 aa 目录中创建空文件 myfile。

3. 复制文件和目录

(1) 将 myfile 文件复制到 user1 用户的家目录中，并改名为 yourfile。

(2) 将 aa 目录复制到 user1 用户的家目录中。

4. 编辑和查看文本文件

(1) 用 vi 编辑器打开 myfile 文件，并写入"This is my file."。

(2) 查看 myfile 文件的内容。

5. 修改文件的权限和属主

(1) 将 myfile 文件的权限修改为：文件主可读、写、执行，同组用户可读、写，其他用户只可读。

(2) 修改 umask，使得新建文件夹的权限为 700。

(3) 将 myfile 文件的文件主改为 user1。

(4) 将 aa 目录所属的组改为 user1 组。

6. 删除、重命名文件和目录

(1) 将 user1 用户的家目录中的 yourfile 文件删除。

(2) 将 user1 用户的家目录中的 aa 目录改名为 bb。

(3) 将 user1 用户的家目录中的 bb 目录删除。

▼ 任务分析

1. Linux 的文件系统

在 Linux 系统中，所有的目录、文档、设备都被当作文件来看待。Linux 的文件类型主要有：

1) 普通文件

普通文件是 Linux 中最常见的文件，包括纯文本文件、二进制文件、打包压缩文件、数据格式文件等。纯文本文件的内容可以直接读取，如字母数字等，服务器中的配置文件几乎都是这种文件；二进制文件是 Linux 中的可执行文件，如命令文件；打包压缩文件类似于 Windows 中的压缩文件；数据格式文件比较少见，是一种具有特定格式的文件。

2) 目录文件

Linux 系统中把目录 (在 Windows 中称为 "文件夹") 当作普通文件来看待。所有对目录的操作与普通文件相同。

3) 链接文件

链接文件有点类似于 Windows 的快捷方式，但并不完全一样。链接有两种方式，即软链接和硬链接。

(1) 软链接：又叫符号链接，这个文件包含了另一个文件的路径名。

(2) 硬链接：就像一个文件有多个文件名。

硬链接必须在同一文件系统中，而软链接可以跨文件系统。

4) 设备文件

Linux 系统将设备也当作文件来看待，并放在 /dev 目录下。设备又可以分为字符设备和块设备。

(1) 字符设备：是串行端口设备，如键盘、鼠标就是字符设备。

(2) 块设备：是存储数据的接口设备，供系统及程序访问，如磁盘，光驱等都是块设备。

5) 管道文件

Linux 系统中的管道是从 UNIX 继承过来的进程间的通信机制，它是 UNIX 早期的一个重要通信机制。其思想是，在内存中创建一个共享文件，从而使通信双方利用这个共享文件来传递信息。由于这种方式具有单向传递数据的特点，所以就把这个用作传递消息的共享文件叫作 "管道"。

管道文件有时候也被叫作 FIFO(First In First Out，先进先出) 文件，从字面上理解，管道文件就是从一头流入，从另一头流出，其原理如图 2-1 所示。

图 2-1　管道文件原理

6) 套接字文件

这类文件通常用在网络数据连接中。系统可以启动一个程序来监听客户端的请求，客户端就可以通过套接字来进行数据通信。

2. Linux 文件系统结构

Linux 文件系统是一个树型结构，如图 2-2 所示。最顶层为根目录，在根目录下是一级目录，包含各种系统目录和用户自定义的目录。在一级目录下还可以定义二级目录、三级目录等。

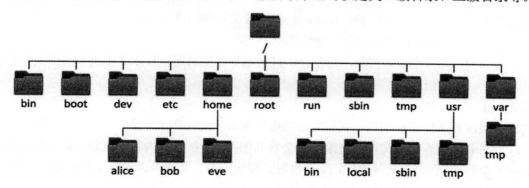

图 2-2　Linux 的文件系统结构

1) 各种系统目录及其功能

(1) /usr：主要存放安装软件、共享库、包括文件和静态只读数据的程序，重要的子目录包括：

① /usr/bin：存放用户命令。

② /usr/sbin：存放系统管理命令。

③ /usr/local：存放本地自定义软件。

(2) /etc：主要存放各种配置文件。

(3) /var：主要存放数据库、缓存目录、日志文件、打印假脱机文件和网站内容，会根据应用发生变化。

(4) /run：存放自上一次系统启动以来启动进程运行时的数据。包括进程 ID 文件和锁定文件等。此目录中的内容在重启时重新创建。这是 RHEL9 中新增的目录，整合了旧版中的 /var/run、/var/lock。

(5) /home：普通用户的家目录，用于存放普通用户的个人数据和配置文件。

(6) /root：root 用户的家目录。

(7) /tmp：临时文件使用的全局可写空间。10 天内未访问、未更改或未修改的文件将自动从该目录中删除。另一个临时目录 /var/tmp 中的文件如果在 30 天内未曾访问、更改或修改过，也将自动被删除。

(8) /boot：存放启动所需要的文件目录。

(9) /dev：存放设备文件与文件系统。

(10) /proc：存放 Kernel 进程与配置交互目录。

2) 绝对路径和相对路径

在 Linux 文件系统中，从一个目录切换到另一个目录所经过的线路，称为"路径"。要想从一个目录找到另一个目录，可以有两种方法，根据所经过的路径不同，分为"绝对路径"和"相对路径"。

(1) 绝对路径：从根目录开始到需要的目录所经过的路径。

(2) 相对路径：从当前目录开始到需要的目录所经过的路径，也就是相对于当前目录的路径。

在 Linux 环境中，用户的任何一个交互操作都要在一个目录环境中进行，称为工作目录。所谓"当前目录"，是指当前的工作目录。

3. 操作文件和目录

1) 查看当前目录的绝对路径

【命令】pwd

2) 列出目录中的文件和子目录

【命令】ls [选项] [文件 | 目录名]

【选项】-a：显示所有文件和子目录，包括隐藏文件和隐藏子目录。

　　　　-l：显示文件和子目录的详细信息。

　　　　-d：如果参数是目录，则只显示目录本身的信息而不显示其中所包含的文件和目录的信息。

【说明】

(1) 如果没有文件或目录名，表示列出当前目录中的文件和子目录。

(2) 当用 ls -l 命令查看文件和目录时，会看到如图 2-3 所示的内容。能看到的文件详细信息包括 8 个部分，分别为：文件类型、文件权限、硬链接数、文件主、文件所属的组、文件大小、文件最后修改的时间和文件名。

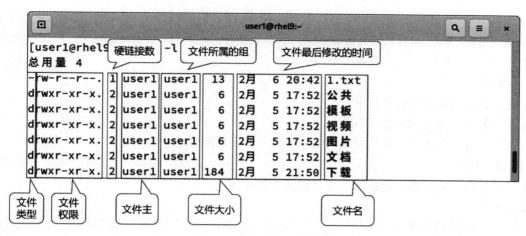

图 2-3　文件和目录详细信息

(3) 在预备知识中我们提到 Linux 的文件有 7 种类型，文件详细信息的第一个字符分别表示这 7 种类型：

① -：普通文件。

② d：目录文件。

③ p：管道文件。

④ l：链接文件。

⑤ c：字符设备文件；

⑥ b：块设备文件。

⑦ s：套接字文件。

(4) 文件详细信息的第 2-10 个字符代表了文件的访问权限。文件权限由 9 个字符组成，每三个字符一组，分别代表文件主、同组用户和其他用户的权限。"r"代表读权限；"w"代表写权限；"x"代表执行权限；"-"代表没有权限。

(5) Linux 的文件名命名规则有以下几点：

① 单个文件或目录的名字长度不能超过 255 个字符，包括完整路径名称的文件名不能超过 4096 个字符。

② 文件名严格区分大小写。

③ 可以使用除斜线 (/) 以外的任意字符，但不建议使用一些特殊字符如空格符、制表符、退格符、单引号、双引号和"："""？""@""#""&""\""；""<>""()""*""!"等。最好也避免使用"+"或"-"来作为文件名的第一个字符。

④ 文件名以"."开头表示该文件是隐藏文件，一般情况下是看不到的，除非使用选项"-a"才能看到。

　知识链接

Linux 的扩展名

Linux 的文件是没有"扩展名"的概念的。不像 Windows 系统中扩展名即表示了文件类型，Linux 系统中的"扩展名"与文件类型没有任何关系。但为了表示该文件的用途，Linux 系统也会用类似 Windows 中的"扩展名"的形式来表示，除了使用与 Windows 系统相似的扩展名外，Linux 中常见的"扩展名"如下：

① .sh：代表脚本或批处理文件。

② .Z，.tar，.tar.gz，.zip，.tgz：是经过打包的压缩文件，由于使用了不同的压缩软件，所以有不同的扩展名。

③ .conf：代表配置文件。

◎小贴士：本教材中描述命令的格式时，使用"[ ]"括起来的内容表示该内容可以有，也可以没有，使用"<>"括起来的内容表示该内容必须要有，使用"|"表示或者使用"|"左侧的内容，或者使用"|"右侧的内容，二者选择其一。

3) 创建目录

【命令】mkdir [选项] < 目录名 >

【选项】-m：配置目录的权限。

-p：将该目录以及目录下的子目录 (如果有的话) 递归建立。

4) 切换目录

【命令】cd [目录名 (包括相对路径或绝对路径)]

【说明】

(1) 一些特殊的目录名表示形式："."代表当前目录；".."代表上一级目录；"-"代表前一个工作目录；"~"代表当前用户的家目录；"~user"代表 user 用户的家目录。

◎小贴士：如果 cd 命令后面没有任何目录，默认回到自己的家目录。

(2) 家目录：在 Linux 系统中，每个用户都有一个存放自己文件的目录，称为"家目录"。之所以称为"家"目录，是因为默认情况下，每个用户的家目录都在 /home 下。系统在创建用户账户时，默认会在 /home 目录下创建一个与用户名同名的目录作为用户的"家目录"，用户对自己的家目录有完全控制权限，而对别人的家目录没有操作权限。

◎小贴士：root 用户作为一个特殊用户，其家目录也比较特殊，为 /root，并不在 /home 目录下。

5) 创建空文件

【命令】touch < 文件名 >

6) 复制文件和目录

【命令】cp [选项] < 源文件 | 源目录 >< 目的目录 >

【选项】-p：连同文件的属性一起复制，而不是使用默认属性。

-r：将该目录下的子目录一起复制。

【说明】若保留原有文件名，则只需要写目的目录即可，若要更改文件名，则目的目录下要重新写上新文件名。

7) 删除文件和目录

【命令】rm [选项] < 文件 | 目录名 >

【选项】-r：如果要删除目录，需要加此选项，否则无法删除目录。

8) 重命名文件或目录

【命令】mv [选项] < 源文件 | 源目录 >< 目的文件 | 目的目录 >

【选项】-f：强制覆盖同名文件。

◎小贴士：此命令的功能原本是将文件或目录移动到另一个目录中，但如果在同一目录中移动，则具有重命名的效果。我们一般都用它来进行文件的重命名。

4. 编辑和查看文本文件

1) 编辑文本文件

【命令】vim [文件名]

【说明】Linux 中所有的系统管理与配置都是以文本文件的形式存在的，因此编辑文本文件的工具是否好用也至关重要。

几乎所有的 Linux 系统中都会默认安装 vi 编辑器作为文本编辑软件，许多 Linux 指令默认也会使用 vi 编辑器作为数据编辑的接口。vim 编辑器是 vi 编辑器的增强版本，可以用颜色或底线等方式来显示一些特殊的信息。

vim 编辑器分为三种工作模式：命令模式、编辑模式和执行模式。

(1) 命令模式：当输入 vim 命令后，就打开了一个文本文件，此时，vim 处于命令模式，如图 2-4 所示。在这个模式中，可以使用 ↑、↓、←、→键来移动光标，可以删除字符或删除整行，可以查找字符，也可以复制、粘贴文字。命令模式下常用的按键及功能如表 2-1 所示。

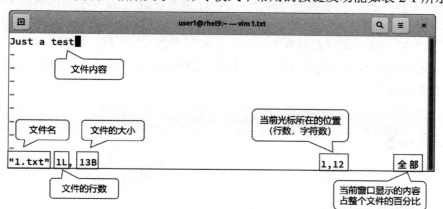

图 2-4　使用 vim 编辑器打开文本文件

表 2-1　命令模式下常用按键及功能

操作类型	操作键	功　　能
光标方向移动	↑、↓、←、→	上、下、左、右移动光标
翻页	Page Down 或 Ctrl + F	向下翻动一整页内容
	Page Up 或 Ctrl + B	向上翻动一整页内容
行内快速跳转	Home 键或数字"0"	跳转至行首
	End 键或"$"键	跳转到行尾
行间快速跳转	1G 或者 gg	跳转到文件的首行
	G	跳转到文件的末尾行
	#G	跳转到文件中的第 # 行
删除	x 或 Del	删除光标处的单个字符
	dd	删除当前光标所在行
	#dd	删除从光标处开始的 # 行内容
	d^	删除当前光标之前到行首的所有字符
	d$	删除当前光标处到行尾的所有字符
查找	/word	从上而下在文件中查找字符串"word"
	?word	从下而上在文件中查找字符串"word"
	n	定位下一个匹配的被查找字符串
	N	定位上一个匹配的被查找字符串
撤销编辑及保存退出	u	按一次取消最近的一次操作 多次重复按 u 键，恢复已进行的多步操作
	U	取消对当前行所做的所有编辑
	ZZ	保存当前的文件内容并退出 vim 编辑器

在命令模式下复制粘贴文字的操作为：

① 输入"v"进入可视化模式，移动光标选定要操作的内容。

② 输入"y"复制选定的内容。

③ 按"Esc"键回到命令模式，移动光标选择要粘贴的位置。

④ 输入"p"，将剪切板上的内容粘贴到光标所在处。

(2) 编辑模式：在命令模式下可以删除、复制、粘贴文字，但是却无法编辑文件内容。只有按下"i""I""o""O""a""A""r""R"任何一个字母后进入编辑模式才可以编辑文本。我们以按下"i"键为例，此时在屏幕的左下方会出现"插入"字样，才可以进行文字编辑，如图 2-5 所示。如果要退出编辑模式回到命令模式，则只需按下"Esc"键即可。编辑模式下常用的按键及功能如表 2-2 所示。

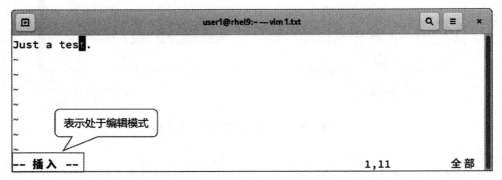

图 2-5　vim 编辑器的编辑模式

表 2-2　编辑模式下常用按键及功能

操作类型	操作键	功　　能
进入插入模式	i 或 I	i：从目前光标所在处插入 I：在目前所在行的第一个非空格符处开始插入
	a 或 A	a：从目前光标所在处的下一个字符处开始插入 A：从目前光标所在行的最后一个字符处开始插入
	o 或 O	o：在目前光标所在行的下一行处插入新的一行 O：在目前光标所在行的上一行插入新的一行
进入取代模式	r 或 R	r：取代光标所在的那一个字符一次 R：一直取代光标所在的字符，直到按下"Esc"为止

(3) 执行模式：在命令模式下输入"："进入执行模式。在执行模式下可以进行存盘、设置行号等功能。执行模式下命令执行结束后，一般会回到命令模式。在执行模式下输入字母"q"，会退出 vim 编辑器。执行模式下常用的按键及功能如表 2-3 所示。

表 2-3　执行模式下常用按键及功能

操作类型	操作键	功　　能
存盘	w	将编辑的数据保存到硬盘
	q	退出 vim 编辑器
	q!	不保存文档，强制退出 vim 编辑器
	wq	保存文档并退出 vim 编辑器
	w 文件名	将文档保存为另一个文件名
设置行号	set nu	设置行号，每一行的开始位置会显示当前行的行号
	set nonu	取消行号

三种模式之间的转换如图 2-6 所示。

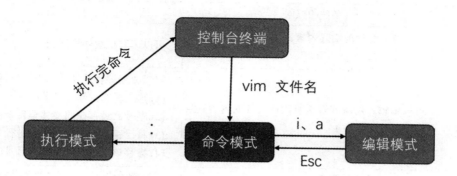

图 2-6 vim 编辑器三种工作模式及其转换

2) 查看文本文件的内容

(1) 查看文本文件的全部内容。

【命令】cat [选项] < 文件名 >

【选项】-n：在每一行前显示行号。

(2) 分页显示文本文件的内容。

【命令】more [选项] < 文件名 >

【选项】-num：这里的 num 是一个数字，用来指定分页显示时每页的行数。

　　　　+num：指定从文件的第 num 行开始显示。

【说明】在使用 cat 命令时，如果文件内容太长，则页面会自动向上滚动，用户只能看到文件的最后一部分。more 命令可以分页显示文件内容，按回车键可以向上滚动一行，按空格键可以向上滚动一页，按"q"键可以退出 more 状态。

除了 more 命令外，还有一个 less 命令，用法与 more 命令相同，功能更强大，不仅能向上滚动，还可以向下滚动，并支持在文本中快速查找。

(3) 显示文件最末尾部分。

【命令】tail [选项] < 文件名 >

【选项】-n num：显示文件末尾的 num 行。

　　　　-c num：显示文件末尾的 num 个字符。

　　　　-n+mum：从第 num 行开始显示文件内容。

　　　　-f：持续刷新显示文件内容。

(4) 显示文件最开头部分。

【命令】head [选项] < 文件名 >

【选项】-n num：显示文件开头的 num 行。

　　　　-c num：显示文件开头的 num 个字符。

【说明】若选项"-n num"中的 num 为负值，则表示倒数第 num 行后面的所有行都不显示。例如，num 为 -3，则表示文件中倒数第 3 行后面的行都不显示，其余行都显示。

5. 文件的权限和属主

权限设置是保证 Linux 系统文件安全的重要措施。Linux 文件系统的基本权限包括读、写和执行三种。针对文件和目录的权限含义略有不同，具体内容如表 2-4 所示。

表 2-4　文件和目录的权限

权限	文件的权限	目录的权限
读 (r)	可读取此文件的实际内容，如读取文本文件的文字内容等	可以读取目录结构列表
写 (w)	可以编辑、新增或者是修改该文件的内容（但不包括删除该文件）	可以改变该目录结构列表，包括： (1) 建立新的文件与目录； (2) 删除已经存在的文件与目录； (3) 将已存在的文件与目录进行更名； (4) 搬移该目录内的文件、目录的位置
执行 (x)	该文件可以被系统执行	用户能够进入该目录成为工作目录

1) 修改文件或目录的权限

【命令】chmod < 权限值 >< 文件或目录名 >

【说明】权限值有两种表示形式：一种是用字符表示，一种是用数字表示。

(1) 字符表示权限值：前面我们提到，在用"ls -l"命令时，可以查看一个文件或目录的详细信息，其中第 2-10 个字符代表文件或目录的权限。每三个字符一组，分别代表文件主、同组用户和其他用户的权限。"r"代表读权限；"w"代表写权限；"x"代表执行权限。

修改文件或目录的权限时，以"u"代表文件主、"g"代表同组用户、"o"代表其他用户。如果要增加权限，就以"用户代表的字符 + 权限字符"表示。例如同组用户要增加写权限，就用"g + w"表示。如果要取消权限，就以"用户代表的字符 - 权限字符"表示。例如其他用户要取消执行的权限，就用"o-x"表示。

(2) 数字表示权限值：将"读"权限用数字"4"表示，"写"权限用数字"2"表示，"执行"权限用数字"1"表示，没有权限用数字"0"表示。同一类用户的权限数字值相加的和就是这个用户的权限值，每一个文件或目录的权限值用三位数字表示。

如某一文件的权限为 rwxrw-r--，则文件主的权限为 rwx，权限值为 4 + 2 + 1 = 7，同组用户的权限为 rw-，权限值为 4 + 2 + 0 = 6，其他用户的权限为 r--，权限值为 4 + 0 + 0 = 4，所以该文件的权限值为 764。

如果要修改文件的权限，只需要写出修改后的权限值的三位数字即可。

2) 修改 umask 值

【命令】umask [权限掩码]

【说明】

(1) umask 的作用原理是用权限的最大值减去权限掩码即是新建文件或目录的权限值。对目录而言权限最大值是 777，而文件的权限最大值是 666。

(2) umask 命令后不加任何权限掩码可以查看当前用户的权限掩码，普通用户默认的权限掩码是 002，root 用户默认的权限掩码是 022。

3) 修改文件或目录的拥有者

【命令】chown [选项]< 文件主 >< 文件名 | 目录名 >

【选项】-R：递归改变子目录的拥有者。

4) 修改文件或目录所属的组

【命令】chgrp [选项]< 组名 >< 文件名 | 目录名 >

【选项】-R：递归改变子目录所属的组。

任务实施

1. 查看文件和目录

(1) 查看当前目录的绝对路径。命令如下：

[root@rhel9 ~]# pwd

操作文件和目录

运行结果如图 2-7 所示。

图 2-7　查看当前目录的绝对路径

可以看出当前的工作目录为 root 用户的家目录 /root。

(2) 查看当前目录下的文件和目录。命令如下：

[root@rhel9 ~]# ls -l

仅使用 ls 命令，不加任何的选项，只能查看当前目录下的文件和目录的名字，无法区分哪些是文件哪些是目录，因此，还要通过加选项 -l，来查看文件和目录的详细信息，查看结果如图 2-8 所示。

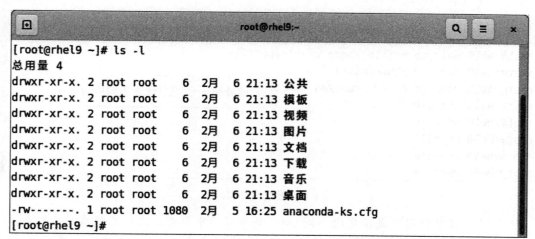

图 2-8　查看当前目录下的文件和目录

◎小贴士：因为 "ls -l" 命令特别常用，所以系统将它缩写为 ll(两个小写的 L)。在实际操作中我们可以使用 "ll" 来代替 "ls -l"。

2. 创建文件和目录

(1) 在 root 用户的家目录下创建 aa 目录。命令如下：

[root@rhel9 ~]# mkdir aa

[root@rhel9 ~]# ls

(2) 在 aa 目录中创建空文件 myfile。命令如下：

[root@rhel9 ~]# cd aa

[root@rhel 9 aa]# touch myfile

命令运行结果如图 2-9 所示。

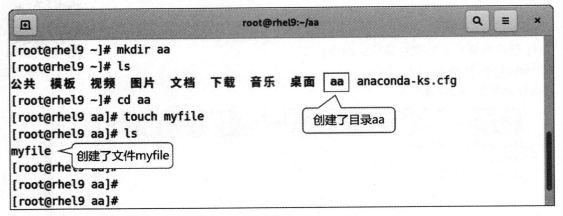

图 2-9　创建文件和目录

3. 复制文件和目录

(1) 将 myfile 文件复制到 user1 用户的家目录中，并改名为 yourfile。(假设有 user1 用户，若没有，可以用其他用户代替。) 命令如下：

```
[root@rhel9 aa]# cp  myfile  /home/user1/yourfile
```

(2) 将 aa 目录复制到 user1 用户的家目录中。命令如下：

```
[root@rhel9 aa]# cd  /home/user1
[root@rhel 9 user1]# cp -r  /root/aa  .
```

命令运行结果如图 2-10 所示。

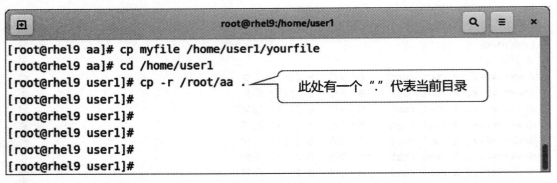

图 2-10　复制文件和目录

◎小贴士：正常情况下是不用进入到 user1 的家目录中再进行文件复制的，只需要用命令 "cp -r /root/aa /home/user1" 即可。此处为了练习 "当前目录" 的概念，才进入到 user1 的家目录中，然后将 "/root/aa" 目录复制到当前目录中。

4. 编辑和查看文本文件

(1) 用 vim 编辑器打开 myfile 文件，并写入 "This is my file."。命令如下：

```
[root@rhel9 user1]# cd
[root@rhel9 ~]# cd  aa
[root@rhel9 aa]# vim  myfile
```

使用 vim 编辑器打开 myfile 文件，首先进入命令模式，按下 "i" 键进入插入模式，输入 "This is my file."。输入完毕后按 "Esc" 键，进入执行模式，输入 ":wq" 保存并退出。

(2) 查看 myfile 文件的内容。命令如下：

```
[root@rhel9 aa]# cat myfile
```

命令运行结果如图 2-11 所示。

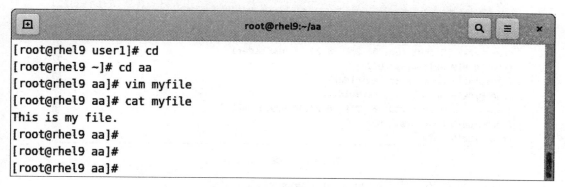

```
[root@rhel9 user1]# cd
[root@rhel9 ~]# cd aa
[root@rhel9 aa]# vim myfile
[root@rhel9 aa]# cat myfile
This is my file.
[root@rhel9 aa]#
[root@rhel9 aa]#
[root@rhel9 aa]#
```

图 2-11　编辑和查看文本文件

5. 修改文件的权限和属主

(1) 将 myfile 文件的权限修改为：文件主可读、写、执行，同组用户可读、写，其他用户只可读。

根据要求，文件主的权限值为 4 + 2 + 1 = 7，同组用户的权限为 4 + 2 + 0 = 6，其他用户的权限为 4 + 0 + 0 = 4，所以 myfile 文件的权限值将被修改为 764。

先查看修改之前的文件权限，修改后再查看其权限。命令如下：

[root@rhel9 aa]# ll

[root@rhel9 aa]# chmod 764 myfile

[root@rhel9 aa]# ll

运行结果如图 2-12 所示。

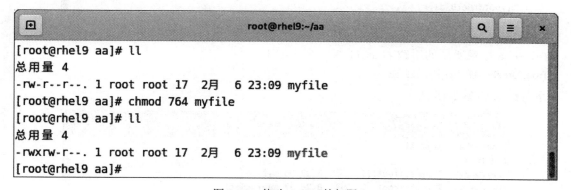

```
[root@rhel9 aa]# ll
总用量 4
-rw-r--r--. 1 root root 17  2月  6 23:09 myfile
[root@rhel9 aa]# chmod 764 myfile
[root@rhel9 aa]# ll
总用量 4
-rwxrw-r--. 1 root root 17  2月  6 23:09 myfile
[root@rhel9 aa]#
```

图 2-12　修改 myfile 的权限

(2) 修改 umask，使得新建目录的权限为 700。

先创建一个目录 newfolder1，并查看其默认权限值。可以看到其权限值为 755。要想使新建目录的默认权限为 700，则有 umask 值 = 777 − 700 = 077，也即需要将 umask 值修改为 077。再创建目录 newfolder2 并查看其默认权限值，可以看到新建目录的默认权限值变为了 700。最后不要忘记把 umask 值改为 022，否则以后再创建目录将会非常不便。命令如下：

[root@rhel9 aa]# mkdir newfolder1

[root@rhel9 aa]# ls -ld newfolder1

[root@rhel9 aa]# umask 077

[root@rhel9 aa]# mkdir newfolder2

命令运行结果如图 2-13 所示。

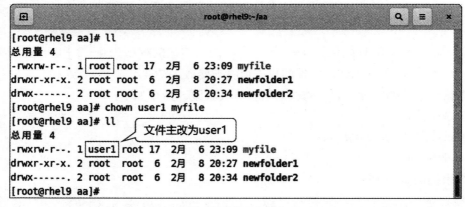

```
[root@rhel9 aa]# mkdir newfolder1
[root@rhel9 aa]# ls -ld newfolder1
drwxr-xr-x. 2 root root 6 2月  8 20:27 newfolder1
[root@rhel9 aa]# umask 077
[root@rhel9 aa]# mkdir newfolder2
[root@rhel9 aa]# ls -ld newfolder2
drwx------. 2 root root 6 2月  8 20:34 newfolder2
[root@rhel9 aa]# umask 022
[root@rhel9 aa]#
```

图 2-13　修改 umask 值

(3) 将 myfile 文件的文件主改为 user1。命令如下：

[root@rhel9 aa]# chown user1 myfile

运行结果如图 2-14 所示。

```
[root@rhel9 aa]# ll
总用量 4
-rwxrw-r--. 1 root root 17 2月  6 23:09 myfile
drwxr-xr-x. 2 root root  6 2月  8 20:27 newfolder1
drwx------. 2 root root  6 2月  8 20:34 newfolder2
[root@rhel9 aa]# chown user1 myfile
[root@rhel9 aa]# ll
总用量 4                         文件主改为user1
-rwxrw-r--. 1 user1 root 17 2月  6 23:09 myfile
drwxr-xr-x. 2 root  root  6 2月  8 20:27 newfolder1
drwx------. 2 root  root  6 2月  8 20:34 newfolder2
[root@rhel9 aa]#
```

图 2-14　修改文件主

(4) 将 aa 目录所属的组改为 user1 组。命令如下：

[root@rhel9 ~]# chgrp user1 aa

运行结果如图 2-15 所示。

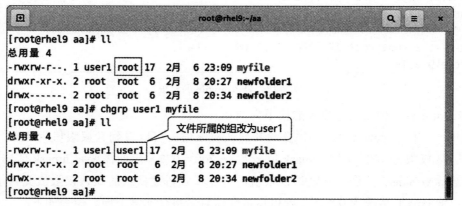

```
[root@rhel9 aa]# ll
总用量 4
-rwxrw-r--. 1 user1 root 17 2月  6 23:09 myfile
drwxr-xr-x. 2 root  root  6 2月  8 20:27 newfolder1
drwx------. 2 root  root  6 2月  8 20:34 newfolder2
[root@rhel9 aa]# chgrp user1 myfile
[root@rhel9 aa]# ll
总用量 4                         文件所属的组改为user1
-rwxrw-r--. 1 user1 user1 17 2月  6 23:09 myfile
drwxr-xr-x. 2 root  root   6 2月  8 20:27 newfolder1
drwx------. 2 root  root   6 2月  8 20:34 newfolder2
[root@rhel9 aa]#
```

图 2-15　修改文件所属的组

6. 删除、重命名文件和目录

(1) 将 user1 用户的家目录中的 yourfile 文件删除。命令如下：

[root@rhel9 ~]# cd /home/user1

[root@rhel9 user1]# rm yourfile

命令运行结果如图 2-16 所示。

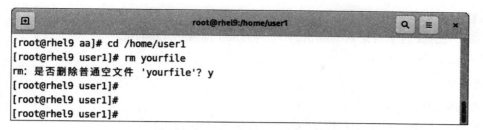

图 2-16　删除文件

(2) 将 user1 用户的家目录中的 aa 目录改名为 bb。命令如下：

[root@rhel9 user1]# mv　aa　bb

(3) 将 user1 用户的家目录中的 bb 目录删除。命令如下：

[root@rhel9 user1]# rm　-r　bb

 **任务总结**

本次任务我们学习了如何管理 Linux 系统中的文件和目录。关于文件和目录的操作非常灵活，读者在学习的时候，首先需要明确自己当前的工作目录是什么，其次，明确自己要操作的文件或目录的路径是什么。这样才能准确找到自己所要操作的目标。

在操作过程中，要多用 ls 命令来查看自己的操作效果，减少误操作的情况。

课程思政

Linux 操作系统的命令格式要求非常严格，一个大小写的错误都会导致运行失败或不同的运行结果。这就要求 Linux 系统管理员有着精益求精、一丝不苟的敬业精神，认真执行每一条操作命令。习近平总书记指出，工匠精神的内涵是"执着专注、精益求精、一丝不苟、追求卓越"。在新时代的伟大征程上，每一位社会主义的建设者都要继承发扬好工匠精神，坚持以创新为引领，以细致为尺度，以专注为要求，奋勇砥砺前行，奏响"匠心追梦、技能报国"时代强音，向着第二个百年奋斗目标奋勇前进。

同步训练

(1) 在 root 用户家目录下创建 dir 目录，在其中创建文件 stu，并写入："welcome to Linux world!"。

(2) 进入根目录，将 root 用户家目录中的 dir 目录移动到某一个普通用户的家目录下。

(3) 将 dir 目录权限改为：所有人都可读可写可执行。

(4) 将 stu 文件的文件主和所属组都改为某一普通用户。

(5) 删除 dir 目录。

任务二　管理用户和组

任务提出

在进行 Linux 服务器运维的过程中，经常需要对用户账户进行管理。本次任务的主要内容包括：

1. 管理用户账户

(1) 添加用户 redhat。

(2) 修改 redhat 的密码。

(3) 修改 redhat 的家目录为 /var/tmp，登录 Shell 为 /sbin/nologin。

(4) 将 redhat 账户删除。

2. 管理用户组

(1) 添加用户组 ngp。

(2) 添加用户 stu，使其附加组为 ngp。

(3) 删除 ngp 组。

▼ 任务分析

1. Linux 的用户和组

1) Linux 的用户

Linux 系统是一个多用户多任务的系统，允许多人（或程序）同时使用这台计算机来处理事务，考虑到每个用户数据的安全性，需要区分不同的用户，以明确不同用户对于不同文件的不同使用权限。

Linux 的用户分为三种，分别为：

(1) root 用户：也就是系统管理员，或称为超级用户。该用户具有最高的权限，可以执行所有任务。但是由于操作不当导致损失的风险也最大。

(2) 普通用户：是最常见的一类用户，满足不同用户日常登录操作等需求，具有一般的权限，或者被 root 用户赋予一定的特殊权限。

(3) 程序用户：为执行某些特定的程序而创建的用户，并没有特别的权限。

每个用户除了用户名，都有一个 ID 值，称为 UID。在 RHEL9 中，root 用户的 UID 值为 0，程序用户的 UID 值都小于 1000，普通用户的 UID 值大于等于 1000。

2) 查看 Linux 的用户

/etc/passwd 文件记录了系统中的所有用户的属性信息。每个用户在 /etc/passwd 文件中都有一行数据，记录了该用户的一些基本属性，如图 2-17 所示。每一行中不同的属性用 "：" 隔开，总共有 7 个字段，每个字段所表示的内容如下：

(1) 字段 1：用户账号的名称。

(2) 字段 2：用户密码（使用占位符 "x" 代替）。

(3) 字段 3：用户账号的 UID 号。

(4) 字段 4：用户所属基本组账号的 GID 号。

(5) 字段 5：用户的备注信息。

(6) 字段 6：用户的家目录。

(7) 字段 7：用户登录系统的 Shell。

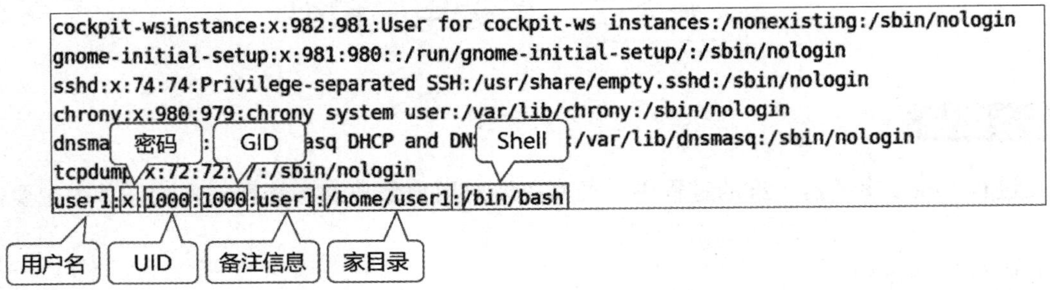

```
cockpit-wsinstance:x:982:981:User for cockpit-ws instances:/nonexisting:/sbin/nologin
gnome-initial-setup:x:981:980::/run/gnome-initial-setup/:/sbin/nologin
sshd:x:74:74:Privilege-separated SSH:/usr/share/empty.sshd:/sbin/nologin
chrony:x:980:979:chrony system user:/var/lib/chrony:/sbin/nologin
dnsma  密码    GID  asq DHCP and DNS  Shell  :/var/lib/dnsmasq:/sbin/nologin
tcpdump:x:72:72::/:/sbin/nologin
user1:x:1000:1000:user1:/home/user1:/bin/bash
```

用户名　UID　备注信息　家目录

图 2-17　/etc/passwd 文件的部分内容

为了安全起见，用户密码并不放在 /etc/passwd 文件中，而是存放在 /etc/shadow 文件中。任何用户都可以查看 /etc/passwd 文件，而只有超级用户才可以查看 /etc/shadow 文件。每个用户的信息在 /etc/shadow 文件中占据一行，每行包含 9 个字段，以 "："隔开，如图 2-18 所示，每个字段所表示的内容如下：

(1) 字段 1：用户账户名，该用户名与 /etc/passwd 中的用户名一一对应。

(2) 字段 2：加密后的用户密码。如果该字段以 1 开头，表示用 MD5 加密；以 2 开头表示用 Blowfish 加密；以 5 开头表示用 SHA-256 加密；以 6 开头表示用 SHA-512 加密。如果该字段为空，或者显示为 "*" "!" "!!" "locked" 等字样，则代表该用户还没设置密码或者存在诸如锁定等其他限制因素。

(3) 字段 3：用户最后一次更改密码的日期。这里不是直接写的日期，而是从 1970 年 1 月 1 日到最后一次修改密码日期之间的天数。

(4) 字段 4：两次修改密码之间至少经过的天数。如果设置为 0，表示没有限制。

(5) 字段 5：密码有效的最大天数，如果是 99999 则表示密码永远有效。

(6) 字段 6：密码到达有效期前多少天发出警告。

(7) 字段 7：密码过期多少天后系统会禁用此用户账户。

(8) 字段 8：用户账户被禁用的天数。

(9) 字段 9：保留字段，用于未来扩展，暂未使用。

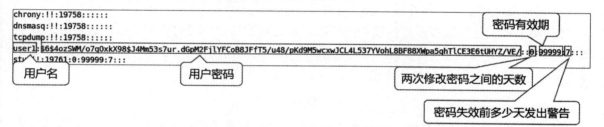

图 2-18　/etc/shadow 文件的部分内容

 课程思政

作为一个系统管理员，管理好系统密码是职责所在。我们有权限查看和修改用户的密码，但是也不能利用自己的权限随意透露和修改用户密码。同时，我们也有义务提醒用户保护好自己的密码。要保护系统安全，应该从根本上提高自己的网络安全意识，加强责任感，遵守职业道德，做好密码备份，不随意把密码透露给他人，尽自己的最大努力保证系统正常顺畅运行。

3) Linux 的组

对于权限相同的用户，可以划为一个用户组。这样我们可以对这一组用户分配权限，减少了为每个用户分配相同权限的重复性工作。

用户组分为两类：基本组和附加组。一个用户必须属于一个基本组。默认情况下，用户属于跟自己用户账号相同名字的基本组。除了基本组外，用户还可以属于其他的组，这些组均为该用户的附加组。一个用户可以属于多个附加组。

每个用户组也有一个 ID，称为 GID。RHEL9 中的 root 组 GID 值为 0，系统用户组的 GID 值小于 1000，普通用户组的 GID 大于等于 1000。

/etc/group 文件记录了组账号的基本信息，每个组对应一行数据，如图 2-19 所示，同样使用 "："分隔，共有 4 个字段，分别为：组名、组密码 (使用占位符 x 代替)、组 GID 号和成员的账号名称。

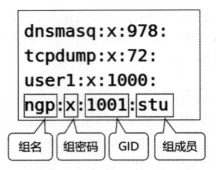

图 2-19　/etc/group 文件的部分内容

◎小贴士：同样是为了安全起见，组密码并不存放在 /etc/group 文件中，而是存放在 /etc/gshadow 文件中。组密码一般使用得较少。

4. 管理用户账户

1) 添加用户账户

【命令】useradd [选项] < 用户名 >

【选项】-d：指定用户家目录，默认为 /home/ 用户名。

-g：指定用户的基本组名 (或 GID 号)，默认与用户名相同。

-G：指定用户的附加组名 (或 GID 号)，默认无附加组。

-s：指定用户的登录 Shell，默认为 /bin/bash。

【说明】不加任何选项时，创建的用户账户都使用默认值，只有需要修改默认值时才添加选项。

 知识链接

Shell

Shell 是一个命令解释程序，它将用户输入的命令翻译成机器指令并且把它们送到内核去执行。Linux 的 Shell 有多种不同的版本，主要版本有：

① Bourne Shell：是贝尔实验室开发的 Shell。

② Bash：全名为 Bourne Again Shell，是 GNU 操作系统上默认的 Shell。

③ Korn Shell：是对 Bourne Shell 的发展，大部分内容与 Bourne Shell 兼容。

④ C Shell：是 SUN 公司 Shell 的 BSD 版本。

⑤ Z Shell：Z 是最后一个字母，也就是终极 Shell。它集成了 Bash、Korn Shell 的重要特性，同时又增加了自己独有的特性。

2) 修改用户账户密码

【命令】passwd [选项][用户名]

【选项】-l：锁定账号。

-u：账号解锁。

-d：清空用户的密码，使之无须密码即可登录。

【说明】不加任何选项的功能就是修改密码。如果没有用户名，则默认修改当前账号的密码。普通用户只能修改自己账号的密码。

◎小贴士：刚创建的用户账号是没有密码的，因而是被系统锁定的，无法登录，必须为其指定密码后才可以使用。

3) 修改用户账户属性

【命令】usermod [选项] < 用户名 >

【选项】-d：指定用户家目录。

-g：指定用户的基本组名 (或 GID 号)。

-G：指定用户的附加组名 (或 GID 号)。

-s：指定用户的登录 Shell。

【说明】所有选项的意义跟 useradd 完全相同。

4) 删除用户账户

【命令】userdel [选项] < 用户名 >

【选项】-r：删除与用户账号相关的文件。

【说明】虽然 -r 参数是可选项，但是建议一定要加上，否则下次再创建同名的账号时可能会提示用户目录已经存在而无法创建用户。

5. 管理用户组

1) 添加用户组

【命令】groupadd [选项] < 用户组名 >

【选项】-g GID：指定用户组 GID。

2) 改变用户组中的成员

【命令】gpasswd [选项] < 组账号名 >

【选项】-a：向组内添加一个用户成员。

-d：从组内删除一个用户成员。

-M：定义组成员列表，以逗号分隔。

3) 删除用户组

【命令】groupdel < 用户组名 >

【说明】要删除的组不能是任何用户的主要组，否则无法删除。

▼ 任务实施

管理用户和组

1. 管理用户账户

(1) 添加用户 redhat。命令如下：

[root@rhel9 ~]# useradd redhat

(2) 修改 redhat 的密码。命令如下：

[root@rhel 9 ~]# passwd redhat

命令运行结果如图 2-20 所示。

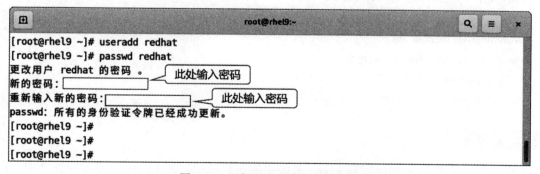

图 2-20　添加用户账户并修改密码

◎小贴士：输入密码时不会显示任何信息，也不会像 Windows 一样显示 "•" 或 "*"，输入错误也不能使用退格键删除，只能按【Enter】键后根据提示重新输入。

(3) 修改用户 redhat 的家目录为 /var/tmp，登录 Shell 为 /sbin/nologin。命令如下：

[root@rhel 9 ~]# usermod -d /var/tmp -s /sbin/nologin redhat

命令运行结果如图 2-21 所示。

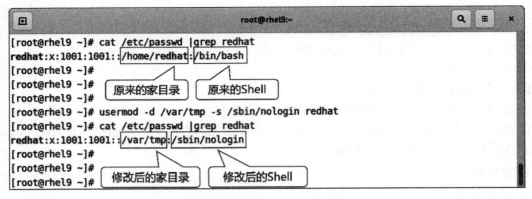

图 2-21 修改用户家目录和 Shell

(4) 将 redhat 账户删除。命令如下：

[root@rhel 9 ~]# userdel -r redhat

命令运行结果如图 2-22 所示。

图 2-22 删除用户

2. 管理用户组

(1) 添加用户组 ngp。命令如下：

[root@rhel9 ~]# groupadd ngp

(2) 添加用户 stu，使其附加组为 ngp，有三种方法：

方法一：在添加用户的时候直接使用 -G 选项指定其附加组为 ngp。命令如下：

[root@rhel 9 ~]# useradd -G ngp stu

方法二：先添加用户，再修改其附加组为 ngp。命令如下：

[root@rhel 9 ~]# useradd stu

[root@rhel9 ~]# usermod -G ngp stu

方法三：先添加用户，再在 ngp 组中添加该用户。命令如下：

[root@rhel9 ~]# useradd stu

[root@rhel9 ~]# gpasswd -a stu ngp

(3) 删除 ngp 组。命令如下：

[root@rhel9 ~]# groupdel ngp

▼ 任务总结

本次任务我们学习了如何管理 Linux 系统中的账户和组。在 Linux 服务器的管理中，账户管理虽然不是很复杂，但在特定情况下会很有用。我们在后面的服务器配置中还会用到。

▼ 同步训练

(1) 添加用户账号 zhangsan，并尝试用该账号登录系统 (zhangsan 代表你名字的全拼)。

(2) 添加用户组 zs，并将 zhangsan 加入到该组中 (zs 代表你名字拼音的首字母)。

(3) 锁定账号 zhangsan，并尝试用该账号登录，观察其效果。

(4) 删除组 zs，删除账号 zhangsan(记得顺序是先删除用户组，再删除用户，其中有隐含的操作)。

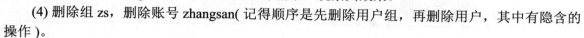

任务三 管理磁盘

▼ 任务提出

Linux 服务器添加了一块 20 GB 的新硬盘，需要对该硬盘进行管理。具体要求如下：

1. 将硬盘分区

将硬盘划分出一个 2 GB 的主分区和一个 10 GB 的扩展分区，在扩展分区中分别划分 2 GB、3 GB 和 5 GB 大小的 3 个逻辑分区。每个分区的类型均为 LVM。

2. 创建逻辑卷

为方便硬盘的扩展，需要在新硬盘上创建逻辑卷。将上一步划分的分区分别创建为物理卷，将其中三个分区组建成卷组，并在其中划分 20 MB 的逻辑卷。

3. 调整逻辑卷

(1) 由于业务需要，将逻辑卷扩展至 10 GB。

(2) 由于业务调整，将逻辑卷缩小至 1 GB。

4. 测试逻辑卷

在逻辑卷上存放一个 50 MB 的测试文件，以确保逻辑卷能够正常使用。

▼ 任务分析

1. 磁盘分区简介

磁盘分区 (Disk Partition) 是对磁盘物理介质的逻辑划分，不同的磁盘分区对应不同的逻辑边界。通过分区可以将用户数据和系统数据分开，还可以将不同用途的文件置于不同分区，有利于文件的管理和使用。

磁盘的分区信息保存在磁盘分区表 (Partition Table) 中。分区表是一个磁盘分区的索引，用来存储磁盘分区的相关信息，如每一个磁盘分区的起始地址、结束地址、是否为活动的 (Active) 等。常见的分区表有两种：MBR(Master Boot Record，主引导记录) 和 GPT(Globally Unique Identifier Partition Table，全局唯一标识分区表，也叫作 GUID 分区表)。GPT 可管理的空间大，支持的分区数据多。然而，GPT 的优势只有在硬盘规模较大的情况下才能体现出来。对于个人用户而言，其计算机磁盘数量和空间有限，选择 MBR 还是 GPT 影响并不大。

我们以 MBR 磁盘为例来讲述磁盘分区的原理。磁盘的基本容量单位是扇区，每个扇区 512 字节 (Byte)，其中第一个扇区保存着主引导记录和磁盘分区表信息。主引导记录需要占用 446 字节，磁盘分区表占用 64 字节，结束符占用 2 字节。磁盘分区表记录一个磁盘分区的信息需要 16 字节，因此，一个磁盘分区表至多只能记录 4 个分区的信息。

如果用户想创建更多的分区，可以将分区表的 16 字节的空间拿出来指向一个特殊的磁盘分区，这个分区称为扩展分区。在扩展分区内可以再划分出更多的分区，每个分区称为逻辑分区，从而满足了用户多于 4 个分区的需求，如图 2-23 所示。

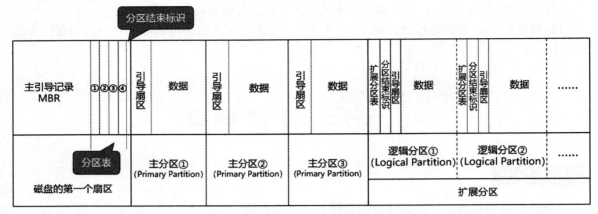

图 2-23　MBR 磁盘分区示意图

2. Linux 磁盘的命名规则

Linux 操作系统中的一切都是文件，硬件设备也不例外。既然是文件，就必须有文件名。系统内核中的 udev 设备管理器会自动规范硬件设备名称，目的是让用户通过设备文件名可以了解设备大致的属性以及分区信息等。这在用户识别陌生设备时特别方便。另外，udev 设备管理器的服务会一直以守护进程的形式运行并侦听内核发出的信号来管理 /dev 目录下的设备文件。Linux 操作系统中常见的硬件设备及其文件名如表 2-5 所示。

表 2-5　常见的 Linux 硬件设备及其文件名

硬 件 设 备	文 件 名
IDE 设备	/dev/hd[a-d]
SCSI/SATA/U 盘	/dev/sd[a-p]
NVMe 硬盘	/dev/nvme0n[1-m](m 为任意值)
打印机	/dev/lp[0-15]
光驱	/dev/cdrom
鼠标	/dev/mouse

由于现在 IDE 设备已经很少见了，因此一般的硬盘设备都是以 "/dev/sd" 开头的。而一台主机上可以有多块硬盘，因此系统采用 a-p 来代表 16 块不同的硬盘 (默认从 a 开始分配)，而且硬盘的分区编号也有如下规定：

(1) 主分区或扩展分区的编号从 1 开始，到 4 结束。

(2) 逻辑分区的编号从 5 开始。

因此，/dev/sda3 和 /dev/nvme0p5 的所代表的设备含义分别如图 2-24 和图 2-25 所示。

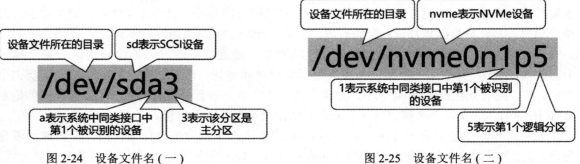

图 2-24　设备文件名 (一)　　　　　　　　　图 2-25　设备文件名 (二)

3. 逻辑卷管理器

逻辑卷管理器 (Logical Volume Manager，LVM) 是 Linux 环境下对磁盘分区进行管理的一种机制。用户安装和使用 Linux 操作系统时经常遇到的一个难以确定的问题就是如何正确地评估各分区大小，以分配合适的磁盘空间。普通的磁盘分区管理方式在分区划分好之后就无法改变其大小，当一个分区存放不下某个文件时，这个文件因为受上层文件系统的限制，也不能跨越多个分区来存放，所以也不能同时放到别的磁盘上。而遇到某个分区空间耗尽时，解决的方法通常是使用符号链接，或者使用调整分区大小的工具，但这只是暂时解决办法，没有从根本上解决问题。随着 Linux 逻辑卷管理功能的出现，这些问题都迎刃而解，用户在无须停机的情况下就可以方便地调整各个分区大小。

逻辑卷管理器 (LVM) 本质上是一个虚拟设备驱动器，是在块设备和物理设备之间添加的一个抽象层次。它可以将几块磁盘或磁盘的分区 (称为"物理卷"，Physical Volume，简称 PV) 组合起来形成一个卷组 (Volume Group，简称 VG)。LVM 可以每次从卷组中划分出不同大小的逻辑卷 (Logical Volume，简称 LV) 创建新的逻辑设备。

如图 2-26 所示，物理卷 (PV) 处于 LVM 的最底层，物理卷可以是物理磁盘、磁盘分区或者 RAID。一个磁盘设备一旦被定义为物理卷，其用于分配的最小存储单元就变为 PE(Physical Extent)。卷组 (VG) 建立在物理卷之上，一个卷组可以包含多个物理卷，而且在卷组创建之后，也可以继续向其中添加新的物理卷。逻辑卷 (LV) 是用卷组中空闲的资源建立的，逻辑卷不必是连续的空间，它可以跨越许多物理卷，并且可以在任何时候任意调整大小。相比物理磁盘来说，LVM 机制更利于磁盘空间的管理。

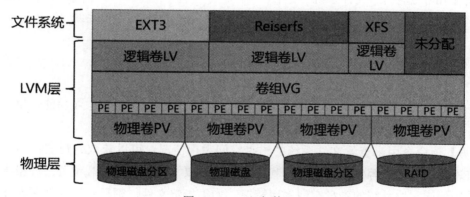

图 2-26　LVM 架构

4.文件系统

文件系统是操作系统的核心模块。文件系统提供了存储和组织计算机数据的方法，该方法使文件的访问和查找变得容易。文件系统使用抽象逻辑概念"文件"和"目录"代替了磁盘等物理设备使用"数据块"的概念，这样用户使用文件系统来保存数据时就不必关心数据实际保存在磁盘地址为多少的数据块上，只需要记住这个文件所属的目录和文件名即可。另外，在写入新数据之前，用户不需要关心磁盘上哪些数据块没有被使用，因为磁盘的存储空间管理 (分配和释放) 功能由文件系统自动实现。

文件系统种类繁多，不同文件系统具有各自的特点和应用场景。Ext 是第一个专门为 Linux 设计的文件系统，叫作扩展文件系统。它存在许多缺陷，现在已经很少被使用了。其改进版有 ext2、ext3、ext4 等。随着 Linux 的不断发展，Linux 所支持的文件系统类型也在迅速扩充。目前 Linux 可以支持绝大多数主流的文件系统。RHEL9 支持的主要文件系统类型为 XFS。

5. 挂载和卸载

在 Linux 系统中任何一个独立的存储设备都有一个类似于图 2-2 的目录树。一个独立的硬盘有这样的一个目录树，一个独立的 U 盘也有一个这样的目录树。如果想要在系统中使用 U 盘中的目录和文件，就要把 U 盘这个目录树连接到硬盘的目录树上，这样 Linux 系统才能像读取硬盘的文件和目录一样读取 U 盘中的文件和目录。将光盘、U 盘这样的移动存储设备的文件系统加入到 Linux 的主文件系统的过程就称为挂载。

在使用完移动存储设备后，需要将设备从系统中移除，这样的过程称为卸载。

6. 管理磁盘

1) 对磁盘进行分区

【命令】fdisk [-l] [磁盘名称]

【说明】

(1) 加上选项 "-l" 是列出磁盘的分区信息。不加 "-l" 是对磁盘进行分区。

(2) fdisk 是基于菜单的命令，当对磁盘进行分区时，还需要根据命令提示输入相应的菜单命令来选择需要的操作。fdisk 的常用菜单命令及其功能如表 2-6 所示。

表 2-6　fdisk 常用菜单命令及其功能

菜单命令	功　　能
d	删除分区
F	列出未分区的空闲区
l	列出已知分区类型
m	打印此菜单
n	添加新分区
p	打印分区表
t	更改分区类型
w	将分区表写入磁盘并退出
q	退出而不保存更改

2) 查看磁盘空间使用情况

【命令】df [选项] [文件系统 | 文件]

【选项】-a：显示所有文件系统的磁盘使用情况，包括 0 块的文件系统。

　　　　-k：以 KB 为单位显示。

　　　　-i：显示 inode 索引节点信息。

　　　　-t：显示指定类型的文件系统的磁盘空间使用情况。

　　　　-x：显示不是指定类型的文件系统的磁盘空间使用情况 (与 -t 功能相反)。

　　　　-T：显示文件系统类型。

【说明】该命令用来查看文件系统的磁盘空间占用情况。可以获取磁盘被占用了多少空间以及目前还有多少空间等信息，还可以利用该命令获取文件系统的挂载位置。如果指定文件系统，则只显示该文件系统的磁盘空间占用情况。如果指定文件，则显示该文件所在文件系统的信息。默认时显示所有文件系统，命令执行结果如图 2-27 所示。

图 2-27　df 命令执行结果

3) 查看文件所占用的磁盘空间

【命令】du ［选项］［文件名|目录名］

【选项】-s：对每个目录只给出占用的数据块总数。

　　　　-a：递归显示指定目录中各文件及子目录占用的数据块数。

　　　　-b：以字节为单位列出磁盘空间使用情况。

　　　　-k：以 1024 字节为单位列出磁盘空间使用情况。

　　　　-c：在统计后加上一个总计 (系统默认设置)。

4) 建立文件系统

【命令】mkfs ［选项］< 设备名 >

【选项】-t：指定要创建的文件系统类型。

　　　　-c：建立文件系统之前首先检查坏块。

　　　　-V：输出建立的文件系统的详细信息。

【说明】也可以使用"mkfs. 文件类型"的形式来建立文件系统，例如要创建 xfs 文件系统，可以使用命令"mkfs.xfs[选项] 设备名"，常用选项包括：

　　　　-b：设置数据块的大小。

　　　　-f：如果设备内已经有了文件系统，则需要强制格式化。

　　　　-L：设置卷标。

5) 挂载磁盘

【命令】mount ［选项］< 设备名 >< 挂载点 >

【选项】-t：指定要挂载的文件系统的类型。

　　　　-r：以只读方式挂文件系统，这样文件系统就不能被修改。

　　　　-w：以可写的方式挂载文件系统。

　　　　-a：挂载 /etc/fstab 文件中记录的设备。

【说明】一般而言，挂载点是一个空目录，否则目录中原来的文件将被系统隐藏。Linux 操作系统提供了 /mnt 和 /media 两个专门用于挂载的目录。如果要实现每次开机自动挂载文件系统，可以通过编辑 /etc/fstab 文件来实现。/etc/fstab 文件的内容如图 2-28 所示。使用该文件需要注意以下几点：

(1) 需要挂载的设备名除了可以直接使用设备名外，也可以像第二行设备那样使用 UUID。通用唯一识别码 (Universally Unique Identifier，UUID) 为系统中的存储设备提供唯一的标识字符串，不管这个设备是什么类型。如果在系统启动时使用设备名挂载可能因找不到设备而失败，而使用 UUID 挂载则不会出现找不到设备的问题。使用"blkid"命令可以查看设备的 UUID。

(2) 常用的挂载选项包括：

① ro|rw：以只读或读写模式挂载文件系统 (默认 rw)。

② user|nouser：允许或禁止普通用户挂载此设备 (默认 nouser)。

③ sync|async：内存更改时同步或异步写入磁盘 (默认 async)。

④ auto|noauto：该文件中的分区允许或禁止在执行"mount -a"命令时被挂载 (默认 auto)。

⑤ exec|noexec： 允许或禁止执行该分区中的二进制文件 (默认 exec)。

⑥ dev|nodev：解析或不解析该文件系统上的块特殊设备 (默认 dev)。

⑦ suid|nosuid：允许或禁止 suid 操作和设定 sgid 位 (默认 suid)。

⑧ default：以上的默认值。

(3) dump 选项：dump 工具通过这个选项的值决定是否做备份，0 表示不备份，1 表示备份。大部分用户没有安装 dump，该选项设置应为 0。

(4) fsck 选项：fsck 命令通过检测该选项来决定文件系统通过什么顺序来扫描检查，根文件系统对应该选项的值为 1，其他文件系统选项为 2。若文件系统无须在启动时扫描检查，则设置该选项为 0。

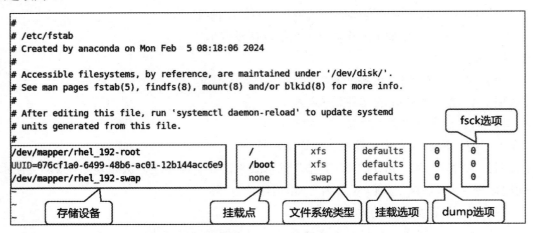

图 2-28　/etc/fstab 文件的内容

6) 卸载磁盘

【命令】umount ＜设备名或挂载点＞

【说明】正在使用的文件系统不能卸载。

7) 管理逻辑卷

部署逻辑卷时，需要逐一配置物理卷、卷组和逻辑卷。常用的部署命令如表 2-7 所示。

表 2-7　部署逻辑卷常用命令

功能	物理卷管理	卷 组 管 理	逻辑卷管理
建立	pvcreate ＜设备名＞	vgcreate ＜卷组名＞＜设备名＞	lvcreate -L ＜逻辑卷大小＞ -n ＜逻辑卷名＞＜卷组名＞
显示	pvdisplay ＜设备名＞	vgdisplay ＜卷组名＞	lvdisplay ＜逻辑卷名＞
检查	pvscan	vgscan	lvscan
删除	pvremove ＜设备名＞	vgremove ＜卷组名＞	lvremove ＜逻辑卷名＞
扩展	—	vgextend ＜卷组名＞＜设备名＞	lvextend –L ＜增加的逻辑卷大小＞＜逻辑卷名＞
缩小	—	vgreduce ＜卷组名＞＜设备名＞	lvreduce -L ＜减少的逻辑卷大小＞＜逻辑卷名＞

▼ **任务实施**

1. 在虚拟机中添加硬盘

本次实验需要在虚拟机中再添加一块硬盘，具体操作如下。

(1) 在虚拟机关闭的状态下，点击 VMware 的【虚拟机】菜单，选择【设置】子菜单，如图 2-29 所示。

管理磁盘

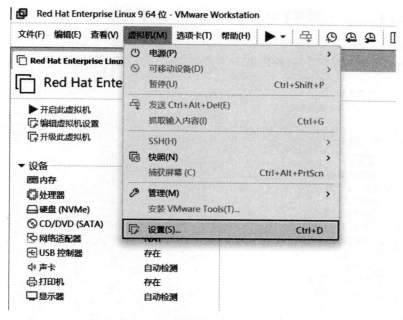

图 2-29　选择【设置】子菜单

(2) 在弹出的【虚拟机设置】对话框中，单击下方的【添加】按钮，如图 2-30 所示。

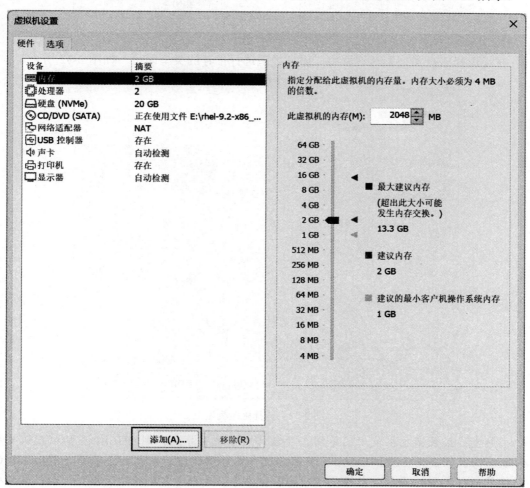

图 2-30　【虚拟机设置】对话框

(3) 在弹出的【添加硬件向导】对话框中，【硬件类型】选择【硬盘】，点击【下一步】按钮，如图 2-31 所示。

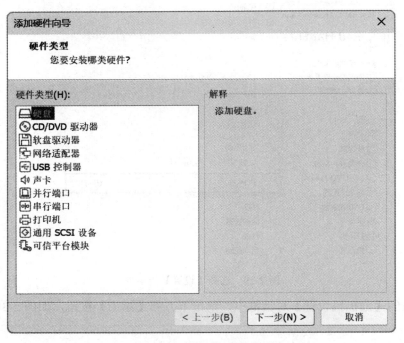

图 2-31 选择添加硬件类型

(4) 在【选择磁盘类型】对话框中，磁盘类型选择推荐的类型即可。如图 2-32 所示。

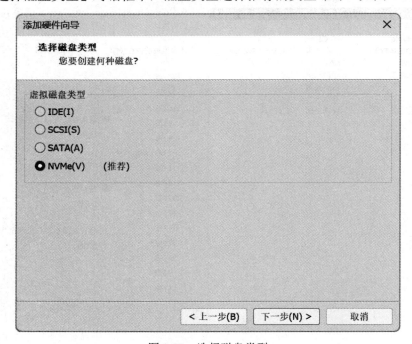

图 2-32 选择磁盘类型

◎小贴士：如果宿主机使用的是固态硬盘作为系统引导盘，则 RHEL9 虚拟机默认安装在 NVMe 硬盘上，而不是 SCSI 硬盘上。在虚拟机中添加硬盘时，系统也会根据当前宿主机的硬盘类型推荐一种类型的硬盘，当然，也可以不按推荐选择自己需要的硬盘类型。如果启动硬盘是 NVMe 磁盘，而后添加了 SCSI 硬盘，则一定要调整 BIOS 的启动顺序，否则系统将无法正常启动。

(5) 在【选择磁盘】对话框中，选择【创建新虚拟磁盘】，点击【下一步】按钮，如图 2-33 所示。

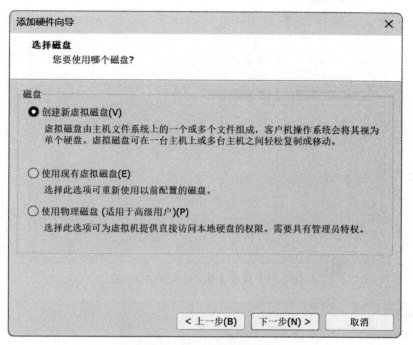

图 2-33　选择要使用的磁盘

(6) 在【指定磁盘容量】对话框中，磁盘容量可以根据需要进行设置，此处设置为 20 GB，并选择【将虚拟磁盘拆分成多个文件】，如图 2-34 所示。

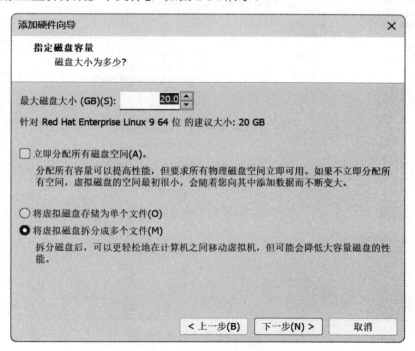

图 2-34　选择磁盘容量

(7) 在【指定磁盘文件】对话框中，指定磁盘文件名和存储位置，这里建议使用默认文件名和存储位置即可，如图 2-35 所示。点击【完成】按钮，在【虚拟机设置】对话框即可看到新添加的硬盘信息，如图 2-36 所示。点击【确定】按钮，完成添加硬盘。

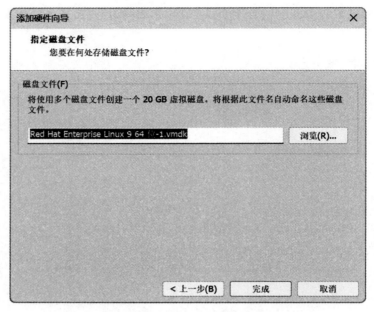

图 2-35　设置磁盘文件名和存储位置

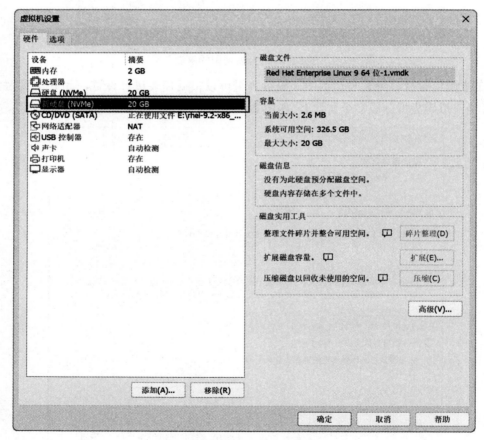

图 2-36　查看新添加硬盘信息

2. 为新硬盘分区

1) 查看当前系统磁盘情况

使用以下命令查看当前系统磁盘情况：

```
[root@rhel9 ~]#fdisk -l
```

命令运行结果如图 2-37 所示。可以看到第一块磁盘也就是创建虚拟机时就有的磁盘已经被分了两个区 /dev/nvme0n1p1 和 /dev/nvme0n1p2，而第二块磁盘也就是新添加的磁盘还没有被分区。

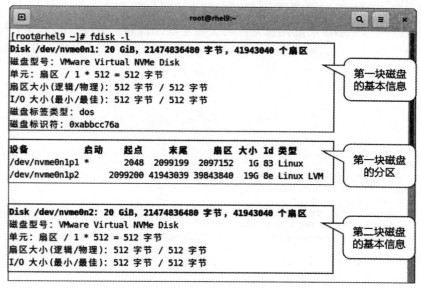

图 2-37　查看当前磁盘分区情况

2) 为新添加的硬盘分区

使用以下命令为新添加的硬盘分区：

[root@rhel9 ~]# fdisk /dev/nvme0n2

命令运行结果如图 2-38 所示，需要输入菜单命令，输入 m 可以查看相关命令。

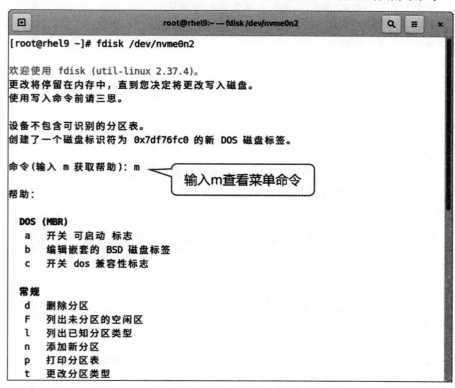

图 2-38　查看 fdisk 的菜单命令

(1) 创建主分区，如图 2-39 所示。

① 输入 "n"，进入创建新分区的子命令行。

② 在【分区类型】子命令行后面输入 "p"，由于默认值也为 "p"，因此也可以直接敲回车键使用默认值。

③ 输入分区号，这里使用 "1" 号分区。

④ 选择该分区第一个扇区的起始位置，对于初学者来说建议直接敲回车键选择默认位置。

⑤ 选择该分区最后一个扇区，由于要分出一个 2 GB 的分区，如果不方便计算扇区的位置，也可以直接输入 "+2G"。这样一个主分区就创建好了。

⑥ 可以在主命令行输入 "p" 来查看分区的信息。

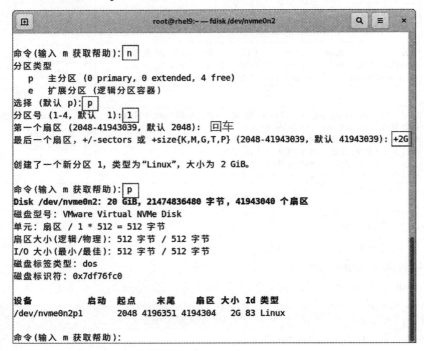

图 2-39　创建主分区

(2) 创建扩展分区，如图 2-40 所示。

① 在主命令行中输入 "n"，进入创建新分区的子命令行。

② 在【分区类型】子命令行后输入 "e"。

③ 在【分区号】子命令行后输入 "2"。

④ 在【第一个扇区】子命令行后仍然敲回车键使用默认位置。

⑤ 根据任务要求，该扩展分区中要划出 2G、3G 和 5G 三个逻辑分区，所以，该扩展分区至少需要 10G，因此，在【最后一个扇区】子命令行后输入 "+10G"，至此，扩展分区创建完毕。

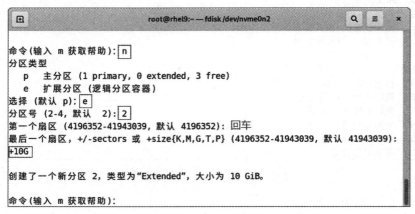

图 2-40　创建扩展分区

(3) 创建逻辑分区，如图 2-41 所示。

① 继续在主命令行中输入"n"，进入子命令行。

② 在【分区类型】子命令行后输入"1"(小写 L)。

③ 在【第一个扇区】子命令行后仍敲回车键使用默认位置。

④ 在【最后一个扇区】子命令行后输入"+2G"。这样第一个逻辑分区就创建完成。其余两个逻辑分区方法类似，这里不再赘述。

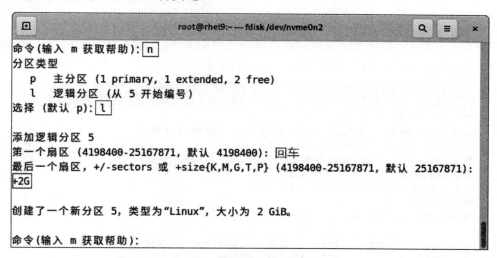

图 2-41　创建逻辑分区

至此，所有的分区都创建完毕，在命令行中输入"p"查看分区情况，如图 2-42 所示。

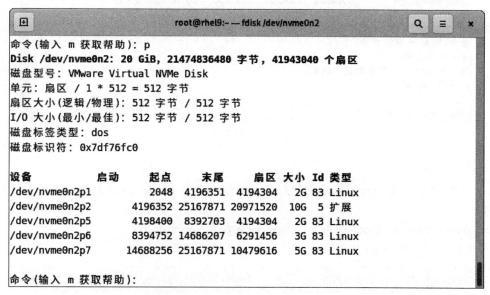

图 2-42　查看创建的分区

(4) 修改分区类型。由于后续要创建 LVM，需要分区的类型为"Linux LVM"，因此需要对每个分区的类型进行修改。以第一个分区为例，如图 2-43 所示。

① 在命令行中输入"t"，进入修改分区类型子命令行。

② 在【分区号】子命令行后输入要修改的分区编号，第一个分区的编号为"1"。

③ 在【Hex 代码或别名】子命令行后输入分区类型代码"8e"，如果记不得类型代码也可以输入"L"查看。每个分区的修改方法类似，其余几个分区的修改在此不再赘述。

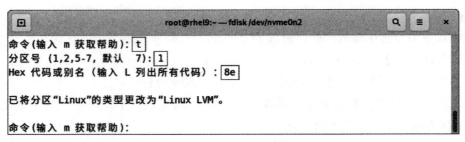

图 2-43　修改分区类型

将所有的分区类型都修改完成后，再在命令行中输入"p"查看分区的信息，确保分区没有问题后，在命令行输入"w"保存修改，如图 2-44 所示。

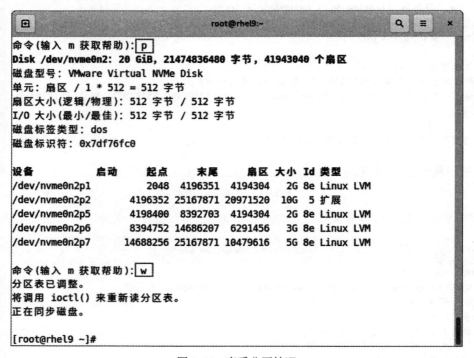

图 2-44　查看分区情况

3. 创建逻辑卷

(1) 建立物理卷。将 /dev/nvme0n2p1、/dev/nvme0n2p5 和 /dev/nvme0n2p6 都创建为物理卷。命令如下：

```
[root@rhel9 ~]# pvcreate/dev/nvme0n2p1 /dev/nvme0n2p5 /dev/nvme0n2p6
```

命令执行结果如图 2-45 所示。

```
[root@rhel9 ~]# pvcreate /dev/nvme0n2p1 /dev/nvme0n2p5 /dev/nvme0n2p6
  Physical volume "/dev/nvme0n2p1" successfully created.
  Physical volume "/dev/nvme0n2p5" successfully created.
  Physical volume "/dev/nvme0n2p6" successfully created.
[root@rhel9 ~]#
```

图 2-45　创建物理卷

(2) 查看建立的每一个物理卷的信息。命令如下：

```
[root@rhel9 ~]#pvdisplay /dev/nvme0n2p1
```

命令执行结果如图 2-46 所示。

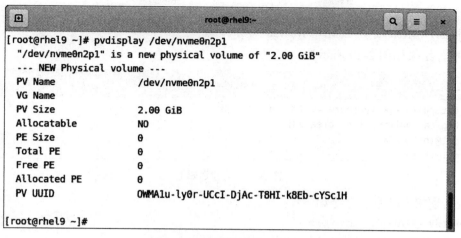

图 2-46　查看创建的物理卷

(3) 建立卷组。将上一步创建的物理卷加入到卷组 vg0 中。命令如下：

[root@rhel9 ~]#vgcreate vg0 /dev/nvme0n2p1 /dev/nvme0n2p5 /dev/nvme0n2p6

命令执行结果如图 2-47 所示。

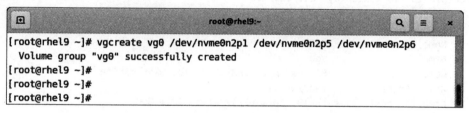

图 2-47　建立卷组

(4) 查看卷组的信息。命令如下：

[root@rhel9 ~]# vgdisplay vg0

命令执行结果如图 2-48 所示。

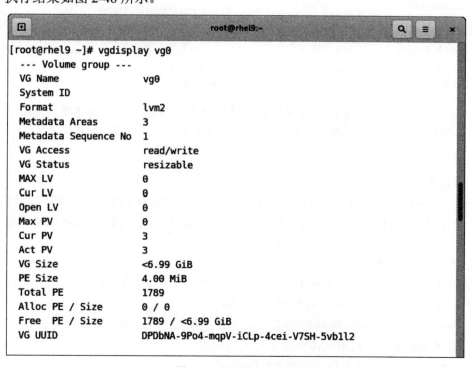

图 2-48　查看卷组信息

（5）创建逻辑卷。在卷组 vg0 中创建 20 MB 的逻辑卷并命名为 lv0。命令如下：

[root@rhel9 ~]#lvcreate -L 20M -n lv0 vg0

命令执行结果如图 2-49 所示。

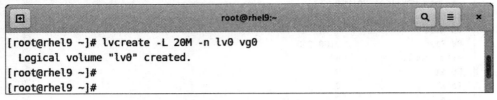

```
[root@rhel9 ~]# lvcreate -L 20M -n lv0 vg0
  Logical volume "lv0" created.
[root@rhel9 ~]#
[root@rhel9 ~]#
```

图 2-49　创建逻辑卷

（6）查看逻辑卷信息。命令如下：

[root@rhel9 ~]#lvdisplay /dev/vg0/lv0

命令执行结果如图 2-50 所示。

◎小贴士：逻辑卷的名字不能直接写 lv0，必须使用 /dev/vg0/lv0 这样的形式。

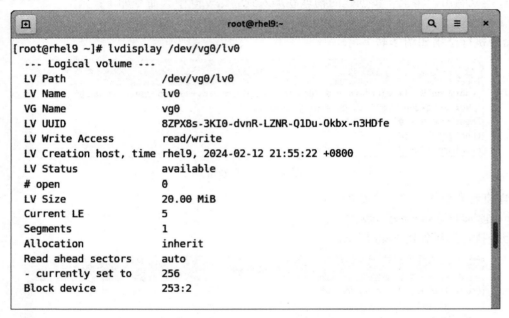

```
[root@rhel9 ~]# lvdisplay /dev/vg0/lv0
  --- Logical volume ---
  LV Path                /dev/vg0/lv0
  LV Name                lv0
  VG Name                vg0
  LV UUID                8ZPX8s-3KI0-dvnR-LZNR-Q1Du-Okbx-n3HDfe
  LV Write Access        read/write
  LV Creation host, time rhel9, 2024-02-12 21:55:22 +0800
  LV Status              available
  # open                 0
  LV Size                20.00 MiB
  Current LE             5
  Segments               1
  Allocation             inherit
  Read ahead sectors     auto
  - currently set to     256
  Block device           253:2
```

图 2-50　查看逻辑卷信息

◎小贴士：第一次创建逻辑卷必须按照创建物理卷→创建卷组→创建逻辑卷的顺序。删除物理卷必须按照删除逻辑卷→删除卷组→删除物理卷的顺序。

4. 调整逻辑卷

1) 将逻辑卷扩展到 10 GB

由于卷组 vg0 只有 7 GB，因此需要先将卷组扩充到至少 10 GB，也即向卷组中添加物理卷。之前创建的分区 /dev/nvme0n2p7 还未使用，可以将该分区创建为物理卷并添加到卷组 vg0 中。

（1）创建新的物理卷。命令如下：

[root@rhel9 ~]#pvcreate /dev/nvme0n2p7

（2）将新的物理卷添加到卷组 vg0 中。命令如下：

[root@rhel9 ~]#vgextend vg0 /dev/nvme0n2p7

（3）将逻辑卷扩展到 10 GB。命令如下：

[root@rhel9 ~]# lvextend -L 10G /dev/vg0/lv0

命令执行结果如图 2-51 所示。

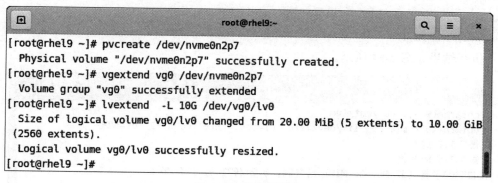

图 2-51　扩展逻辑卷

2) 缩小逻辑卷至 1 GB

使用以下命令缩小逻辑卷至 1 GB：

[root@rhel9 ~]# lvreduce -L 1G /dev/vg0/lv0

命令执行结果如图 2-52 所示。

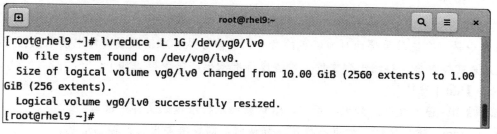

图 2-52　缩小逻辑卷

5. 测试逻辑卷

(1) 创建文件系统，使用 xfs 文件系统格式化逻辑卷。命令如下：

[root@rhel9 ~]#mkfs.xfs /dev/vg0/lv0

命令执行结果如图 2-53 所示。

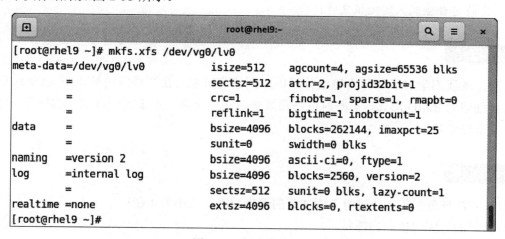

图 2-53　创建文件系统

(2) 挂载逻辑卷。命令如下：

[root@rhel9 ~]#mkdir /mnt/lvm

[root@rhel9 ~]#mount /dev/vg0/lv0 /mnt/lvm

(3) 向逻辑卷中复制一个 50 MB 的测试文件 test_file。命令如下：

[root@rhel9 ~]#cd /mnt/lvm

[root@rhel9 lvm]#dd if=/dev/zero of=test_file count=1 bs=50M

[root@rhel9 lvm]#ls -l

命令执行结果如图 2-54 所示。

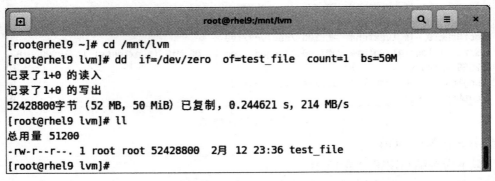

图 2-54　向逻辑卷复制文件

 知识链接

dd 命令

dd 命令是一个比较重要而且有特色的命令，它能够从标准输入或文件中读取数据，根据指定的格式来转换数据，再输出到文件、设备或标准输出，命令格式如下：

【命令】dd [选项]

【选项】if:　输入文件。如果不指定，默认就会从标准输入文件中读取。

out:　输出文件。如果不指定，默认就会向标准输出文件输出信息。

count:　数据块的数量。

bs:　数据块的大小。

【说明】有时候为了生成一个比较大的测试文件，就可以使用 dd 命令，从 /dev/zero 中读取数据放到测试文件。/dev/zero 是一种特殊的虚拟设备，当读取该文件时，它会提供无限的空字符 null，比较适合生成大的测试文件。

▼ 任务总结

本次任务我们学习了如何为磁盘分区以及创建逻辑卷。在某些应用场景中，Linux 服务器磁盘需要创建为 RAID 形式，有些时候还需要进行磁盘配额，由于篇幅有限，这些内容请读者自行查阅资料学习。

▼ 同步训练

(1) 在本次任务的第二块磁盘上添加新的逻辑分区，大小为 4 GB。

(2) 将新的分区创建为物理卷。

(3) 将新创建的物理卷添加到卷组 vg0 中。

(4) 在卷组中再创建一个逻辑卷 lv1，大小为 300 M。

(5) 将逻辑卷 lv1 格式化为 xfs 文件系统。

(6) 在 lv1 上存放一个 100 M 的测试文件。

(7) 尝试将第 2 步创建的物理卷删除。

任务四　管理进程

任务提出

进程是正在运行的程序。Linux 系统中运行着很多进程，请对系统进程进行管理。本次任务的主要内容包括：

1. 监测进程状态

(1) 查看后台进程的状态。

(2) 持续监测进程的运行状态。

(3) 查看进程树。

(4) 列出进程相关的文件信息。

2. 控制进程状态

(1) 调整进程优先级。

(2) 改变正在运行进程的优先级。

(3) 强制终止进程。

3. 作业控制

(1) 挂起进程。

(2) 显示任务状态。

(3) 将任务移至前台。

(4) 将任务移至后台。

任务分析

1. 进程的概念

进程 (Process) 是计算机中的程序在某数据集合上的一次运行活动，是系统进行资源分配和调度的基本单位，是操作系统结构的基础。进程可以是短期的 (如命令行界面执行的一个普通命令所代表的进程)，也可以是长期的 (如网络服务进程)。在用户空间，进程是由进程号 (Process Identification，PID) 表示的，每个新进程被分配唯一的 PID。PID 在进程的整个生命周期不会更改，但 PID 可以在进程销毁后被重新使用。

任何进程都可以再创建进程，所创建的进程称为子进程，创建子进程的进程称为父进程。所有进程都是第一个系统进程的后代。在用户空间中创建进程有多种方式：可以直接执行一个程序以创建新进程，也可以在程序内通过 fork 或者 exec 调用来创建新进程。

进程和程序是两个密切相关的概念，很多人认为进程就是程序。实际上二者是有区别的。程序是一个静态的概念，代表一个可执行的二进制文件。例如 /bin/date、/bin/bash 等都是 Linux 中可执行的二进制文件。进程是一个动态的概念，代表程序运行的过程。进程有其生命周期及运行状态。进程在其整个生命周期内状态会不断发生变化，总的来说有以下三种状态：

(1) 就绪状态：进程具备运行条件，等待系统分配 CPU 以便运行。

(2) 运行状态：进程占有 CPU 正在运行。

(3) 等待状态：又称为阻塞状态或睡眠状态，它是指进程不具备运行条件，必须等待某个事件完成之后再具备运行条件的状态。

进程优先级代表进程对 CPU 的优先使用级别。优先级打破了"先来后到"这一规则，在资源可抢占的操作系统中，较高优先级的进程可以优先占据 CPU 的使用权，而较低优先级的进程只能被动让出 CPU 使用权。

2. 管理进程

1) 查看当前进程状态

【命令】ps［选项］

【选项】-l：以长格式显示进程的详细信息。

-u：显示进程的归属用户及内容的使用情况。

a：显示所有进程，包括其他用户的进程。

x：显示没有控制终端的进程。

f：以进程树的形式显示程序间的关系。

e：列出进程时，显示每个进程所使用的环境变量。

【说明】ps 命令的部分选项可以同时支持带"-"和不带"-"，但含义通常不同。例如"-e"选项表示所有进程，而"e"选项表示在显示环境变量。

2) 监测进程运行状态

【命令】top［-p PID］

【说明】top 命令的语法较为复杂，但其绝大多数选项并不常用。初学者只需要掌握不带参数的情况是查看所有进程的状态信息，带"-p PID"是查看 PID 指定进程的状态信息即可。

3) 查看进程树

【命令】pstree［选项］［PID|用户名］

【选项】-p：显示进程的 PID。

-a：显示命令行参数。

-g：显示进程组 ID，隐含启用 -c 选项。

-u：显示进程对应的用户名称。

4) 列出进程相关的文件信息

【命令】lsof［选项］［文件名］

【选项】-a：相当于逻辑关系的"与"，即两个条件都满足的进程信息。

-c <CMD>：列出指定进程 CMD 相关的文件。

-d <FD 类型 >：列出指定 FD 类型文件的进程信息。

-i <4|6| 协议 |: 端口号 |@IP>：列出 IPv4、IPv6、指定协议、指定端口号或指定 IP 地址相关的进程信息。如果没有指定，就列出与网络连接相关的所有进程信息。

-u < 用户名 |UID>：列出指定用户所打开的文件。

-p <PID>：列出 PID 所指进程的文件信息。

【说明】该命令常见的用法是查找应用程序打开的文件的名称和数目，可用于查找某个特定应用程序将日志数据记录到何处，或者正在跟踪某个问题。也可用于查看某个文件所对应的进程。

5) 调整进程优先级

【命令】nice［选项］

【选项】-n <NI 值 ><command>：设置命令 command 的优先级。

【说明】不加任何选项，则查看 NI 值的默认值，通常为 0。不指定优先级，则默认设置 NI

值为 10。

进程的优先级决定了它在 CPU 上执行的顺序，优先级越高的进程越容易获得 CPU 资源。可以通过 nice 命令来调整进程的优先级。nice 命令后面跟着一个数值称为 NI 值或 nice 值。NI 值的取值范围是 -20 到 19。PRI 是进程的实际优先级，PRI = Default_PRI + NI，Default_PRI 为默认优先级，是操作系统为进程自动设定的优先级。PRI 值越小，进程的优先级越高。

6) 改变正在运行进程的优先级

【命令】renice <NI 值 >[选项]

【选项】-p < PID>：修改进程号为 PID 的优先级。

　　　-u < 用户名 |UID>：修改指定用户进程的优先级。

【说明】该命令用于修改正在运行的进程的优先级。进程启动时默认的 NI 值为 0。

7) 向进程发送信号

【命令】kill [选项] [PID| 任务声明]

【选项】-s < 信号名称 >：向以 PID 进程号或者任务声明指定的进程发送一个信号名称所指定的信号。

　　　-n < 信号编号 >：向以 PID 进程号或者任务声明指定的进程发送一个信号编号所指定的信号。

　　　-l < 信号编号 | 信号名称 >：查看信号编号或信号名称。如果不指定信号编号或信号名称，则查看所有信号编号和名称，如图 2-55 所示。

```
[root@rhel9 ~]# kill -l
 1) SIGHUP       2) SIGINT       3) SIGQUIT      4) SIGILL       5) SIGTRAP
 6) SIGABRT      7) SIGBUS       8) SIGFPE       9) SIGKILL     10) SIGUSR1
11) SIGSEGV     12) SIGUSR2     13) SIGPIPE     14) SIGALRM     15) SIGTERM
16) SIGSTKFLT   17) SIGCHLD     18) SIGCONT     19) SIGSTOP     20) SIGTSTP
21) SIGTTIN     22) SIGTTOU     23) SIGURG      24) SIGXCPU     25) SIGXFSZ
26) SIGVTALRM   27) SIGPROF     28) SIGWINCH    29) SIGIO       30) SIGPWR
31) SIGSYS      34) SIGRTMIN    35) SIGRTMIN+1  36) SIGRTMIN+2  37) SIGRTMIN+3
38) SIGRTMIN+4  39) SIGRTMIN+5  40) SIGRTMIN+6  41) SIGRTMIN+7  42) SIGRTMIN+8
43) SIGRTMIN+9  44) SIGRTMIN+10 45) SIGRTMIN+11 46) SIGRTMIN+12 47) SIGRTMIN+13
48) SIGRTMIN+14 49) SIGRTMIN+15 50) SIGRTMAX-14 51) SIGRTMAX-13 52) SIGRTMAX-12
53) SIGRTMAX-11 54) SIGRTMAX-10 55) SIGRTMAX-9  56) SIGRTMAX-8  57) SIGRTMAX-7
58) SIGRTMAX-6  59) SIGRTMAX-5  60) SIGRTMAX-4  61) SIGRTMAX-3  62) SIGRTMAX-2
63) SIGRTMAX-1  64) SIGRTMAX
[root@rhel9 ~]#
```

图 2-55　查看信号编号和信号名称

8) 根据进程名称结束进程

【命令】killall [选项] < 进程名 >

【选项】-e：精准匹配进程名称。

　　　-I：匹配进程名时忽略大小写。

　　　-i：结束进程前要求用户确认。

　　　-l：列出所有的信号名。

　　　-u < 用户名 >：结束指定用户名的进程。

9) 挂起进程

在 Shell 终端上执行 vim 命令后，整个 Shell 终端都被 vim 进程所占用。在 Linux 环境中有大量此类进程存在，特别是在终端运行 GUI 程序时。一般情况下，除非将 GUI 程序关掉，否则终端会一直被占用。解决的方法一方面可以通过在命令的后面加上"**&**"使进程在后台运行以避免其独占终端，另一方面可以使用"**Ctrl+Z**"组合键挂起当前的前台进程，待需要的时候再恢复该进程。

10) 查看任务状态

【命令】jobs [选项] [任务名称]

【选项】-l：显示进程的 PID。

-n：仅列出上次通告之后改变了状态的进程。

-p：仅列出进程的 PID。

-r：限制仅输出运行中的任务。

-s：限制仅输出停止的任务。

【说明】命令执行结果如图 2-56 所示。其中在第 4 行编号"4"后面有一个"+"表示该进程是当前任务。编号"3"后面有一个"-"表示该进程不是当前任务。

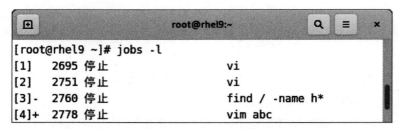

图 2-56　查看任务状态

11) 将任务移至前台

【命令】fg [%N]

【说明】N 是如图 2-56 使用 jobs 查看的任务状态时每行的编号。

12) 将任务移至后台

【命令】bg [%N]

【说明】N 是如图 2-56 使用 jobs 查看的任务状态时每行的编号。

▼ 任务实施

管理进程

1. 监测进程状态

(1) 查看当前用户的进程。命令如下：

[root@rhel9 ~]# ps

命令执行结果如图 2-57 所示。

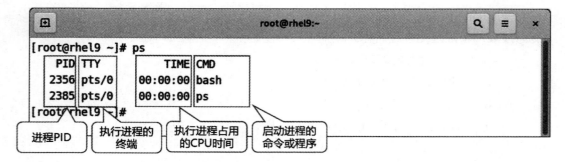

图 2-57　查看当前用户的进程

(2) 查看当前用户进程的详细信息。命令如下：

[root@rhel9 ~]# ps -l

命令执行结果如图 2-58 所示。

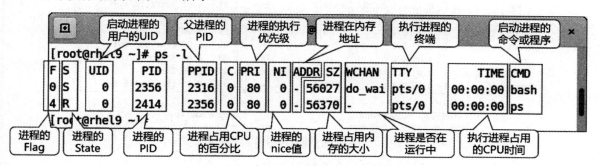

图 2-58　查看当前进程的详细信息

 知识链接

进程的详细信息

图 2-58 显示了使用 "ps -l" 命令查看进程的详细信息，其中部分字段的含义如下：

① 进程的 Flag。"4" 表示此进程的权限为 root，"1" 表示此进程只能复制，没有执行权限，"0" 表示此进程有执行权限。

② 进程的 State。也就是进程的状态，其中：

"D" 表示进程处于无法中断的休眠状态 (通常是 IO 的进程)；

"I" 表示空闲内核线程；

"R" 表示进程正在运行中；

"S" 表示进程处于可中断的休眠状态 (等待一个事件来唤醒休眠)；

"T" 表示进程暂停执行；

"X" 表示进程已经终止；

"Z" 表示该进程应该已经终止，但是其父进程却无法正常地终止它，造成僵尸进程。

在某些情况下，进程状态还会在上面所列出的状态中增加一些内容，包括：

"<" 表示高优先权的进程 (对其他用户不友好)；

"N" 表示低优先权的进程 (对其他用户友好)；

"L" 表示该进程将页面锁定到内存；

"s" 表示该进程是一个会话的主导；

"l" 表示该进程是多线程的；

"+" 表示该进程在前台进程组中。

③ 进程在内存的地址。ADDR 指出该程序在内存的那个部分，如果是个正在执行的程序，该值一般就是 "-"。

(3) 查看所有用户进程的信息。命令如下：

[root@rhel9 ~]# ps aux

命令执行结果如图 2-59 所示。

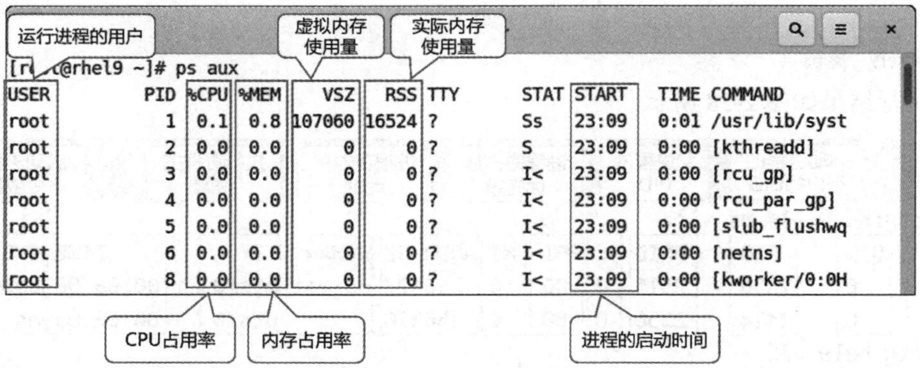

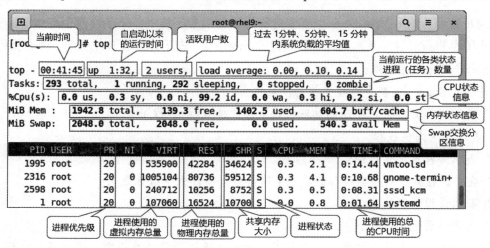

图 2-59 查看所有进程

(4) 查看当前系统中进程运行状态。命令如下：

[root@rhel9 ~]# top

执行 top 命令后，如果不退出，则会持续执行，并动态更新进程相关信息。在 top 命令的交互界面中按"Q"键或者按"Ctrl + C"组合键会退出 top 命令。命令执行结果如图 2-60 所示。

图 2-60 查看当前进程运行状态

(5) 查看进程树。命令如下：

[root@rhel9 ~]# pstree

命令执行结果如图 2-61 所示。

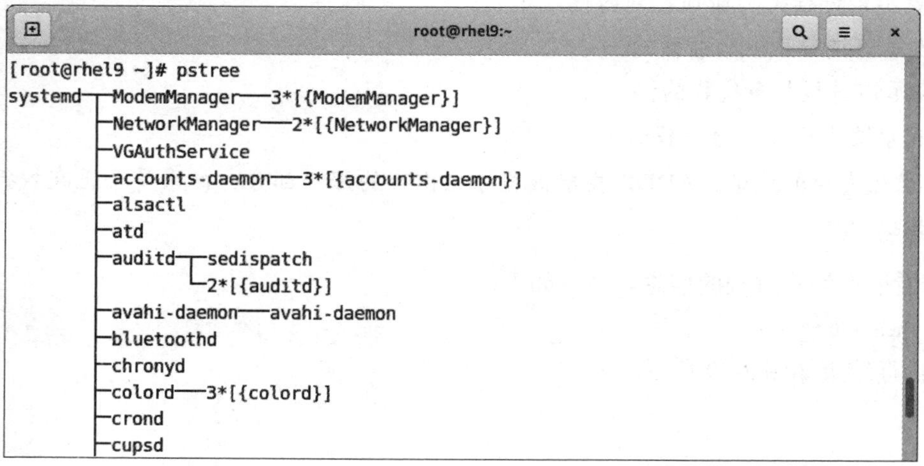

```
[root@rhel9 ~]# pstree
systemd─┬─ModemManager───3*[{ModemManager}]
        ├─NetworkManager───2*[{NetworkManager}]
        ├─VGAuthService
        ├─accounts-daemon───3*[{accounts-daemon}]
        ├─alsactl
        ├─atd
        ├─auditd─┬─sedispatch
        │        └─2*[{auditd}]
        ├─avahi-daemon───avahi-daemon
        ├─bluetoothd
        ├─chronyd
        ├─colord───3*[{colord}]
        ├─crond
        ├─cupsd
```

图 2-61 查看进程树

(6) 查看 sshd 进程所打开的文件。命令如下：

[root@rhel9 ~]# lsof -c sshd |head

命令执行结果前 9 行如图 2-62 所示。

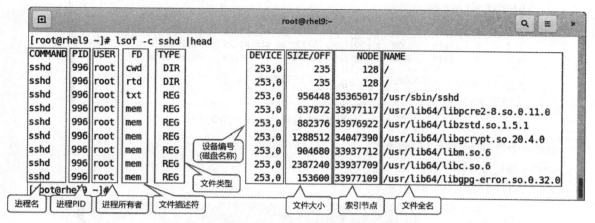

图 2-62　查看 sshd 进程所打开的文件

 知识链接

管 道 的 操 作

Linux 可以将两条或者多条命令 (程序或进程) 连接到一起，把一条命令的输出作为下一条命令的输入，以这种方式连接两条或者多条命令就形成了管道 (Pipe)。管道在 Linux 中发挥着重要的作用。通过管道机制，可以将多条命令串联到一起完成一个复杂任务。管道的语法格式如下：

命令 1 | 命令 2 | …… | 命令 n

2.调整进程优先级

(1) 先将 vim 程序在后台运行，并查看其默认的优先级。命令如下：

[root@rhel9 ~]# vim&

[root@rhel9 ~]# ps -l

命令执行结果如图 2-63 所示。

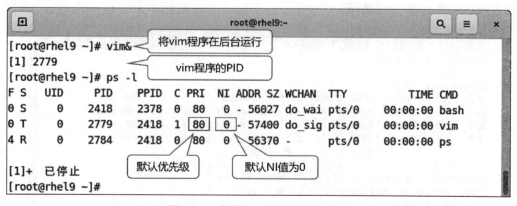

图 2-63　查看 vim 程序默认优先级

(2) 启动 vim 程序并通过调整 nice 值修改其优先级。命令如下：

[root@rhel9 ~]# nice -n vim&

[root@rhel9 ~]# ps -l

命令执行结果如图 2-64 所示。命令如下：

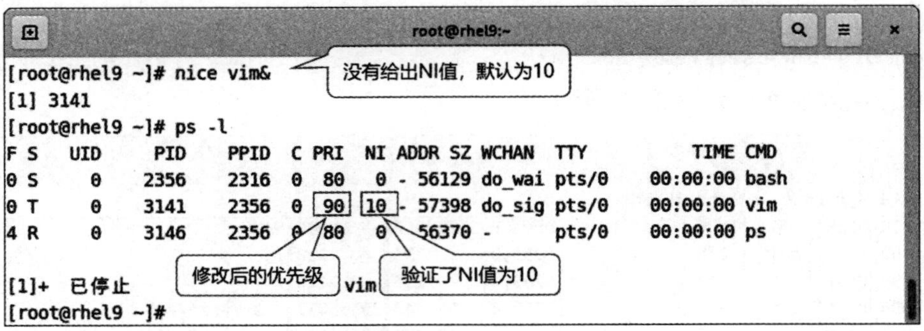

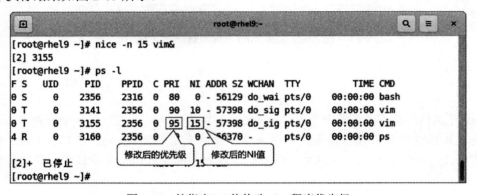

图 2-64　按默认 NI 值修改 vim 程序优先级

```
[root@rhel9 ~]# nice -n 15 vim&
[root@rhel9 ~]# ps -l
```

命令执行结果如图 2-65 所示。

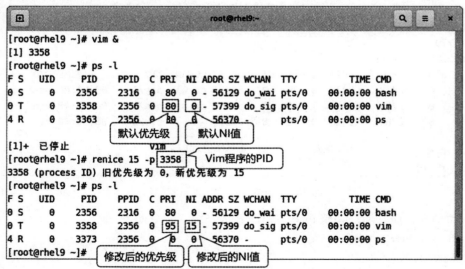

图 2-65　按指定 NI 值修改 vim 程序优先级

(3) 修改正在运行的 vim 程序的优先级。命令如下：

```
[root@rhel9 ~]# vim&
[root@rhel9 ~]# ps -l
[root@rhel9 ~]#renice 15 -p 3358
[root@rhel9 ~]# ps -l
```

命令执行结果如图 2-66 所示。

图 2-66　修改正在运行的 vim 程序的优先级

◎小贴士：使用 renice 命令时进程 PID 值一定要根据实际系统的情况来输入，不能照搬本例中的 PID 值。

(4) 强制终止 vim 程序。命令如下：

[root@rhel9 ~]# ps -l

[root@rhel9 ~]# kill -9 3358

命令执行结果如图 2-67 所示。

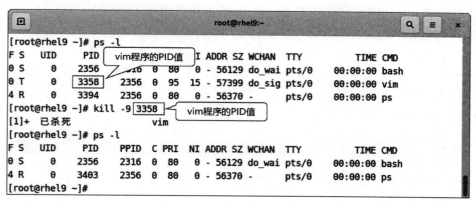

图 2-67 强制终止 vim 程序

3. 作业控制

(1) 在前台运行 vim 程序，写入文本。命令如下：

[root@rhel9 ~]# vim abc.txt

(2) 按"Esc"键将 vim 程序回到命令模式，然后使用"Ctrl + Z"组合键将 vim 进程挂起。

(3) 查看当前的任务状态，可以看到有一个"vim abc.txt"作业处于暂停状态，如图 2-68 所示。

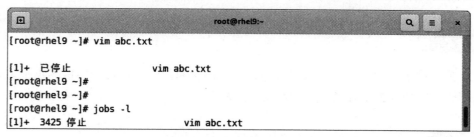

图 2-68 挂起 1 个任务并查看作业运行状态

(4) 再运行一个 vim 程序，并写入文本。命令如下：

[root@rhel9 ~]# vim def.txt

(5) 按"Esc"键将 vim 程序回到命令模式，然后使用"Ctrl + Z"组合键将第二个 vim 进程挂起。

(6) 查看当前的任务状态，可以看到有两个"vim"作业处于暂停状态，如图 2-69 所示。其中"2"号旁边有一个"+"号，表示该进程是最近挂起的，而"1"号旁边有一个"-"号，表示该进程是之前挂起的。

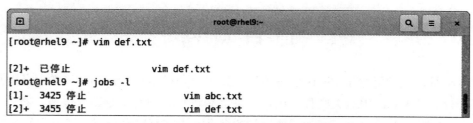

图 2-69 挂起 2 个任务并查看作业运行状态

(7) 将最近挂起的进程移至前台。命令如下：

```
[root@rhel9 ~]#fg
```

vim 程序打开了 "def.txt"，按照正常的方式编辑文本后继续使用 "Ctrl + Z" 组合键将进程挂起。

(8) 查看当前的任务状态，并将 "1" 号进程移至前台。命令如下：

```
[root@rhel9 ~]# jobs  -l
```

```
[root@rhel9 ~]#fg 1
```

vim 程序打开了 "abc.txt"，可以按照正常的方式编辑文本。

(9) 将 "1" 号进程移至后台。命令如下：

```
[root@rhel9 ~]# bg 1
```

```
[root@rhel9 ~]# jobs  -l
```

命令执行结果如图 2-70 所示。

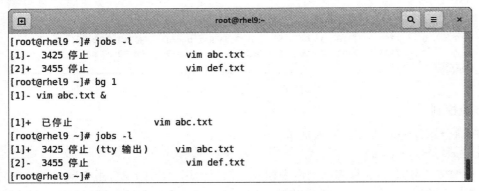

图 2-70　将作业移至后台

任务总结

本次任务中我们学习了一些管理进程的命令。由于系统不同，进程的情况也不尽相同，所以在做练习时还需要根据实际情况灵活运用相关命令。

同步训练

(1) 在前台运行命令 "ping 127.0.0.1"。
(2) 将 "ping 127.0.0.1" 进程挂起。
(3) 查看当前的任务状态。
(4) 查看当前进程运行情况。
(5) 将后台挂起的进程移至前台运行。
(6) 将前台运行的进程移至后台运行。
(7) 强制结束后台运行的进程。

项 目 总 结

通过本项目，我们学习了 Linux 服务器管理中的一些基本操作，为后续的服务器配置与管理打下了基础。在 Linux 中有关文件、用户、磁盘和进程管理的命令还有很多，我们这里只介绍了最基本最常用的几个命令。其他需要用到的命令，大家可以自行查阅资料进行学习。

项 目 训 练

一、选择题

1. 下面 _____ 命令可以查看目录 /var/tmp 的权限。

A. ls -l /var/tmp　　　　　　　B. cd　/var/tmp

C. ls -ld　/var/tmp　　　　　　D. chmod　/var/tmp

2. 某文件的权限为 rwxr-xr-x，则该权限用数字表示为 _____。

A. 722　　　　　　　　　　　B. 744

C. 755　　　　　　　　　　　D. 777

3. 如果我们把 umask 值改为 000，则新建文件的权限为 _____。

A. rw-rw-rw-　　　　　　　　B. rwxrwxrwx

C. ---------　　　　　　　　　D. rw-r--r--

4. 下面 _____ 命令可以修改用户的登录 Shell。

A. chmod　　　　　　　　　　B. usermod

C. chgrp　　　　　　　　　　D. chown

5. 查看系统当前所有进程的命令是 _____。

A. ps all　　　　　　　　　　B. ps aix

C. ps aux　　　　　　　　　　D. ps auf

6. 如果忘记了 ls 命令的用法，可以采用 _____ 命令获得帮助。

A. ?ls　　　　　　　　　　　B. help ls

C. man ls　　　　　　　　　　D. get ls

7. _____ 命令可以了解当前目录下还有多大空间。

A. df　　　　　　　　　　　　B. du　/

C. du　.　　　　　　　　　　　D. df　.

二、填空题

1. Linux 系统的管理员账户是 _____。

2. 在 Linux 中可以使用 _____ 键来自动补齐命令。

3. 要使程序以后台方式执行，只需要在执行命令的后面加上一个 _____。

4. MBR 文件系统中只允许有 _____ 个主分区。

5. 在应用程序启动时，_____ 命令用于设置进程的优先级。

6. Linux中有多个查看文件的命令，如果希望在查看文件内容的过程中上下移动光标来查看文件内容，可以使用命令 _____。

三、实践操作题

1. 建立 4 个目录：my、your、old、newdir。

2. 删除空目录 old。

3. 将 newdir 目录改名为 new。

4. 用 vim 在目录 new 中建立文件 file1，文件的内容为 "ID: ***（学号后 3 位）"。

5. 新建组 group1，group2。

6. 更改组 group2 的 GID 为 103，更改组名为 grouptest。

7. 删除组 grouptest。

8. 新建用户 newuser，指定 UID 为 1777，主目录为 /home/newuser，主要组为 group1，附

加组为 root，指定 Shell 为 /sbin/nologin。

9. 修改用户 newuser 的备注为 "This is a test"。

10. 更改用户 newuser 的密码为 111111，将用户 newuser 锁定，并通过 /etc/shadow 查看锁定效果，最后将 newuser 解锁。

11. 更改用户 newuser 的主目录为 /home/user11。

12. 列出用户 newuser 的 UID、GID 以及用户所属的组列表。

13. 在虚拟机中添加一块 20G 的磁盘，为磁盘分 2 个主分区，每个主分区 5G，1 个扩展分区 10G，2 个逻辑分区，每个逻辑分区 5G。

14. 将上述分区中一个主分区和一个逻辑分区创建物理卷，并创建卷组，在卷组中划分 8G 的逻辑卷。

15. 在后台运行命令 "ping 127.0.0.1"。

16. 修改进程 "ping 127.0.0.1" 的 nice 值为 10，并查看其权限。

17. 将后台运行的进程移至前台。

18. 强制结束进程 "ping 127.0.0.1"。

项目 3

网络和软件包配置与管理

项目描述

　　公司的 Linux 服务器已经安装部署完成，作为管理员也已经熟悉了其基本操作。接下来，服务器需要连接网络并安装和升级部分软件。

　　公司局域网中有上百台计算机，逐一对这些计算机进行 IP 地址配置的工作量非常庞大，如果网络结构更改，还需要再重新配置。随着 IPv4 地址使用的枯竭，如何更充分地使用现有的 IPv4 地址，也是网络管理者需要考虑的问题。为了更方便、快捷、高效地管理局域网中的 IP 地址，我们需要一台 DHCP 服务器。

　　本项目中我们首先完成服务器连接网络的配置任务。接着将服务器配置成 DHCP 服务器。最后完成服务器软件安装与升级的配置。

学习目标

　　(1) 了解网络配置的基本知识。
　　(2) 掌握服务器网络的配置基本方法。
　　(3) 掌握 DHCP 服务器的配置方法。
　　(4) 掌握安装软件包的基本方法。

思政目标

　　(1) 树立诚信观念，坚守契约精神。
　　(2) 建立"以用户为中心"的职业素养。

预备知识　认识计算机网络

1. 计算机网络的定义

　　计算机网络是指将地理位置不同的具有独立功能的多台计算机及其外部设备，通过通信线路和通信设备连接起来，在网络操作系统、网络管理软件及网络通信协议的管理和协调下，实现资源共享和信息传递的计算机系统。计算机网络主要是由一些通用的、可编程的硬件互连而成的。这些可编程的硬件能够用来传送多种不同类型的数据，并能支持广泛的和日益增长的应用。

按照覆盖的地理范围的大小，计算机网络可以分为局域网、城域网、广域网和互联网四种。

1) 局域网

所谓局域网 (Local Area Network，LAN)，就是在局部地区范围内的网络，它所覆盖的地区范围较小。局域网在计算机数量配置上没有太多的限制，少的可以只有两台，多的可达几百台。在网络所涉及的地理距离上一般来说可以是几米至十公里以内。局域网的特点是覆盖范围小、用户数少、配置容易、连接速率高。

2) 城域网

城域网 (Metropolitan Area Network，MAN)，一般来说是覆盖一个城市，连接距离可以在 10～100 公里的网络。MAN 与 LAN 相比传输的距离更长，连接的计算机数量更多，在地理范围上可以说是 LAN 网络的延伸。在一个大型城市或地区，一个 MAN 网络通常连接着多个 LAN 网络。

3) 广域网

广域网 (Wide Area Network，WAN) 所覆盖的范围比城域网 (MAN) 更广，它一般是在不同城市之间的 LAN 或者 MAN 网络的互联，地理范围可从几百公里到几千公里。

4) 互联网

互联网 (Internet)，顾名思义，就是相互连接的网络，通常是广域网与广域网的连接，因此它覆盖的范围更加广阔，可以是多个国家或地区。而我们通常说的国际互联网 (Internet)，则是全球广域网相互连接而形成的网络。

2. 计算机网络的层次结构

为了制定一个统一的计算机网络体系，国际标准化组织 ISO 提出了一个试图使各种计算机可以在世界范围内互联成网的标准框架——开放系统互连参考模型 (Open System Interconnection Reference Model，OSI/RM)，该模型示意图如图 3-1 所示。

分层	数据单元	功能	设备
应用层 Application Layer	数据 Data	高级API，包括资源共享、远程文件访问	
表示层 Presentation Layer	数据 Data	网络服务和应用程序之间的数据转换，如字符编码、数据压缩、加密解密	
会话层 Session Layer	数据 Data	管理通信会话，支持两个通信节点之间进行多次连续交换信息	
传输层 Transport Layer	段 Segments	在网络上可靠传输数据段，包括分段、确认、多路复用	网关
网络层 Network Layer	包 Packets	构建和管理多节点网络，包括寻址、路由、流量控制	路由器
数据链路层 Data Link Layer	帧 Frames	在通过物理层连接的两个节点之间传输数据帧	交换机、网卡
物理层 Physical Layer	比特 Bits	通过物理介质传输和接收原始比特流	集线器、中继器、双绞线

图 3-1　OSI/RM 示意图

OSI 模型虽然设计得非常完美，但在具体使用过程中由于其过于复杂、运行效率低等原因，并没有得到很好的市场应用。随着 Internet 的发展，在 Internet 上使用的 TCP/IP 模型更加实用，最终成为了实际的国际标准。TCP/IP 模型与 OSI 模型的对应关系如图 3-2 所示。

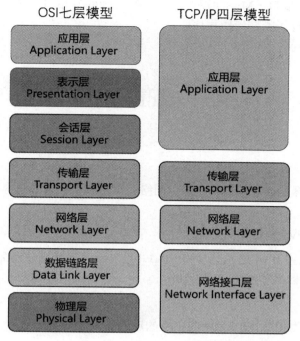

图 3-2 OSI 七层模型与 TCP/IP 四层模型的对应关系

3. 常见术语

(1) 网络协议：简称"协议"，是指计算机网络中互相通信的对等实体之间交换信息时所必须遵守的规则集合。网络中的计算机之所以能够相互通信，就是因为彼此遵守同样的协议。就像是人类在彼此交流之前，需要先约定好使用哪种语言，这种语言就是协议。协议规定了通信时的数据格式、数据的含义甚至是数据的传输顺序，就像每种语言都有其语法规则。

(2) IP 地址：TCP/IP 模型的网络层有一个 IP(Internet Protocol) 协议，主要负责为主机提供一种无连接、不可靠的、尽力而为的数据包传输服务，从而实现大规模、异构网络的互联互通。为表明通信数据包的来源和去向，在 IP 数据包中有一个字段称为 IP 地址，包括源地址和目的地址。发送数据包的主机在源地址中标明自己的地址，在目的地址中指明数据包的最终去向。接收数据包的主机根据源地址即可知道该数据包来源于何处，根据目的地址知道该数据包是否是发送给自己的数据包。

IP 协议分为第 4 版 (IPv4) 和第 6 版 (IPv6)，其 IP 地址也各不相同。IPv4 的地址由 32 位二进制数组成，一般表示成"xxx.xxx.xxx.xxx"的形式，其中每个"xxx"为一个 8 位二进制数的十进制表示。IPv6 的地址由 128 位二进制数构成，一般表示成"XXXX:XXXX:XXXX:XXXX:XXXX:XXXX:XXXX:XXXX"的形式，其中每个"XXXX"是一个 16 位二进制数的十六进制表示。

(3) 子网掩码 (subnet mask)：又叫网络掩码、地址掩码，用于屏蔽 IP 地址的一部分以区分网络标识和主机标识。子网掩码不能单独存在，它必须结合 IP 地址一起使用。

(4) 默认网关 (Default Gateway)：也叫缺省网关，是位于局域网边界的一台设备，对接收到的来自局域网中的数据进行判断，如果数据的目的地址不在本局域网，则将其转发到所连接的其他网络中。同时也将来自于其他网络中的数据转发到本地局域网中。

(5) DNS 服务器 (Domain Name Server)：又叫域名服务器，是对人类世界标识计算机的计算机名 (域名) 转换为计算机世界所使用的 IP 地址或者将 IP 地址转换为域名的服务器。没有 DNS 服务器，我们在使用网络时都必须使用 IP 地址，这将会非常难于记忆和使用。

(6) 端口号：OSI 模型或 TCP/IP 模型的传输层是为应用程序数据提供进出网络的出入口。

✎ 不同的应用程序通过不同端口号 (Port Number) 来区分。例如 Web 程序一般使用 80 号端口，FTP 程序一般使用 21 号端口，MySQL 程序一般使用 3306 号端口。通过查看系统中的端口号，可以了解当前系统中运行了哪些应用程序。

任务一　配置与管理网络

▼ 任务提出

要想使 Linux 服务器能够对外提供服务，网络配置是必不可少的内容。本次任务的主要内容包括：

1. 配置服务器的 IPv4 地址相关信息

给 Linux 服务器配置 IPv4 地址为 192.168.1.100，子网掩码为 255.255.255.0，默认网关为 192.168.1.1，DNS 服务器 IP 为 192.168.1.100。

2. 测试网络环境

(1) 测试与 IP 地址为 192.168.1.200 的主机的连通性。

(2) 查看当前服务器端口的运行情况。

3. 修改主机名

修改主机名为 rhel9-host。

▼ 任务分析

1. 配置服务器的 IPv4 地址相关信息

配置 Linux 服务器的 IPv4 地址相关信息有两种方法：一种是使用 nmcli 命令，另一种是使用 nmtui 图形界面。

1) 使用 nmcli 命令

(1) 列出所有网络连接。

【命令】nmcli connection show

【说明】通常情况下，计算机的一个网卡称为一个网络接口，对应一个连接配置文件（简称"连接"）。但是在一些特殊情况下，比如你的笔记本电脑在单位使用的是固定 IP 地址，在家里是自动分配 IP 地址，你每天从单位回到家里就必须修改连接配置文件，非常麻烦。Linux 系统支持一个网络接口对应多个连接，这样你在单位和在家里可以分别启用不同的连接配置，就可以在家和单位之间实现网络的自动切换了。但是在同一时间，只有一个连接配置是生效的。

(2) 列出所有活动的网络连接。

【命令】nmcli connection show --active

(3) 查看某个网络连接。

【命令】nmcli connection show ＜连接名＞

(4) 新建网络连接。

【命令】nmcli connection add con-name ＜连接名＞ ifname ＜网络接口名＞ type ethernet

(5) 为连接设置静态 IPv4 地址、网络掩码、默认网关、DNS 服务器。

【命令】nmcli connection modify ＜连接名＞ ipv4.method manual ipv4.addresses ＜IPv4 地址

（包括子网掩码）> ipv4.gateway <默认网关地址 > ipv4.dns <DNS 服务器 IP>

【说明】

① 可以在新建连接的同时设置静态 IPv4 地址等信息，命令格式为：

nmcli connection add con-name < 连接名 > ifname < 网络接口名 > type ethernet ipv4.method manual ipv4.addresses <IPv4 地址 (包括子网掩码)> ipv4.gateway < 默认网关地址 > ipv4.dns <DNS 服务器 IP>

② 可以单独修改其中的一项设置，命令中"nmcli connection modify< 连接配置文件名 >ipv4.method manual"不变，需要修改哪项配置后面直接写那项配置信息即可。

(6) 启用网络连接。

【命令】nmcli connection up < 连接名 >

(7) 禁用网络连接。

【命令】nmcli connection down < 连接名 >

(8) 删除连接。

【命令】nmcli connection delete < 连接名 >

(9) 修改网络连接为开机自动启动。

【命令】nmcli connection modify < 连接名 > connection.autoconnect yes

【说明】以上所有命令中的 connection 都可以缩写为 con 或 conn。

(10) 查看网络接口情况。

【命令】nmcli device show < 网络接口名 >

(11) 启用网络接口。

【命令】nmcli device connect < 网络接口名 >

(12) 禁用网络接口。

【命令】nmcli device disconnect < 网络接口名 >

(13) 查看 IP 地址的其他方法。

【命令】ip address show < 连接名 >

【说明】使用"nmcli connection show < 连接名 >"命令查看连接的配置，会看到非常复杂的配置信息。如果只想知道本机的 IP 地址，就可以使用本命令，命令执行结果如图 3-3 所示。

类似地，要想查看本机的默认网关，可以使用"ip route show default"命令，查看 DNS 服务器配置信息，可以使用命令"cat /etc/resolv.conf"查看 /etc/resolv.conf 文件的内容。

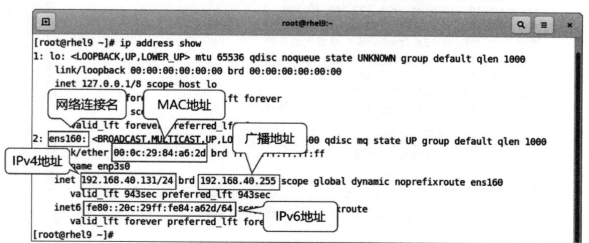

图 3-3　查看主机的 IP 地址

2) 使用 nmtui 图形界面

【命令】nmtui

【说明】命令执行后，打开的图形界面只能用键盘的"↑""↓""←""→"和回车键来移动光标和选择相应的选项，不能使用鼠标操作。

2. 测试网络环境

1) 测试网络连通性

【命令】ping ［选项］< 目标主机 IP 地址或域名 >

【选项】-c count：发送 count 个数据包。

　　　　-f：极限检测，大量且快速地发送数据包，看目标主机的回应。

　　　　-t ttl：设置 TTL(Time To Live) 值为 ttl。该字段指定 IP 包被路由器丢弃之前允许通过的最大网段数。

【说明】默认情况下，使用 Linux 的 ping 命令会一直发送数据包，直到用户敲"Ctrl + C"组合键才会停止。当用户的计算机与目标主机的网络是连通的，可以得到如图 3-4 所示的回应。如果与目标主机的网络是不通的，可能得到如图 3-5 所示的回应。

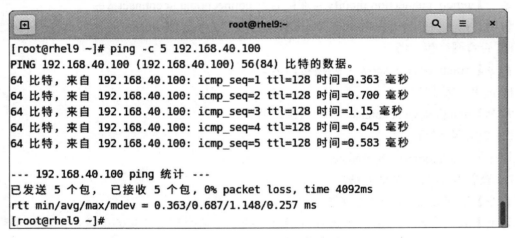

图 3-4　与目标主机的网络连通

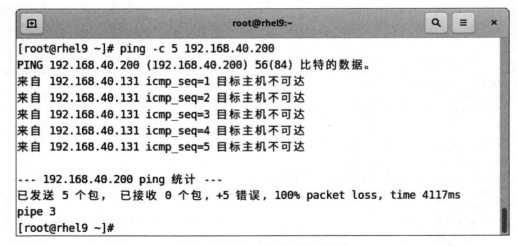

图 3-5　与目标主机的网络不连通

2) 查看端口运行情况

【命令】netstat ［选项］

【选项】**-a**：显示所有选项，默认不显示 LISTEN 相关的信息。

　　-t：仅显示 TCP 相关信息。

　　-u：仅显示 UDP 相关信息。

　　-n：拒绝显示别名，能显示数字的全部转化为数字。

　　-l：仅列出所有 LISTEN 状态。

　　-p：显示建立相关链接的程序名。

　　-r：显示路由信息。

　　-e：显示扩展信息，例如 uid 等。

3. 修改主机名

1) 使用 nmcli 命令修改主机名

【命令】nmcli general hostname < 新主机名 >

【说明】如果不给出新主机名，则显示当前的主机名。主机名被修改后并不会立即生效，必须重启计算机或者使用命令"systemctl restart systemd-hostnamed"使新修改的主机名生效。

2) 使用 hostnamectl 修改主机名

【命令】hostnamectl set-hostname < 新主机名 >

【说明】该命令修改的主机名可以立即生效。

3) 使用 nmtui 修改主机名

在主界面中选择"设置系统主机名"即可修改主机名。这种方式也必须通过重启计算机或者使用命令"systemctl restart systemd-hostnamed"使新修改的主机名生效。

▼ **任务实施**

配置与管理网络

1. 配置服务器的 IPv4 地址相关信息

1) 使用 nmcli 命令配置 IPv4 地址等相关信息

(1) 查看当前网络连接情况。命令如下：

```
[root@RHEL9 ~]# nmcli connection show
```

命令运行结果如图 3-6 所示。可以看到，目前网卡有两个网络连接，其中类型 (type) 为"ethernet"的网络连接 (名字为 ens160) 是需要配置 IP 地址的网络连接。

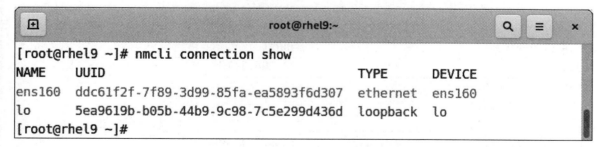

图 3-6　查看系统网络连接情况

(2) 查看要配置的网络连接 ens160 的配置信息。命令如下：

```
[root@RHEL9 ~]# nmcli connection show ens160
```

命令运行结果如图 3-7 和图 3-8 所示。在图 3-7 中可以看到以 IPv4 开头的行几乎都没有内容，只有第一行"ipv4.method"的值为"auto"，说明该连接是使用 DHCP 服务器自动分配的

IP 地址。关于 DHCP 的知识将在下一个任务中学习。找到 IP4 开头的行，即为当前的 IPv4 相关信息，如图 3-8 所示。

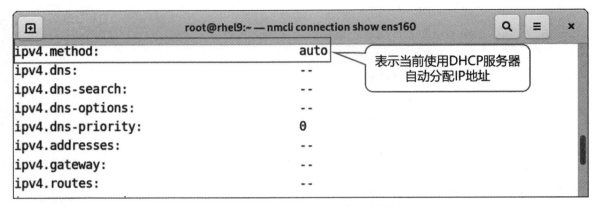

图 3-7 查看网络连接 ens160 的网络配置信息（一）

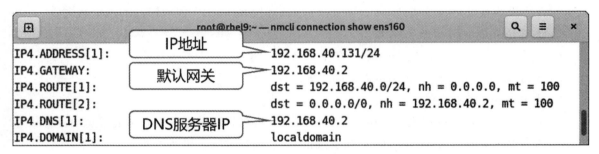

图 3-8 查看网络连接 ens160 的配置信息（二）

（3）配置 ens160 的 IPv4 地址为 192.168.1.100，子网掩码为 255.255.255.0，默认网关为 192.168.1.1，DNS 服务器 IP 为 192.168.1.100。命令如下：

[root@RHEL9 ~]# nmcli connection modify ens160 ipv4.method manual ipv4.addresses 192.168.1.100/24 ipv4.gateway 192.168.1.1 ipv4.dns 192.168.1.100

（4）查看配置效果。命令如下：

[root@rhel9 ~]# nmcli connection show ens160

命令运行结果如图 3-9 所示。可以看到以 IPv4 开头第一行"ipv4.method"的值变为"manul"，表示是手动配置 IP 地址，其他行也有了相应的内容。命令如下：

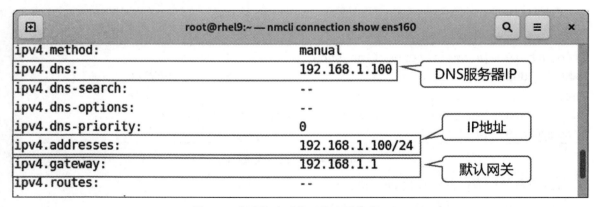

图 3-9 查看修改后的网络配置信息（一）

[root@rhel9 ~]# ip address show ens160

命令运行效果如图 3-10 所示。

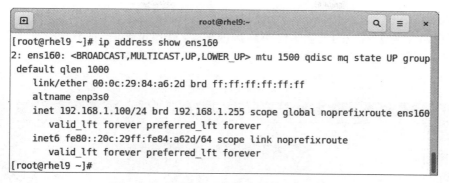

```
[root@rhel9 ~]# ip address show ens160
2: ens160: <BROADCAST,MULTICAST,UP,LOWER_UP> mtu 1500 qdisc mq state UP group
 default qlen 1000
    link/ether 00:0c:29:84:a6:2d brd ff:ff:ff:ff:ff:ff
    altname enp3s0
    inet 192.168.1.100/24 brd 192.168.1.255 scope global noprefixroute ens160
       valid_lft forever preferred_lft forever
    inet6 fe80::20c:29ff:fe84:a62d/64 scope link noprefixroute
       valid_lft forever preferred_lft forever
[root@rhel9 ~]#
```

图 3-10　查看修改后的网络配置信息（二）

2）使用 nmtui 图形界面配置 IPv4 地址等相关信息

（1）在命令行输入命令 nmtui，进入如图 3-11 的图形界面，默认选择第一个选项【编辑连接】，敲击回车键。

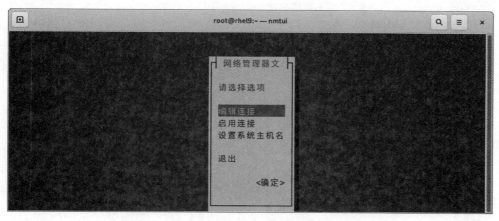

图 3-11　nmtui 图形界面

（2）进入如图 3-12 所示的选择网络连接界面。使用键盘上的"↑""↓"键确保选中需要配置的网络连接，这里选择"ens160"，其底色变为红色即表示选中。然后使得键盘的"→""↓"键将光标移动到右侧的【编辑...】，然后敲击回车键。

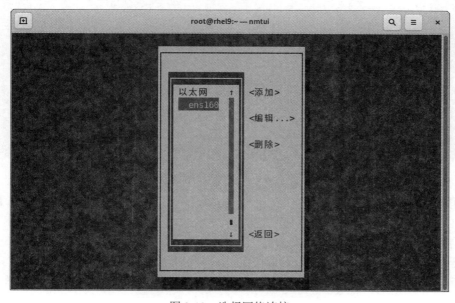

图 3-12　选择网络连接

(3) 进入如图 3-13 所示的编辑网络连接界面。使用键盘上的"↑""↓""←""→"键将光标移动到【IPv4 配置】右边的选项【自动】，敲回车键，弹出子菜单，在其中选择【手动】选项，如图 3-14 所示，然后敲回车键。

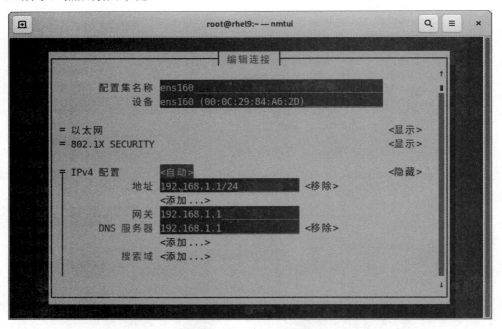

图 3-13　进入编辑连接界面

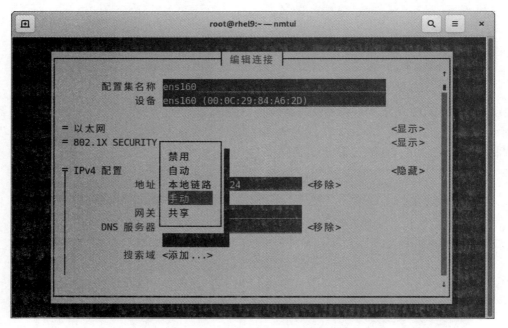

图 3-14　选择"手动"配置 IPv4

(4) 在图 3-13 的编辑连接界面，将光标分别移到【地址】【网关】【DNS 服务器】的后边，即可修改 IPv4 地址、默认网关和 DNS 服务器 IP 地址。修改完成后将光标移动到最下端的【确定】，如图 3-15 所示，然后敲回车键。

(5) 回到图 3-12 的选择网络连接界面，将光标移到右侧最下方的【返回】，如图 3-16 所示。

(6) 又回到图 3-11 所示的 nmtui 初始界面，将光标移动到【启用连接】并按回车键使配置生效，如图 3-17 所示。

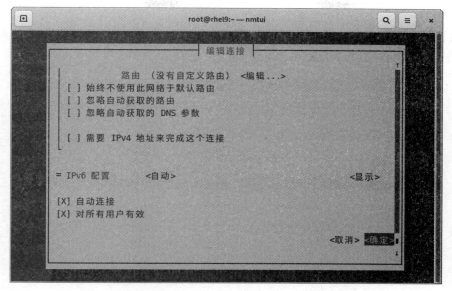

图 3-15　"确定"配置信息

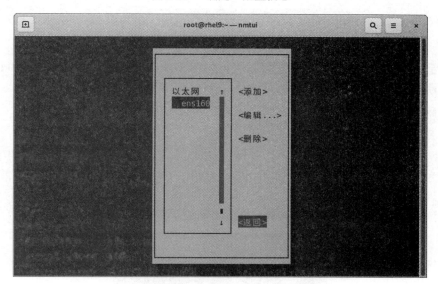

图 3-16　"返回"初始界面

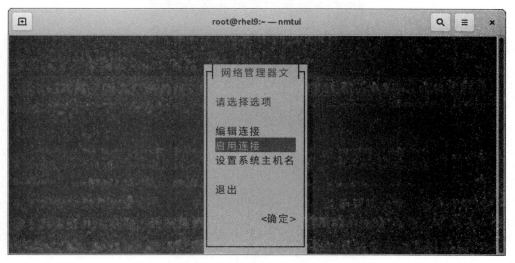

图 3-17　"启动连接"使配置生效

(7) 如图 3-18 所示，"ens160"前面有一个"*"，表示当前的连接配置已经生效了。最后将光标移到【返回】敲回车键，并在初始界面中将光标移动到【确定】并按回车键，至此，使用图形界面配置 IPv4 地址等相关信息的操作就完成了。

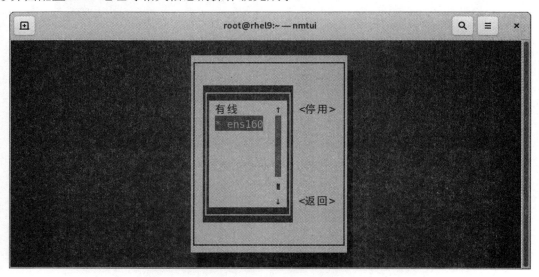

图 3-18　激活网络连接

◎小贴士：对于已激活的连接，要修改其网络配置并使其生效，需要先在图 3-18 所示的界面中选择【停用】该连接，然后再次【激活】该网络连接。

2. 测试网络环境

1) 准备另一台 RHEL9 虚拟机

为测试网络的连通性，我们需要另外一台虚拟机。可以按照项目 1 任务一的步骤再安装一台虚拟机。为了更快捷地得到一台虚拟机，也可以使用 VMware 的快照管理器将当前的系统"克隆"一份，具体方法如下。

(1) 关闭当前虚拟机，如图 3-19 所示。点击桌面右上角的常用设置菜单，选择"关机 / 注销"

图 3-19　选择常用设置菜单中的"关机"子菜单项

菜单项,在打开的子菜单项中选择"关机"。在弹出的如图 3-20 的"关机"对话框中直接点击"关机"按钮即可。

图 3-20　点击"关机"按钮

(2) 点击 VMware 快捷工具栏的【管理快照】按钮,如图 3-21 所示,打开【快照管理器】对话框,如图 3-22 所示,点击右下角的【克隆】按钮。

图 3-21　点击"管理快照"按钮

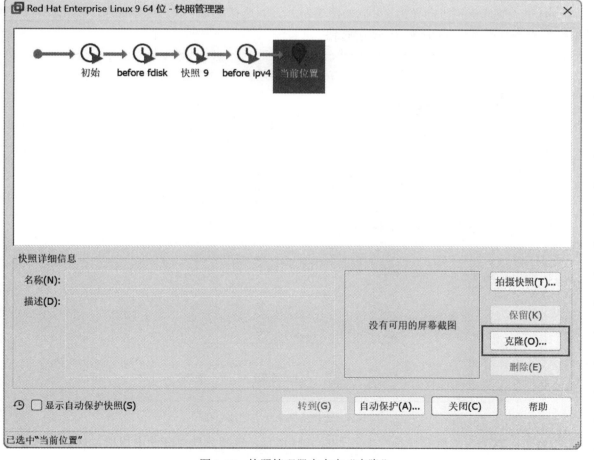

图 3-22　快照管理器中点击"克隆"

(3) 打开如图 3-23 所示的【克隆虚拟机向导】，点击【下一页】按钮。

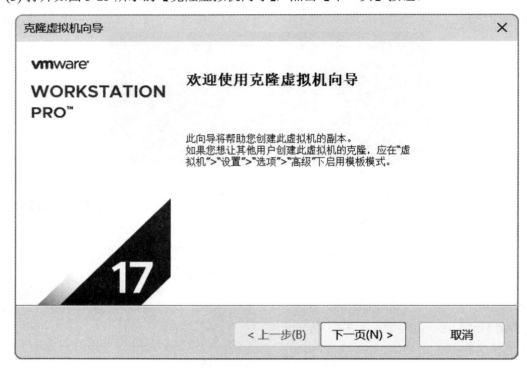

图 3-23　克隆虚拟机向导

(4) 进入克隆虚拟机向导第二步，如图 3-24 所示，选择从哪个状态创建克隆，这里选择【虚拟机中的当前状态】，点击【下一页】按钮。

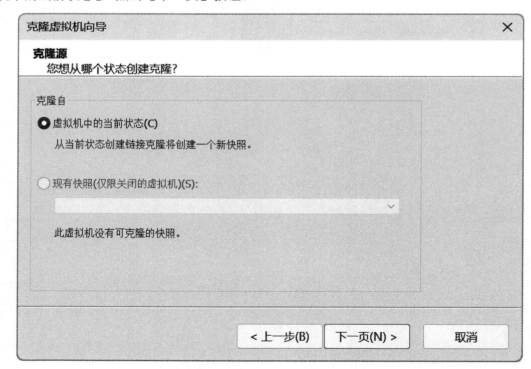

图 3-24　选择从哪个状态创建克隆

(5) 进入克隆虚拟机向导第三步，如图 3-25 所示，选择如何克隆此虚拟机，这里选择【创建完整克隆】，点击【下一页】按钮。

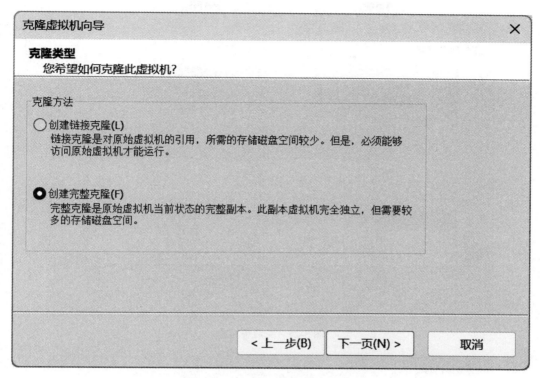

图 3-25 选择如何克隆此虚拟机

(6) 进入克隆虚拟机向导最后一步，如图 **3-26** 所示，设置虚拟机的名字和虚拟机文件的存放位置，选择完毕后点击【完成】按钮。

图 3-26 设置虚拟机的名字和虚拟机文件的存放位置

(7) 虚拟机开始进行"克隆"，如图 3-27 所示，克隆完成后如图 3-28所示，点击【关闭】按钮即可。

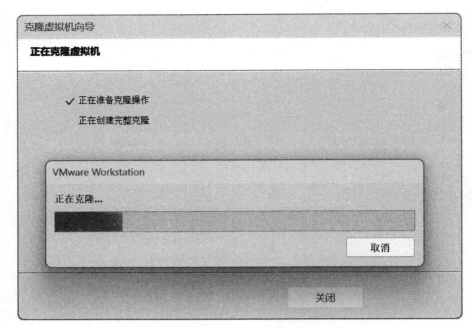

图 3-27　克隆虚拟机

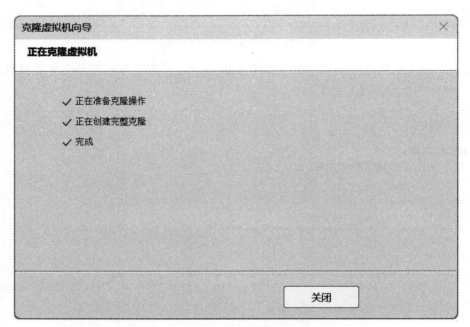

图 3-28　完成克隆虚拟机

(8) VMware 的主窗口会自动打开克隆后的虚拟机，如图 3-29 所示。此时，可以点击【开启此虚拟机】运行该虚拟机，之前的虚拟机也可以同时开机，这样我们就同时运行了两台虚拟机。

图 3-29　同时运行两台虚拟机

2) 将克隆的虚拟机的 IP 地址修改为 192.168.1.200

使用以下命令将克隆的虚拟机的 IP 地址修改为 192.168.1.200：

[root@rhel9 ~]# nmcli con modify ens160 ipv4.addresses 192.168.1.200/24

修改过后查看 IP 地址，发现修改并没有生效，此时需要将网络连接重新启动。命令如下：

[root@rhel9 ~]# nmcli con up ens160

3) 测试两台服务器的网络连通性

在任意一台服务器上运行 ping 命令，参数为另一台服务器的 IP 地址，即可查看两台服务器网络的连通性，如图 3-30 所示。

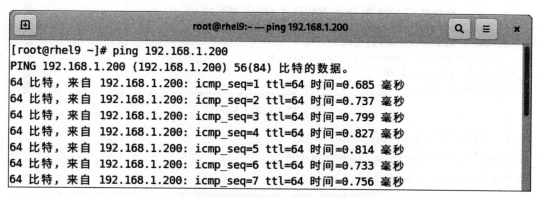

图 3-30　测试服务器网络的连通性

4) 查看当前服务器端口的运行情况

使用以下命令查看当前服务器端口的运行情况：

[root@rhel ~]# netstat -an

命令运行效果如图 3-31 所示。

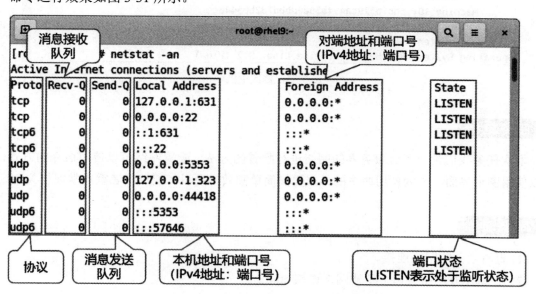

图 3-31　查看当前服务器端口的运行情况

3. 修改主机名

(1) 查看当前的主机名。命令如下：

[root@rhel9 ~]# hostnamectl

命令运行结果如图 3-32 所示。

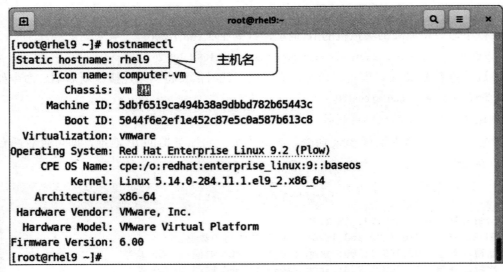

图 3-32　查看主机名

(2) 修改主机名为 rhel9-host。命令如下：

[root@rhel9 ~]# hostnamectl set-hostname rhel9-host

命令运行效果如图 3-33 所示。

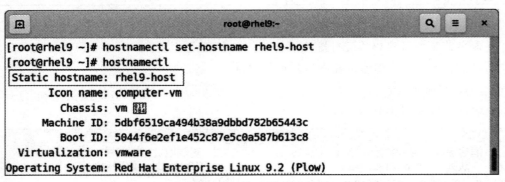

图 3-33　修改主机名

▼ 任务总结

　　本次任务我们学习了对服务器的网络进行配置的方法。配置网络可以使用命令的方式，也可以使用图形界面。因为使用命令的方式更加简单高效，所以，建议读者重点掌握相关命令。

▼ 同步训练

　　(1) 查看当前的网络连接。

　　(2) 在 ens160 网络接口上新建网络连接 eth0。

　　(3) 对网络连接 eth0 配置 IPv4 地址为 192.168.1.101/24，DNS 服务器 IP 地址为 192.168.1.100，默认网关为 192.168.1.1。

　　(4) 查看网络连接 eth0 的 IP 地址配置情况。

　　(5) 查看当前服务器端口的打开情况。

　　(6) 修改当前服务器的主机名为 Server1。

　　(7) 查看当前服务器的主机名。

任务二　安装软件包

▼ 任务提出

软件包的安装、升级、卸载等工作被称为软件包管理。无论是对系统管理员还是对开发人员而言，软件包管理技能都是至关重要的技能。本次任务以 DHCP 服务软件包为例，练习在 Linux 系统中管理软件包。

▼ 任务分析

1. 软件包管理概述

1) 软件包

软件包 (Software Package) 是指具有特定的功能、用来完成特定任务的一个程序或一组程序。软件包这一概念最早出现于 20 世纪 60 年代。IBM 公司将 IBM 1400 系列上的应用程序库改造成更灵活易用的软件包。Informatics 公司根据用户需要，以软件包的形式设计并开发了流程图自动生成软件。20 世纪 60 年代晚期，软件开始从计算机操作系统中分离出来，软件包这一术语开始广泛使用。软件包通常是一个存档文件，它包含编译的二进制文件、库文件、配置文件、帮助文件和安装脚本等资源。通用的软件包根据一些共性需求开发，专用的软件包则是开发人员根据用户的具体需求定制的，可以为满足其特殊需求进行修改或变更。

2) 软件包管理

Linux 操作系统发展早期，存在许多以源代码压缩包形式提供的软件包，用户在安装前需要进行编译。对于开源的软件，用户可以直接下载源代码进行安装。但直接通过源代码编译方式安装软件的操作难度非常高，并不适合普通用户和日常应用场景。

软件包管理是 Linux 操作系统管理的重要组成部分。软件包管理工具为在操作系统中安装、升级、卸载软件及查询软件状态信息等提供了必要的支持。不同的 Linux 发行版本所提供的软件包管理工具并不完全相同。在 GUN Linux 操作系统中，RPM(Red Hat Package Manager) 和 DPKG(Debian Packager) 是较为常见的两类软件包管理工具。RPM 工具所管理的软件包通常以".rpm"结尾，我们可以使用 rpm 命令或者其他软件包管理工具对其进行操作。CentOS、Fedora、RHEL、CentOS Stream 及其相关衍生产品通常使用 RPM 工具来管理软件包。DPKG 工具所管理的软件包通常以".deb"结尾，我们可以使用 dpkg 命令来对其进行管理。基于 DPKG 工具进行软件包管理的 Linux 发行版本主要包括 Debian、Ubuntu 及其衍生产品。

软件包通常不是孤立存在的，不同软件包之间存在较强的依赖关系。为自动处理软件包之间的依赖关系，提高软件安装和配置效率，在 Red Hat 系列产品中也广泛使用 YUM(Yellow Dog Updater Modifier) 软件包管理工具。YUM 基于 RPM，但比 RPM 更为方便，可以从指定的软件仓库中自动下载、安装软件包，并自动处理包与包之间的依赖关系，无须用户干预。从 RHEL8 开始，YUM 被 DNF(Dandified YUM) 所替代。DNF 保留了 YUM 的大部分接口，出于与之前的主 RHEL 版本的兼容性原因，用户仍然可以使用 yum 命令。但是，在 RHEL9 中，yum 是 dnf 的一个别名，它提供了与 yum 一定程度的兼容性。

3) 软件包存储库

目前，绝大多数 Linux 发行版都提供了基于软件包存储库的安装方式。该安装方式使用中心化的机制来搜索和安装软件。软件存放在软件包存储库中，并通过软件包的形式进行分发。软件包存储库有助于确保用户系统中使用的软件是经过审查的，并且软件的安装版本已经得到了开发人员和软件包维护人员的认可。

RHEL9 通过不同的存储库分发内容，最常见的有两种：

(1) BaseOS 存储库：其内容由为所有安装提供基础的底层操作系统核心组件组成。此内容以 RPM 格式提供，它的支持条款与 RHEL 早期版本中的条款类似。

(2) AppStream 存储库：其内容包括额外的用户空间应用程序、运行时语言 (runtime languages) 和用来支持各种工作负载和使用案例的数据库。AppStream 中的内容有两种格式——传统的 RPM 格式和被称为"模块"的 RPM 格式的扩展。Red Hat 提供了多个用户空间组件的版本，它们比核心操作系统软件包的更新更频繁。这为自定义 RHEL 提供了更多的灵活性，而不影响底层平台或特定部署的稳定性。

2. 软件包管理工具

1) RPM

RPM 是由 Red Hat 开发的 Linux 系统软件包安装和管理程序，其功能包括：

(1) 安装、删除、升级和管理以 RPM 软件包形式发布的软件。

(2) 查询某个 RPM 软件包中包含哪些文件，以及某个指定文件属于哪个 RPM 软件包。

(3) 查询系统中某个 RPM 软件包是否已安装及其版本。

(4) 把自己开发的软件打包成 RPM 软件包并发布。

(5) 关系依赖性检查。

使用 RPM 管理软件包的常用命令格式为：

【命令】rpm [选项] [rpm 软件包]

【选项】-ivh：安装软件包。

　　　　-qa：查询软件包。

　　　　-e：卸载软件包。

　　　　-Uvh：升级软件包。

【说明】当使用 -qa 选项查询软件包时，会将系统中所有的 RPM 软件包一一列出，不便于用户查找特定的软件包。为了方便查找，可以配合管道和 grep 命令进行过滤，常见的形式如图 3-34 所示。

2) YUM

YUM 起初是由 Yellow Dog 这一发行版的开发者用 Python 写成，那时叫 YUP。后经杜克大学的 Linux@Duck 开发团队进行改进，并改名为 YUM。

YUM 工具的工作依赖于一个 YUM 源。YUM 源中包含了许多软件包和软件包相关索引数据。当用户使用 YUM 工具安装软件包时，YUM 将通过索引数据搜索软件包的依赖关系，再从 YUM 源中下载依赖的软件包并安装。

通常 YUM 源位于 Internet 上的主机中。如果无网络连接则无法使用 Internet 中提供的 YUM 源。用户可以使用安装光盘自建一个本地 YUM 源，从而能够使用 YUM 工具解决复杂的软件包依赖关系。

YUM 的配置文件分为两部分：main 和 repository。

main 部分定义了全局配置选项，整个 YUM 配置文件应该只有一个 main，常位于 /etc/yum. conf 中。

repository 部分定义了每个源 / 服务器的具体配置，可以有一到多个。常位于 /etc/yum.repo. d 目录下的各文件中。

常用的 YUM 命令包括：

(1) 安装软件包：

【命令】yum install 软件包名

(2) 删除软件包：

【命令】yum remove 软件包名

(3) 升级软件包：

【命令】yum update 软件包名

(4) 列出仓库信息：

【命令】yum repolist

3) DNF

DNF 是新一代的 RPM 软件包管理工具，它可以用于进行软件包安装、更新和删除等操作。DNF 是 YUM 的升级版，引入 DNF 是为了解决 YUM 工具长期以来存在的一些瓶颈，如性能差、占用内存多、依赖关系分析的准确性、运行速度慢等问题。与 YUM 相同，DNF 也基于 RPM，适用于 Red Hat 系列 Linux 发行版及其衍生版。DNF 最早出现在 Fedora 18 中，并成功取代了 YUM，成为 Fedora 22 的正式包管理器。

DNF 工具的常用选项与 YUM 工具基本一致。DNF 及相关工具的配置存储在 /etc/dnf/dnf. conf 文件中。

▼ 任务实施

本次任务使用 YUM 工具完成 dhcp 软件包的安装。

(1) 查看当前系统中是否安装了 dhcp 软件包。命令如下：

安装软件包

[root@rhel9-host ~]# rpm –qa|grep dhcp

命令运行结果如图 3-34 所示。如果系统没有任何显示，说明当前没有与 dhcp 有关的软件包。

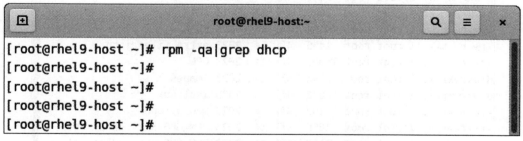

图 3-34　系统没有安装 dhcp 软件包

(2) 将 ISO 文件放入虚拟光驱。点击 VMware 的【虚拟机】菜单，选择【设置】菜单项，打开【虚拟机设置】窗口，点击左侧【硬件】栏中的【CD/DVD(SATA)】，在右侧【设备状态】栏勾选【已连接】，【连接】栏中选择【使用 ISO 镜像文件】，并确保下方 ISO 镜像文件可用，如图 3-35 所示。

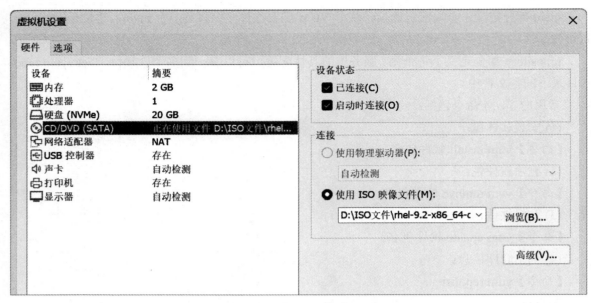

图 3-35　将 ISO 文件放入虚拟光驱

（3）创建挂载点。命令如下：

[root@rhel9-host ~]# mkdir　/mnt/cdrom

（4）挂载光盘。命令如下：

[root@rhel9-host ~]# mount　/dev/cdrom　/mnt/cdrom

（5）进入光盘查看其内容。命令如下：

[root@rhel9-host ~]# cd /mnt/cdrom

[root@rhel9-host cdrom]# ll

命令运行结果如图 3-36 所示。可以看到其中有 AppStream 目录和 BaseOS 目录，就是我们要用到的两个软件包存储库。

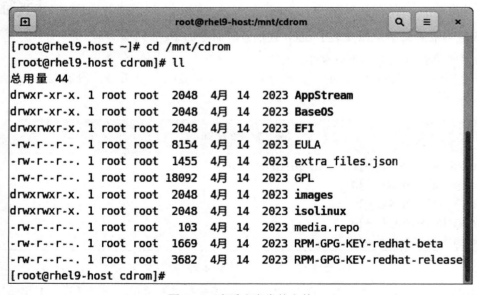

图 3-36　查看光盘中的文件

（6）创建 YUM 配置文件 rhel-9.repo。命令如下：

[root@rhel9-host ~]# vim /etc/yum.repos.d/rhel-9.repo

配置文件如图 3-37 所示。

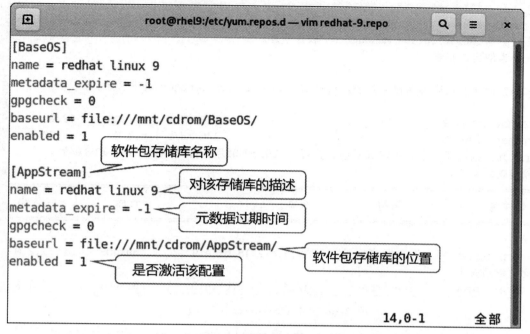

图 3-37　YUM 配置文件

(7) 查看软件仓库的设置情况。命令如下：

```
[root@rhel9-host ~]# yum repolist
```

命令运行结果如图 3-38 所示。可以看到现在拥有的两个软件仓库就是刚才在配置文件中所设置的软件包存储库。

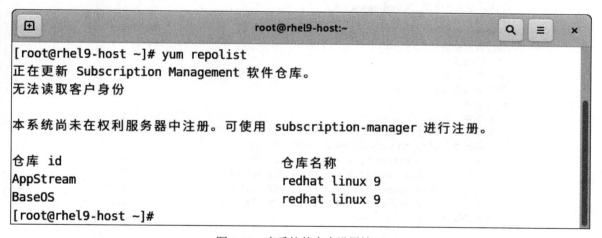

图 3-38　查看软件仓库设置情况

(8) 安装 dhcp-server 软件包。命令如下：

```
[root@rhel9-host ~]#yum install dhcp-server
```

命令运行结果如图 3-39 和图 3-40 所示。在安装过程中 YUM 列出所需要安装的软件包并询问"确定吗？"时需要输入"y"才能继续安装。当看到"完毕！"表示安装完成。

◎小贴士：如果想在使用 yum 的过程中保持流畅，不在中途输入"y"，可以在输入命令的后面直接加上"-y"，例如"yum install dhcp-server -y"。

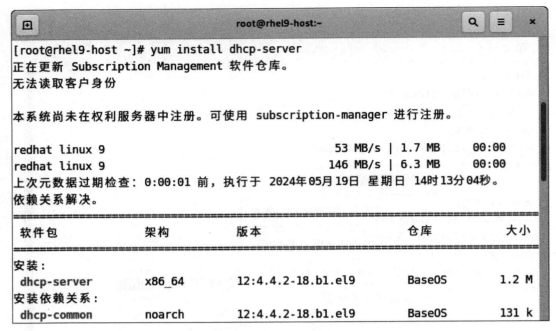

图 3-39　安装 dhcp-server 软件包（一）

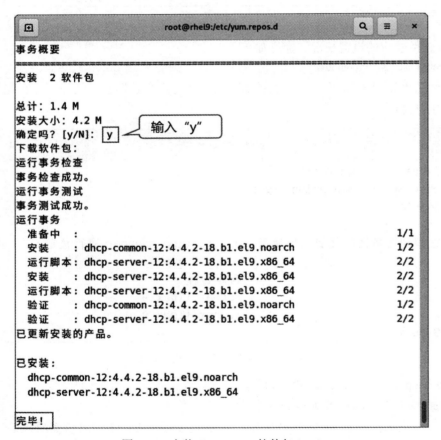

图 3-40　安装 dhcp-server 软件包（二）

(9) 查询 dhcp-server 的安装情况。命令如下：

```
[root@rhel9-host ~]# rpm -qa|grep dhcp
```

命令运行结果如图 3-41 所示。之所以我们安装的是 dhcp-server，最后却得到了 dhcp-common 和 dhcp-server 两个软件包，就是因为 dhcp-server 软件包依赖 dhcp-common 软件包，所以 YUM

就自动将 dhcp-common 也安装了。

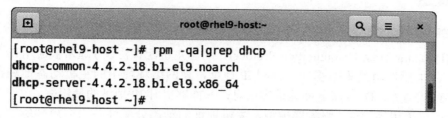

图 3-41　查看安装的软件包

▼ 任务总结

本次任务我们学习了如何安装软件包。安装软件包是一个非常实用的操作。由于 RPM 在安装软件包时经常要解决依赖关系，非常繁琐，因此通常用于查询系统中的软件包安装情况，而使用 YUM 来进行软件包的安装工作。DNF 的使用方法与 YUM 类似，在此不再赘述。

▼ 同步训练

(1) 检查当前系统中是否安装了 Telnet 的软件包，如果没有，则安装此软件包。

(2) 将 dhcp-server 软件卸载。

(3) 使用 DNF 工具安装 dhcp-server 软件包。

任务三　配置与管理 DHCP 服务器

▼ 任务提出

公司局域网中有上百台计算机。逐一对这些计算机进行 IP 地址配置的工作量非常庞大，如果网络结构更改，还需要再重新配置。随着 IPv4 地址使用的枯竭，如何更充分地使用现有的 IPv4 地址，也是网络管理者需要考虑的问题。为了更方便、快捷、高效地管理局域网中的 IP 地址，需要一台 DHCP 服务器。本次任务就来完成 DHCP 服务器的配置与管理，主要包括：

1. 确认 dhcp-server 软件包安装情况

查看系统是否有了 dhcp-server 软件包，如果没有该软件包就进行安装。

2. 修改配置文件完成 DHCP 服务器的配置

分配给客户端的 IPv4 地址范围为 192.168.1.110-192.168.1.190，子网掩码为 255.255.255.0，子网广播地址为 192.168.1.255，默认网关为 192.168.1.1，域名为 zzrvtc.com，DNS 服务器 IP 地址为 192.168.1.100，最长租约时间为 8 小时。

3. 设置 DHCP 客户端测试 DHCP 服务器的功能

修改 DHCP 客户端网络配置使之能获取 DHCP 服务器分配的 IP 地址。

4. 为特定客户端分配固定的 IP 地址

DHCP 服务器为客户端分配的 IP 地址是按顺序来分配的，如果某个特定用户想要一个固定的 IP 地址，则需要额外配置。请为 MAC 地址为 00:0c:29:56:23:8d 的主机分配固定 IPv4 地址 192.168.1.166。

✍ ▼ **任务分析**

1. DHCP 服务简介

DHCP(Dynamic Host Configuration Protocol，动态主机配置协议) 通常被应用在大型的局域网络环境中，主要作用是集中管理、分配 IP 地址，使网络环境中的主机动态地获得 IP 地址、子网掩码、默认网关、DNS 服务器地址等信息，并能够提升 IP 地址的使用率。

DHCP 协议采用客户端 / 服务器模型，主机地址的动态分配任务由客户端驱动。当 DHCP 服务器接收到来自客户端申请地址的信息时，才会向客户端发送相关的地址配置等信息，以实现客户端地址信息的动态配置。

2. DHCP 工作过程

DHCP 客户端向服务器端申请、获得 IP 地址的过程一般分为四个阶段，如图 3-42 所示。

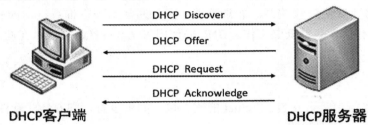

图 3-42　DHCP 工作过程

1) DHCP 客户端发送 IP 租约请求

当客户端启动网络时，由于在 IP 网络中的每台主机都需要有一个地址，因此，此时的计算机 TCP/IP 地址与 0.0.0.0 绑定在一起。它会发送一个 "DHCP Discover(DHCP 发现)" 广播信息包到本地子网，该信息包使用 UDP 协议发送给 DHCP 服务器的 67 号端口，即 DHCP/BOOTP 服务器端口。

2) DHCP 服务器提供 IP 地址

本地子网的每一个 DHCP 服务器都会接收 "DHCP Discover" 信息包。每个接收到该信息包的 DHCP 服务器都会检查自己是否有能够提供给请求客户端的有效空闲地址。如果有，则以 "DHCP Offer(DHCP 提供)" 信息包作为响应，该信息包包括有效的 IP 地址、子网掩码、DHCP 服务器的 IP 地址、租用期限以及其他有关 DHCP 范围的详细配置。所有发送 DHCP Offer 信息包的服务器都将保留它们提供的这个 IP 地址 (该地址暂时不能分配给其他的客户端)。"DHCP Offer" 信息包使用 UDP 协议发送给客户端的 68 号端口，即 DHCP/BOOTP 客户端端口。响应是以广播的方式发送的，因为客户端没有能直接寻址的 IP 地址。

3) DHCP 客户端进行 IP 租用选择

客户端通常对接收到的第一个 "DHCP Offer" 信息包产生响应，并以广播的方式发送 "DHCP Request(DHCP 请求)" 信息包作为回应。该信息包告诉服务器："我选择你给我提供服务，接受你给我的租用期限。"而且，一旦该 "DHCP Request" 信息包以广播方式发送以后，网络中所有的 DHCP 服务器都可以看到该信息包，那些没有被客户端选择的 DHCP 服务器将保留的 IP 地址放回自己的可用地址池中。客户端还可利用 "DHCP Request" 询问服务器其他的配置选项，如 DNS 服务器或网关地址。

4) DHCP 服务器进行 IP 租用认可

当提供 IP 地址的服务器接收到客户端发送的 "DHCP Request" 信息包时，它以一个 "DHCP Acknowledge(DHCP 确认)" 信息包作为响应，该信息包提供了客户端请求的其他信息，并且也是以广播方式发送的。该信息包告诉客户端："一切准备就绪，你可以开始使用 IP 地址了，记住你只能在有限时间内租用该地址，而不能永久占据！好了，以下是你询问的其他信息。"

◎小贴士：客户端发送"DHCP Discover"后，如果没有 DHCP 服务器响应它的请求，客户端会随机使用 169.254.0.0/16 网段中的一个 IP 地址作为自己的 IP 地址。

3. IP 地址租约和更新

1) IP 地址租约

DHCP 服务器是以地址租约的方式为 DHCP 客户端提供服务的。客户端从 DHCP 服务器获得 IP 地址后，这次租约行为就会被记录到服务器的租赁信息文件中，并且开始租约计时。它主要提供以下两种方式的地址租约。

(1) 限定租期：当 DHCP 客户端向 DHCP 服务器租用到 IP 地址后，DHCP 客户端只是暂时使用这个地址一段时间。如果客户端在租约到期时并没有更新租约，则 DHCP 服务器会收回该 IP 地址，并将该 IP 地址提供给其他的 DHCP 客户端使用。如果原 DHCP 客户端又需要 IP 地址，它可以向 DHCP 服务器重新租用另一个 IP 地址。

(2) 永久租用：当 DHCP 客户端向 DHCP 服务器租用到 IP 地址后，这个地址就永远分配给这个 DHCP 客户端使用。只要有足够的 IP 地址给客户端使用，就没有必要限定租约，可以采用这种方式给客户端自动分派 IP 地址。

2) 租约更新

限定租期的客户端取得 IP 地址后，也并不是一直等到租约到期才与服务器取得联系。实际上，在租约到期的时间内，它会两次与服务器联系，并决定下一步需要进行的动作。

(1) 更新：当客户端注意到它的租用期过了 50% 以上时，就要更新该租用期。这时它发送一个"DHCP Request"信息包给它所获得 IP 的 DHCP 服务器，用来询问是否能继续保持 IP 配置信息并更新它的租用期。如果服务器是可用的，则它通常发送一个"DHCP Acknowledge"信息包给客户端，同意客户端的请求。

(2) 重新捆绑：当租用期达到近 87.5% 时，客户端如果在前面一次请求中没能更新租用期，它会再次试图更新租用期。如果这次更新失败，客户端就会尝试与任何一个 DHCP 服务器联系以获得一个有效的 IP 地址。如果另外的 DHCP 服务器能够分配一个新的 IP 地址，则该客户端再次进入捆绑状态。如果客户端当前的 IP 地址租用期满，则客户端必须放弃该 IP 地址，并重新进入初始化状态，然后重复整个申请 IP 的过程。

3) 解约条件

既然客户端就 IP 地址的分配与 DHCP 服务器建立了一个有效租约，那么这个租约什么时候解除呢？下面分两种情况讨论。

(1) 客户端租约到期：DHCP 服务器分配给客户端的 IP 地址是有使用期限的，如果客户端使用此 IP 地址达到了这个有效期限的终点，并且没有再次向 DHCP 服务器提出租约更新，DHCP 服务器就会将这个 IP 地址收回，客户端就无有效 IP 地址可用。

(2) 客户端离线：当客户端离线 (包括关闭网络接口、关机、重启)，DHCP 服务器都会将 IP 地址回收并放入自己的 IP 地址池中等候下一个客户端申请。

课程思政

DHCP 客户端以"租用"的方式向服务器申请 IP 地址，在使用 IP 地址期间要及时"续租"，使用结束要归还 IP 地址，这是一种很好的"契约精神"。诚实守信是中华民族的传统美德，也是社会主义核心价值观的重要内容。把诚实守信落在实处，就是契约精神。遵守规则，重视契约，有章必循，有诺必践，这是当代诚信的标志，是一种更为明确的诚信。

4. DHCP 服务器分配给客户端的 IP 地址类型

在客户端向 DHCP 服务器申请 IP 地址时，服务器并不是总给它一个动态的 IP 地址，而是根据实际情况决定。

1) 动态 IP 地址

客户端从 DHCP 服务器取得的 IP 地址一般都不是固定的，而是每次都可能不一样。在 IP 地址有限的局域网内，动态 IP 地址可以最大化地达到资源的有效利用。它利用局域网中不是每台主机都会同时上线的原理，优先为上线的主机提供 IP 地址，离线之后再将 IP 地址收回。

2) 固定 IP 地址

在局域网中除了普通计算机外，还有数量不少的服务器，这些服务器如果也使用动态 IP 地址，不但不利于管理，而且客户端访问起来也不方便。为此，我们可以为这些服务器绑定固定的 IP 地址。

5. RHEL9 中 DHCP 服务器的配置文件

RHEL9 中 DHCP 服务器的配置文件是 /etc/dhcp/dhcpd.conf，然而初始状态下该配置文件为空文件，不方便用户的配置，如图 3-43 所示。

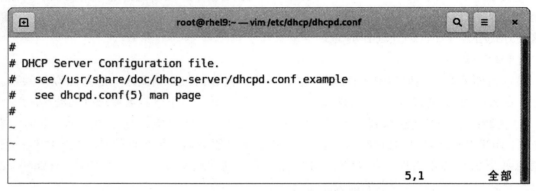

图 3-43　DHCP 服务器原始配置文件

从该配置文件中，我们可以看到"see /usr/share/doc/dhcp-server/dhcpd.conf.example"这句话，其中 /usr/share/doc/dhcp-server/dhcpd.conf.example 就是配置文件的模板。

DHCP 服务器的配置文件主要由三部分组成，分别是参数、声明和选项。

选项一般以 option 开头，声明一般都有 {}，除了这两种之外的形式就是参数。

1) 常用参数

(1) ddns-update-style：定义所支持的 DNS 动态更新类型，可用值有：

① none：表示不支持动态更新。

② interim：表示 DNS 互动更新。

③ ad-hoc：表示特殊 DNS 更新模式。

(2) default-lease-time：定义默认租约时间，以秒为单位。

(3) max-lease-time：定义最大租约时间，以秒为单位。

(4) range 起始 IP 地址　终止 IP 地址：定义可以分配的 IP 地址范围。

2) 常用声明

一般声明的格式为：

```
声明 {
        选项或参数；
    }
```

常用的声明有：

(1) subnet 子网地址 netmask 子网掩码 { }：定义分配 IP 地址的子网及相关信息。

(2) host 声明名 { }：给主机分配固定 IP 地址。

3) 常用选项

(1) option routers：为客户端指定默认网关。

(2) option broadcast-address：为客户端指定广播地址。

(3) option domain-name-servers：为客户端指定域名服务器地址。

(4) option domain-name：为客户端指定域名。

◎小贴士：参数和选项都要以"；"结尾，否则启动服务时会出错导致服务无法启动。

▼ 任务实施

1. 安装 dhcp-server 软件包

我们在本项目任务二中已经完成了 dhcp-server 软件包的安装，读者可以参考相关内容进行软件包的安装。

配置与管理
DHCP 服务器

2. 配置 DHCP 服务器

(1) 将模板文件复制到主配置文件。命令如下：

```
[root@rhel9-host ~]# cp   /usr/share/doc/dhcp-server/dhcpd.conf.example   /etc/dhcp/dhcpd.conf
```

(2) 修改 DHCP 配置文件。命令如下：

```
[root@rhel9-host ~]# vim  /etc/dhcp/dhcpd.conf
```

配置内容如图 3-44 所示。

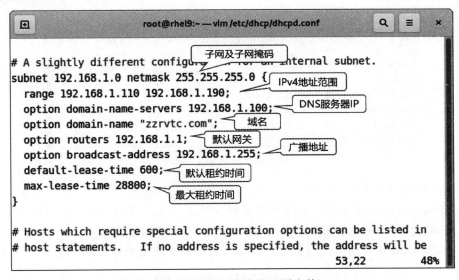

图 3-44　DHCP 服务器配置文件

(3) 启动 DHCP 服务。命令如下：

```
[root@rhel9-host~]# systemctl start dhcpd
```

◎小贴士：DHCP 服务器自己不能使用 DHCP 服务器分配 IP 地址，必须有一个固定的 IP 地址，否则启动服务会失败。

3. 配置 Linux 客户端从 DHCP 服务器自动获取 IP 地址

1) 关闭 DHCP 服务器的防火墙和 SELinux 服务

Linux 系统的防火墙和 SELinux 可能会影响服务器的功能，对于还没有学习防火墙和 SELinux 配置方法的初学者，建议将这两项关闭。命令如下：

```
[root@rhel9-host ~]# systemctl  stop  firewalld
[root@rhel9-host ~]# systemctl  status  firewalld
```

命令运行结果如图 3-45 所示。

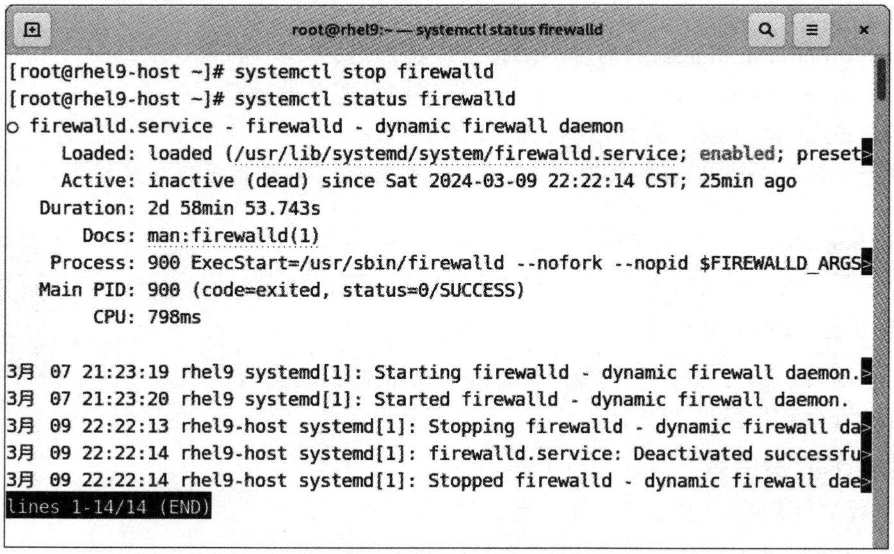

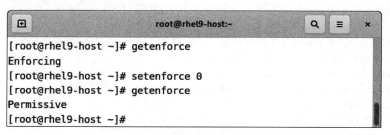

图 3-45　关闭防火墙

```
[root@rhel9-host ~]# setenforce  0
[root@rhel9-host ~]# getenforce
```

命令运行结果如图 3-46 所示。

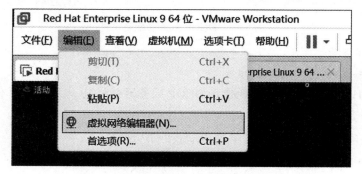

图 3-46　关闭 SELinux

2) 取消 VMware 的 DHCP 服务

由于 VMware 软件本身也带有 DHCP 服务器功能，因此，要测试我们配置的 DHCP 服务器功能，需要先取消 VMware 的 DHCP 服务器功能，具体步骤如下。

(1) 点击 VMware 软件的【编辑】菜单，选择【虚拟网络编辑器】菜单项，如图 3-47 所示。

图 3-47　选择【虚拟网络编辑器】菜单项

(2) 打开【虚拟网络编辑器】对话框，如果虚拟机使用的是 NAT 的连接模式，则选择【VMnet8】行。该行【DHCP】列显示【已启用】，但下方【使用本地 DHCP 服务将 IP地址分配给虚拟机】为灰色不可用，需要单击右下角的【更改设置】按钮，如图 3-48 所示。

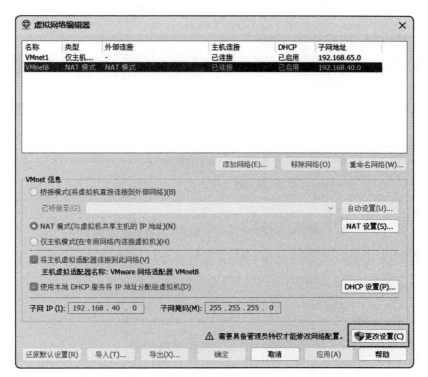

图 3-48 【虚拟网络编辑器】对话框选择【更改设置】

(3) 再次打开【虚拟网络编辑器】对话框，同样选择【VMnet8】行，去掉【使用本地 DHCP 服务将 IP 地址分配给虚拟机】前的 "√"，此时，【VMnet8】行的【DHCP】列变为 "-"，如图 3-49 所示。先后单击【应用】和【确定】按钮。

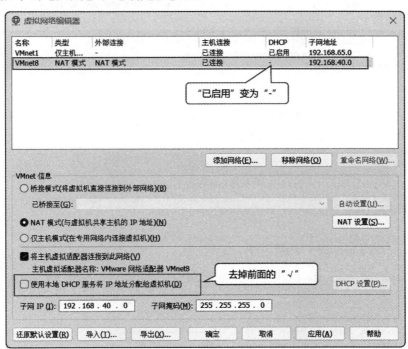

图 3-49 取消 VMware 的 DHCP 服务

3) 在客户端测试 DHCP 服务器

打开之前克隆的虚拟机，并将其网络配置设置为自动获取 IP 地址，并重新激活网络连接。命令如下：

```
[root@rhel9 ~]#nmcli connection modify ens160 ipv4.method auto
[root@rhel9 ~]#nmcli connection down ens160
[root@rhel9 ~]#nmcli connection up  ens160
```

命令运行效果如图 3-50 所示。

```
root@rhel9:~
[root@rhel9 ~]# nmcli con modify ens160 ipv4.method auto
[root@rhel9 ~]# nmcli con down ens160
成功停用连接 "ens160"（D-Bus 活动路径：/org/freedesktop/NetworkManager/ActiveConnection/10）
[root@rhel9 ~]# nmcli con up  ens160
连接已成功激活（D-Bus 活动路径：/org/freedesktop/NetworkManager/ActiveConnection/11）
```

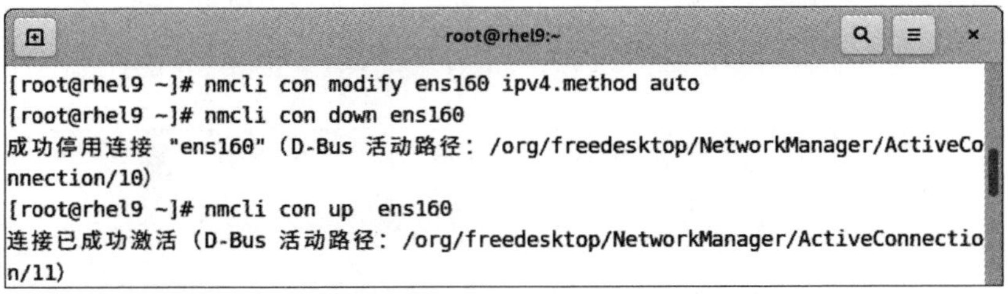

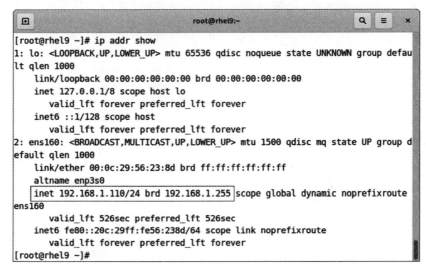

图 3-50　修改客户机的网络设置为自动获取 IP 地址

查看客户端的 IP 地址，可以看到从 DHCP 服务器获取的 IPv4 地址，如图 3-51 所示。

```
root@rhel9:~
[root@rhel9 ~]# ip addr show
1: lo: <LOOPBACK,UP,LOWER_UP> mtu 65536 qdisc noqueue state UNKNOWN group default qlen 1000
    link/loopback 00:00:00:00:00:00 brd 00:00:00:00:00:00
    inet 127.0.0.1/8 scope host lo
       valid_lft forever preferred_lft forever
    inet6 ::1/128 scope host
       valid_lft forever preferred_lft forever
2: ens160: <BROADCAST,MULTICAST,UP,LOWER_UP> mtu 1500 qdisc mq state UP group default qlen 1000
    link/ether 00:0c:29:56:23:8d brd ff:ff:ff:ff:ff:ff
    altname enp3s0
    inet 192.168.1.110/24 brd 192.168.1.255 scope global dynamic noprefixroute ens160
       valid_lft 526sec preferred_lft 526sec
    inet6 fe80::20c:29ff:fe56:238d/64 scope link noprefixroute
       valid_lft forever preferred_lft forever
[root@rhel9 ~]#
```

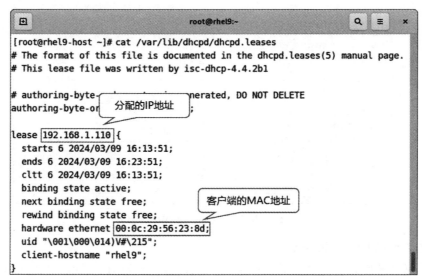

图 3-51　查看自动获取的 IPv4 地址

查看 DHCP 服务器的 /var/lib/dhcpd/dhcpd.leases 文件（该文件称为租约数据库），可以看到给客户端分配 IP 地址的记录，如图 3-52 所示。

```
root@rhel9:~
[root@rhel9-host ~]# cat /var/lib/dhcpd/dhcpd.leases
# The format of this file is documented in the dhcpd.leases(5) manual page.
# This lease file was written by isc-dhcp-4.4.2b1

# authoring-byte-o...nerated, DO NOT DELETE
authoring-byte-or...;

lease 192.168.1.110 {
  starts 6 2024/03/09 16:13:51;
  ends 6 2024/03/09 16:23:51;
  cltt 6 2024/03/09 16:13:51;
  binding state active;
  next binding state free;
  rewind binding state free;
  hardware ethernet 00:0c:29:56:23:8d;
  uid "\001\000\014)V#\215";
  client-hostname "rhel9";
}
```

图 3-52　在 DHCP 服务器上查看 IP 地址分配情况

◎小贴士：如果客户端已经配置了静态 IP，现在要改为使用 DHCP 服务器自动分配 IP 地址，需要先将静态 IP 删除后再设置自动获取 IP，否则可能会造成混乱。方法如图 3-53 所示。修改完成后也要使用"nmcli con up ens160"命令启用网络连接使配置生效。

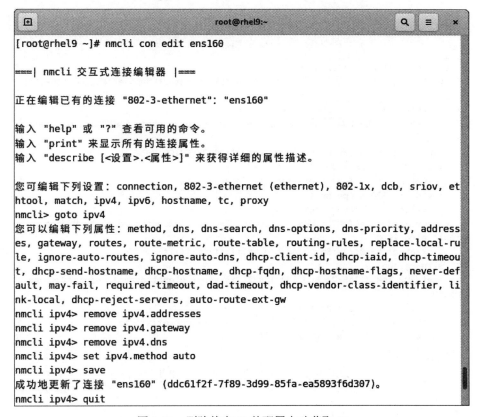

图 3-53　删除静态 IP 并配置自动获取 IP

4. 为特定客户端分配指定的 IP 地址

(1) 修改配置文件。找到与图 3-54 所示相似的行，其中"hardware ethernet"是特定客户端的 MAC 地址，"fixed-address"是指定固定 IP 地址。

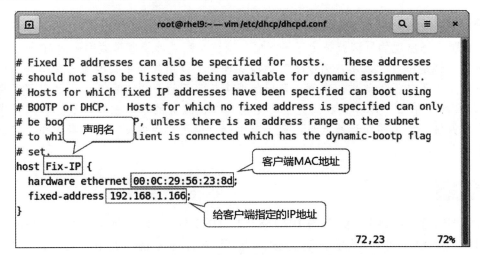

图 3-54　为客户端指定固定 IP 地址

(2) 重启 DHCP 服务。命令如下：

```
[root@rhel9-host ~]# systemctl restart dhcpd
```

(3) 在客户端重新激活网络。命令如下：

[root@rhel9 ~]# nmcli connection up ens160

(4) 查看客户端的 IP 地址，可以看到已经分配到了 "192.168.1.166" 的 IP 地址，如图 3-55 所示。

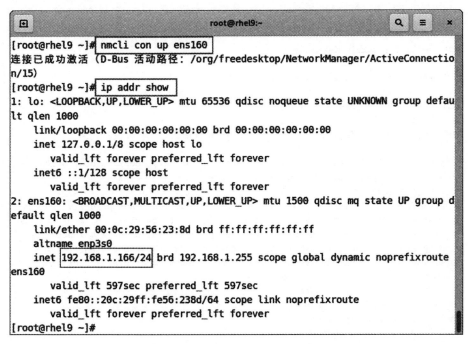

图 3-55　查看客户端分配到的 IP 地址

任务总结

在本次任务中，我们学习了配置 DHCP 服务器，使其可以给客户端动态分配 IP 地址、子网掩码、默认网关等信息。当然，也可以给特定的用户指定一个固定的 IP 地址。使用 DHCP 服务为客户端分配 IP 地址在局域网中的使用非常普遍，读者需要熟练掌握。

课程思政

DHCP 服务器出现的原因就是为了更方便、快捷、高效地管理局域网中的 IP 地址，方便用户使用网络，这是一种 "以用户为中心" 的服务理念。以用户为中心的服务理念是指以用户的需求为出发点，为其提供优质、全面、及时的服务，是习近平以人民为中心的发展思想的具体体现。"以人民为中心" 体现了我们党全心全意为人民服务的根本宗旨，是党和人民事业不断发展的重要保证。作为系统运维人员，要不断加强 "以用户为中心" 的服务理念，培养良好的职业素养。

同步训练

企业 DHCP 服务器 IP 地址为 192.168.0.2，DNS 服务器 IP 地址为 192.168.0.4，默认网关为 192.168.0.1，可以分配的动态 IP 地址为 192.168.0.50～192.168.0.250，子网掩码为 255.255.255.0，请配置 DHCP 服务器使其能为局域网中的客户机分配 IP 地址、子网掩码、默认网关、DNS 服务器 IP 等信息。默认租约有效期为 1 天，最大租约有效期为 3 天。给公司的 CIO 分配固定 IP 地址 192.168.0.88，并通过查看租约数据库验证地址的分配结果。

项 目 总 结

本项目我们学习了如何配置与管理网络、软件包和 DHCP 服务器，这些都是管理服务器最基本的操作技能，也是学习后面知识的基础，读者需要熟练掌握。

项 目 训 练

一、选择题

1. 客户端使用 DHCP 协议可以获取的信息不包括 _____。

A. IP 地址　　　　　　　　　　　B. MAC 地址

C. 子网掩码　　　　　　　　　　D. 默认网关

2. 当客户端要申请一个 IP 地址时，它会向局域网发送一个 _____ 消息。

A. DHCP Discover　　　　　　　B. DHCP Offer

C. DHCP Request　　　　　　　　D. DHCP Acknowledge

3. 下面 _____ 是 DHCP 配置文件中的选项。

A. subnet 192.168.1.0 netmask 255.255.255.0{ }

B. options domain-name"abc.com"；

C. max-lease-time 7200;

D. host server { }

4. 下面可以查看本机 IP 地址的命令有 _____。

A. ifconfig　　　　　　　　　　B. ip addr show

C. nmcli con show ens160　　　　D. netstat

5. 下面可以配置本机 IP 地址的命令有 _____。

A. nmcli　　　　　　　　　　　B. ip addr show

C. nmtui　　　　　　　　　　　D. ping

二、填空题

1. DHCP 服务器的配置文件主要由三部分组成，分别是 _____、_____ 和 _____。

2. DHCP 服务器的配置文件是 _____。

3. DHCP服务器的租约数据库文件是 _____。

4. YUM 配置文件 repository 部分存放在 _____ 目录中。

5. 查看本机端口的运行情况使用的命令是 _____。

6. 测试本机与 IP 地址为 192.168.1.1 的主机网络是否连通的命令是 _____。

三、实践操作题

公司要配置一台 DHCP 服务器。DHCP 服务器 IP 地址为 192.168.100.1，公司域名为 abs.com，DNS 服务器 IP 地址为 192.168.100.10，现在将 192.168.100.100-192.168.100.200 网段 (子网掩码 255.255.255.0) 作为动态 IP 地址分配给公司的客户机，默认租约时间 30 分钟，最大租约时间 1 天。其中 IP 地址 192.168.100.166 要分配给 CEO 的主机 (可以自行查看 CEO 主机的 MAC 地址)。试完成该 DHCP 服务器的配置，并通过查看租约数据库验证 DHCP 服务器的工作情况。

项目 4

远程访问服务器配置与管理

项目描述

某公司的 Linux 服务器放在 IDC 机房，由于机房环境复杂，不方便运维人员经常出入，因此该公司需要配置可以远程访问的服务器，使得运维人员在自己的办公室里通过网络即可访问和管理 IDC 机房中的服务器。

常见的远程访问服务器有 Telnet 和 SSH 两种。外网用户如果想访问局域网中的资源，需要通过一道安全屏障，这就是 VPN(Virtual Private Network) 服务器。本项目就来完成这三种服务器的配置与管理。

学习目标

(1) 了解远程访问服务的概念。
(2) 掌握 Telnet 服务器的配置与管理方法。
(3) 掌握 SSH 服务器的配置与管理方法。
(4) 掌握 VPN 服务器的配置与管理方法。

思政目标

提高网络安全意识，保障用户通信安全。

预备知识 认识远程访问服务

1. 远程访问服务

服务器一般放置在有特殊环境要求的中央机房中，出于对机房安全性等因素的考虑，一般不允许运维人员频繁出入机房。那么，运维人员如何对服务器进行配置与管理呢？可通过远程访问的方式实现。在服务器上配置远程访问服务，运维人员在办公室里即可通过网络连接到服务器，对服务器进行配置和管理。

远程访问服务就是向用户提供通过网络远程登录系统的命令行或图形接口，让用户能够在远程的客户端登录服务器主机，以取得可操控服务器的界面。

常用的远程访问服务有 Telnet、SSH、Web GUI 以及其他远程管理软件。

2. Telnet

Telnet 是 TCP/IP 协议族中的一员，是 Internet 远程登录服务的标准协议和主要方式，最初由 ARPANET 开发，现在主要用于 Internet 会话，它的基本功能是允许用户登录远程主机系统。

Telnet 可以让用户坐在自己的计算机前通过 Internet 网络登录到另一台远程计算机上，这台计算机可以在隔壁的房间里，也可以在地球的另一端。当登录上远程计算机后，本地计算机就等同于远程计算机的一个终端，用户用自己的计算机即可直接操纵远程计算机，享有远程计算机本地终端同样的操作权限。

虽然 Telnet 较为简单实用也很方便，但是在格外注重安全的现代网络技术中，Telnet 并不被重用。原因在于 Telnet 是一个明文传送协议，它将用户的所有内容，包括用户名和密码都使用明文在互联网上传送，具有一定的安全隐患。如果我们要使用 Telnet 的远程登录，使用前应在远端服务器上检查并设置允许 Telnet 服务的功能。

3. SSH

SSH 为 Secure Shell 的缩写，由互联网工程任务组 (Internet Engineer Task Force，IETF) 的网络小组制定。SSH 是建立在应用层基础上的安全协议，是目前较为可靠、专为远程登录会话和其他网络服务提供安全保障的协议。利用 SSH 协议可以有效防止远程管理过程中的信息泄露问题。SSH 最初是 UNIX 系统上的一个程序，后来又迅速扩展到其他操作平台。

传统的网络服务程序，如 FTP、POP 和 Telnet，在本质上都是不安全的，因为它们在网络上用明文传送密码和数据，别有用心的人截获这些密码和数据后可以非常容易地得到他需要的信息。而且，这些服务程序的安全验证方式也有其弱点，很容易受到"中间人攻击"。而使用 SSH，可以把所有传输的数据进行加密，这样既能防止"中间人攻击"，也能防止 DNS 欺骗和 IP 欺骗。另外，SSH 能将传输数据进行压缩，可以加快传输的速度。SSH 有很多功能，既可以代替 Telnet，又可以为 FTP、POP 甚至 PPP 提供一个安全的"通道"。

 知识链接

中间人攻击

所谓"中间人攻击"(man-in-the-middle attack)，就是攻击者冒充服务器拦截客户机传给服务器的数据，然后再冒充客户机把修改后的数据传给真正的服务器。服务器和客户机之间的数据传送被"中间人"进行了修改，就会出现很严重的问题。

 课程思政

作为一个系统管理员，登录远程服务器时必须遵循安全可靠的原则。系统管理员需要具有最基本的网络安全意识，不使用明文传输的远程登录方式，而使用具有加密功能的远程登录方式。同时，也要注意保护登录账户和密码的安全性，不给攻击者留下可乘之机。

4. VPN

VPN 是在公共网络上通过数据加密技术建立的一个虚拟专用网络，就如同架设了一个物理上的专用网络一样，能够保证通信的私密性和安全性。

在企业网络应用中，许多企业内部的资源仅允许在企业内网中访问。外地的分公司想访问公司总部内网的资源，传统的方法是租用 DDN(数字数据网)专线或帧中继，这样的通信方案必然导致高昂的网络通信和维护费用。而对于出差在外的员工，一般会通过拨号线路进入企业的局域网，但这样也会带来安全隐患。有了 VPN 技术之后，外网用户就可以通过在互联网上架设的虚拟专用网络来访问企业内网的资源，既不需要额外铺设线路，也不存在安全问题，是一种非常好的外网访问企业内网资源的解决方案。

VPN 可以通过专门的硬件设备来实现，也可以在服务器上通过 VPN 软件来实现，还可以集成到防火墙或路由器中。

根据使用协议的不同，VPN 分为 PPTP、L2TP 和 IPSec 三种。其中，PPTP 和 L2TP 工作在 OSI 模型的第二层，又称为二层隧道协议；IPSec 为第三层隧道协议。

任务一　配置与管理 Telnet 服务器

任务提出

Telnet 服务虽然有一定的局限性，但在一些服务器调试的场合非常有用。本次任务是在 Linux 服务器上配置和管理 Telnet 服务。其主要内容包括：

1. 确认 Telnet 软件包安装情况

查看系统是否有 Telnet 软件包，如果没有，则安装。

2. 启动和停止 Telnet 服务

启动 Telnet 服务，并能够在需要的时候停止 Telnet 服务。

3. 测试 Telnet 服务

使用客户端登录 Telnet 服务器，以测试 Telnet 服务的正常运行。

任务分析

1. Telnet 服务需要的软件包

RHEL9 中 Telnet 服务端需要的软件包是 telnet-server-0.17-85.el9.x86_64，客户端需要的软件包是 telnet-0.17-85.el9.x86_64。

2. 启动、停止和重启服务

启动 Telnet 服务的命令如下：

```
systemctl  start telnet.socket
```

停止 Telnet 服务的命令如下：

```
systemctl  stop telnet.socket
```

重启 Telnet 服务的命令如下：

```
systemctl  restart telnet.socket
```

任务实施

1. 查看 Telnet 服务软件包的安装情况

使用以下命令查看 Telnet 服务软件包的安装情况：

```
[root@rhel9-host ~]# rpm –qa|grep telnet
```

配置与使用
Telnet 服务器

若显示如图 4-1 所示的结果，则表示 Telnet 服务所需的软件包已经安装。若没有安装，可参照项目 3 任务一中的步骤进行安装。

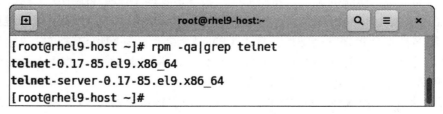

图 4-1　Telnet 软件包已安装

2. 启动 Telnet 服务

使用以下命令启动 Telnet 服务：

[root@rhel9-host ~]# systemctl start telnet.socket

◎小贴士：可以使用 netstat -antp 命令查看 Telnet 服务所使用的 23 号端口是否处于监听状态。如果系统配置有防火墙，很可能 Telnet 服务的 23 号端口被禁用。解决的方法是在防火墙中添加 23 号端口，或者禁用防火墙。作为初学者，建议禁用防火墙，这样可以减少不必要的麻烦。关闭防火墙的命令为 systemctl stop firewalld。

3. 测试 Telnet 服务

在另一台 Linux 虚拟机中安装 telnet 客户端软件包，并登录 telnet 服务器。命令如下：

[root@rhel9 ~]# telnet 192.168.1.100(Telnet 服务器 IP)

登录过程如图 4-2 所示。

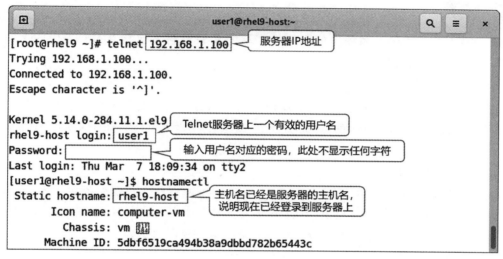

图 4-2　Telnet 登录过程

▼ 任务总结

在此任务中，我们了解了 RHEL9 中 Telnet 服务器的配置和管理方法。由于其安全性问题，Telnet 服务器目前使用场合并不多，只在一些本机调试环境下使用。

▼ 同步训练

(1) 配置 YUM 文件，安装 Telnet 软件包。

(2) 启动 Telnet 服务。

(3) 在 Windows 客户端使用 Telnet 服务登录 Linux 服务器，并在服务器上创建一个目录 telnetuser。

任务二　配置与管理 SSH 服务器

▼ 任务提出

SSH 服务是 Linux 系统中最常用到的远程访问服务。本次任务是在 Linux 服务器上配置和管理 SSH 服务。其主要内容包括：

1. 确认 SSH 软件包安装情况

查看系统是否安装了 SSH 软件包，如果没有，则安装。

2. 启动和停止 SSH 服务

启动 SSH 服务，并能够在需要的时候停止 SSH 服务。

3. 测试 SSH 服务

使用客户端登录 SSH 服务器，以测试 SSH 服务的正常运行。

4. 配置 SSH 服务器，使用户能够免密登录

配置 SSH 服务器，使用户每次不必输入用户名和密码即可登录。

任务分析

OpenSSH 是目前 Linux 系统中使用最为广泛的 SSH 软件，包括 RHEL 在内的多数 Linux 系统都默认安装了 OpenSSH。

1. SSH 服务需要的软件包

默认情况下，RHEL9 已经将 OpenSSH 作为系统的必要组件安装到系统中了。这些组件包括 openssh、openssh-clients、openssh-server 等。可以看出这些组件包括了 OpenSSH 的服务端和客户端。

2. OpenSSH 配置文件

OpenSSH 服务端配置文件是 /etc/ssh/sshd_config。OpenSSH 客户端配置文件是 /etc/ssh/ssh_config。在 /etc/ssh 目录中还有一些密钥文件（通常文件名中有 rsa 字符串）。OpenSSH 配置文件的选项非常多，通常情况下无须修改就可以满足大多数场景的需求。

3. SSH 服务的认证方式

在 SSH 连接中，认证是一项重要的安全措施，它可以确保只有授权用户才能访问远程服务器。SSH 提供了多种认证方式，常见的 SSH 认证方式有以下几种。

(1) 密码认证：用户在登录 SSH 服务器时需要输入用户名和密码以进行身份验证。密码认证是最简单的 SSH 认证方式之一，但容易受到暴力破解攻击。

(2) 公钥认证：用户将自己的公钥存储在服务器上，每次连接时，服务器将向用户发送一个随机生成的认证信息，用户需要使用自己的私钥对该认证信息进行签名，以证明自己的身份。

(3) 基于数字证书的认证：原理与公钥认证类似，但它使用的是数字证书而不是公钥。数字证书包含了用户的公钥，由可信的证书颁发机构签发，以验证用户的身份。服务器会要求客户端提供证书，并验证证书的有效性。

(4) Kerberos 认证：客户端向 Kerberos 服务器进行身份验证，并获取一个票证，然后将票证发送给 SSH 服务器，以进行 SSH 连接。

任务实施

1. 查看 SSH 服务软件包的安装情况

使用以下命令查看 SSH 服务软件包的安装情况：

```
[root@RHEL9 ~]# rpm -qa|grep ssh
```

配置与管理
SSH 服务器

若显示如图 4-3 所示的结果，则表示 SSH 服务所需要的软件包已经安装。若没有安装，可参照项目 3 任务一中的步骤进行安装。

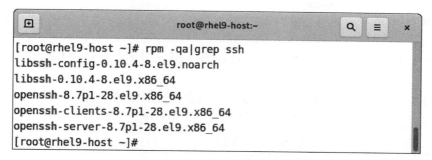

图 4-3　SSH 软件包已安装

2. 查看 SSH 服务运行情况

RHEL9 在默认情况下已经将 SSH 服务启动。SSH 服务运行在 22 号端口。通过查看系统正在监听的端口号可以确认 SSH 服务是否正常运行。命令如下：

[root@rhel9-host ~]# netstat -antp

运行结果如图 4-4 所示。

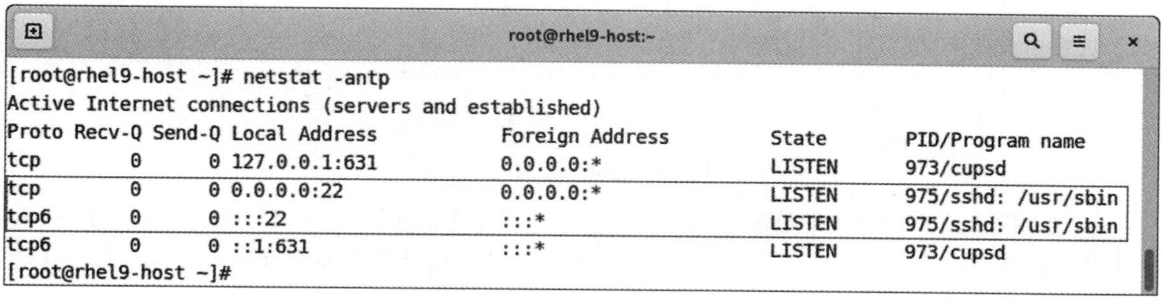

```
[root@rhel9-host ~]# netstat -antp
Active Internet connections (servers and established)
Proto Recv-Q Send-Q Local Address        Foreign Address      State      PID/Program name
tcp      0      0 127.0.0.1:631        0.0.0.0:*            LISTEN     973/cupsd
tcp      0      0 0.0.0.0:22           0.0.0.0:*            LISTEN     975/sshd: /usr/sbin
tcp6     0      0 :::22                :::*                LISTEN     975/sshd: /usr/sbin
tcp6     0      0 ::1:631              :::*                LISTEN     973/cupsd
[root@rhel9-host ~]#
```

图 4-4　查看 SSH 服务运行端口

3. 使用 SSH 服务

1) 在 Linux 环境中使用 SSH 服务

在 Linux 系统中，如果安装了 openssh-client 软件包，则可以直接使用 SSH 命令登录：

[root@rhel9 ~]# ssh user1@192.168.1.100(SSH 服务器 IP)

登录过程如图 4-5 所示。

图 4-5　在 Linux 环境中登录 SSH 服务器

2) 在 Windows 环境中使用 SSH 服务

在 Windows 环境中登录 SSH 服务器需要借助一些工具软件，常见的工具软件有 PuTTY、

Xmanager Enterprise 等。下面以 Xmanager Enterprise 7 为例介绍如何在 Windows 环境中远程使用 Linux 系统。

Xmanager Enterprise 7 中的 XShell 软件可以通过 SSH 服务远程登录 Linux 服务器，具体步骤如下。

(1) 运行 XShell，打开主界面的同时，会弹出如图 4-6 所示的会话界面。

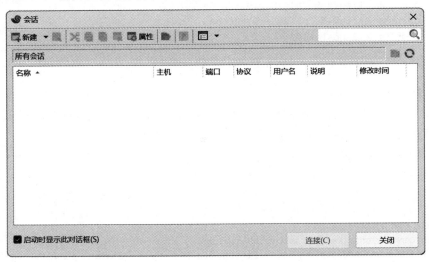

图 4-6　XShell 会话界面

(2) 在图 4-6 所示的界面中单击工具栏中的第一个图标【新建】，打开【新建会话属性】窗口，在【名称】框中输入本次会话的名称，在【主机】框中输入 SSH 服务器的 IP 地址，然后单击【确定】按钮，如图 4-7 所示。

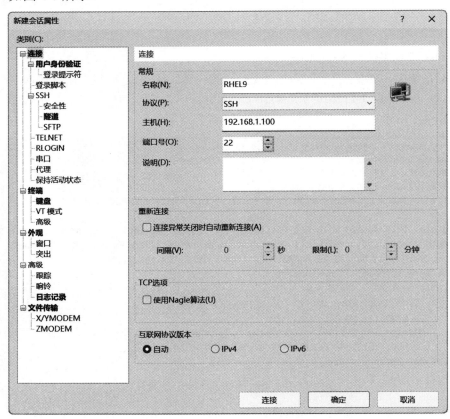

图 4-7　SSH 服务会话配置信息

(3) 回到【会话】窗口，可以看到刚建立的会话，之前建立的会话也会在此列出。选择刚建立的会话，单击【连接】按钮，如图 4-8 所示。

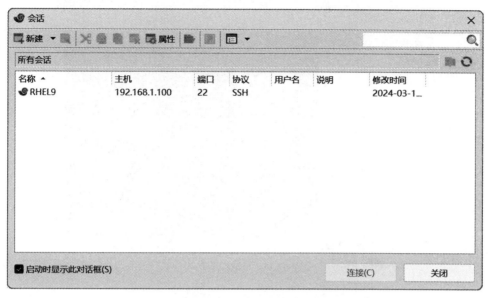

图 4-8　SSH 会话列表窗口

(4) 首次建立连接会弹出【SSH 安全警告】对话框，告知此次 SSH 会话的密钥，单击【接受并保存】按钮，如图 4-9 所示。

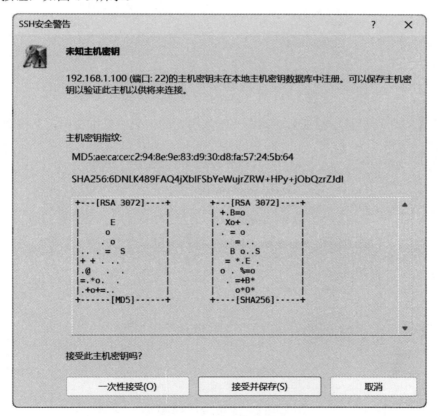

图 4-9　SSH 会话密钥警告

(5) 回到 Xshell 主界面，如图 4-10 所示，双击左侧【所有会话】列表中的会话名称【RHEL9】，打开【SSH 用户名】对话框；输入用户名，单击【确定】按钮，如图 4-11 所示。

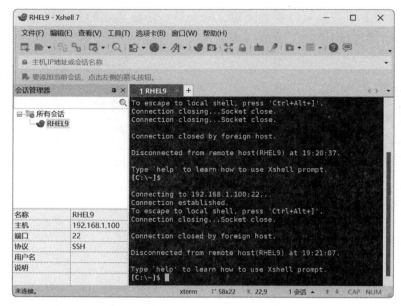

图 4-10　Xshell 主界面

图 4-11　输入 SSH 会话登录的用户名

（6）打开【SSH 用户身份验证】对话框，输入用户的密码，单击【确定】按钮，如图 4-12 所示。

图 4-12　输入 SSH 会话登录的密码

(7) 登录成功，就可以在窗口中通过命令远程管理 Linux 服务器了，如图 4-13 所示。

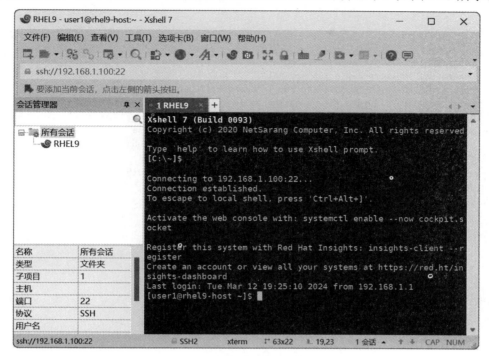

图 4-13　SSH 会话窗口

◎小贴士：从 RHEL9 开始系统默认 SSH 不能用 root 用户直接登录，如果需要使用 root 用户登录，有两种解决方式：

(1) 通过普通用户登录，再使用命令"su - root"切换到 root 用户。

(2) 修改 SSH 服务端配置文件（即 /etc/ssh/sshd_config 文件），如图 4-14 所示，将 PermitRootLogin 属性设置为 yes 并保存更改且退出文件，然后使用命令"systemctl restart sshd"重启 SSH 服务。

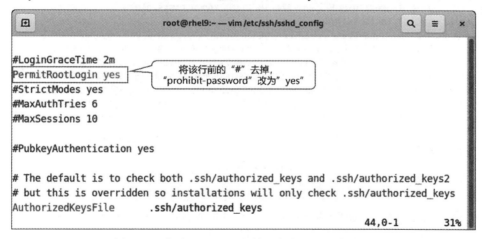

图 4-14　修改 SSH 配置文件，允许 root 用户登录

4. 配置 SSH 服务器实现免密登录

要想用户不输入用户名和密码即可登录 SSH 服务器，就要使用公钥认证方式。这里以 Linux 客户端使用公钥认证方式登录 SSH 服务器为例进行演示。

(1) 在 Linux 客户端以普通用户 user1 身份生成密钥对。命令如下：

```
[user1@rhel9 ~]$ ssh-keygen -t rsa
```

命令执行结果如图 4-15 所示。此时，user1 的家目录下就有一个".ssh"目录，进入该目录可

以看到刚才生成的密钥对，其中"id_rsa"为私钥文件，"id_rsa.pub"为公钥文件，如图 4-16
所示。

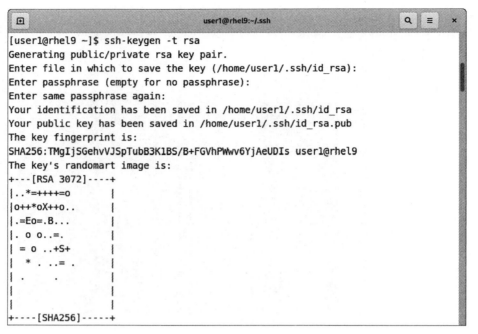

图 4-15　生成密钥对

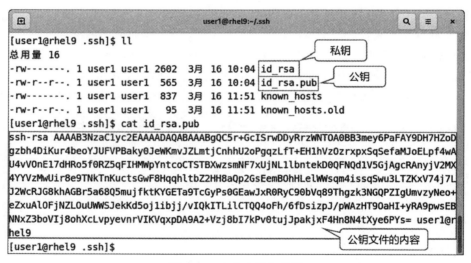

图 4-16　查看公钥和私钥

(2) 将公钥文件复制到 SSH 服务器的 /tmp 目录下。命令如下：

```
[user1@rhel9 .ssh]$ scp id_rsa.pub ssh_user@192.168.1.100:/tmp/id_rsa.pub.user1
```

命令执行结果如图 4-17 所示。

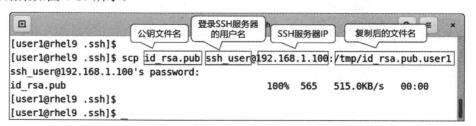

图 4-17　将公钥文件复制到 SSH 服务器的 tmp 目录下

(3) 在 SSH 服务器上将 user1 的公钥文件复制到"authorized_keys"文件中。此时，想让客户端用户以服务器上哪个用户身份登录，就将它的公钥文件复制到该用户家目录的".ssh"目录下的"authorized_keys"文件中。例如，我们想让客户端用户能够以 root 身份登录 SSH 服务器，则需要在 SSH 服务器的 /root 目录下创建".ssh"目录，并将客户端 user1 的公钥文件复制到".ssh"目录的"authorized_keys"文件中，命令如下：

```
[root@rhel9-host ~]# mkdir .ssh
[root@rhel9-host ~]# cd .ssh
[root@rhel9-host .ssh]# cat /tmp/id_rsa.pub.user1 >>authorized_keys
[root@rhel9-host .ssh]# cat authorized_keys
```

命令执行结果如图 4-18 所示。

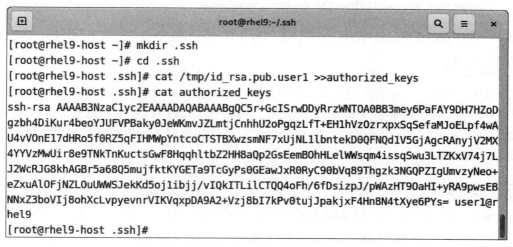

图 4-18 将公钥文件复制到 .ssh/authorized_keys

(4) 修改 SSH 服务器配置文件，使之能够使用密钥认证，如图 4-19 所示。

```
[root@rhel9-host ~]# vim /etc/ssh/sshd_config
```

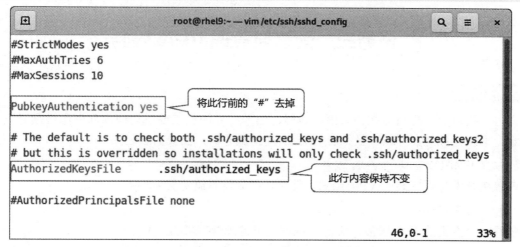

图 4-19 修改 SSH 配置文件，允许使用密钥访问

(5) 重新启动 SSH 服务，使配置生效。命令如下：

```
[root@rhel9-host ~]# systemctl restart sshd
```

(6) 在客户端测试免密登录。命令如下：

```
[user1@rhel9 ~]$ ssh root@192.168.1.100
```

命令执行结果如图 4-20 所示。

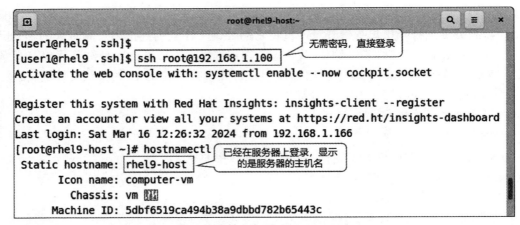

图 4-20　免密登录 SSH 服务器

▼ 任务总结

RHEL9 作为服务器操作系统通常运行在远程的服务器上，并且一般不会安装桌面系统，因此建立安全有效的会话是管理 RHEL9 的关键。SSH 协议能够为 Linux 系统提供安全的通信通道，是目前 Linux 系统中必不可少的软件。因此，SSH 服务器的配置和管理也是 Linux 系统管理员必备的技能之一。

▼ 同步训练

(1) 查看本机 SSH 软件包的安装情况，如果没有安装，可使用 YUM 安装。
(2) 在 Windows 客户端使用 XShell 软件登录，创建目录 sshuser。
(3) 在 Windows 客户端使用 XShell 软件将本机的文件 index.html 上传到 SSH 服务器。
(4) 在 Windows 客户端使用 XShell 软件实现基于密钥的登录。

任务三　配置与管理 VPN 服务器

▼ 任务提出

公司一些内部资源只能在公司内网访问，出差在外的员工要想访问内部资源必须通过 VPN 服务器。本次任务是在 Linux 服务器上架设 VPN 服务器，主要内容包括：

1. 安装 RHEL9 支持的 VPN 软件包
查看系统中是否安装了 VPN 相关软件包，如果没有就进行安装。

2. 配置 VPN服务
配置两台主机的 VPN服务，实现主机到主机的 VPN 隧道通信。

3. 验证 VPN 服务
验证 VPN 隧道通信是否有效，并查看通过 VPN 隧道的流量。

▼ 任务分析

1. IPSec 简介
在 RHEL 9 中，使用 IPSec(Internet Protocol Security) 配置虚拟私有网络 (Virtual Private Network,

VPN)。IPSec 是国际互联网工程技术小组 (Internet Engineering Task Force，IETF) 提出的使用密码学保护 IP 层通信的安全保密架构，通过对 IP 协议的分组进行加密和认证来保护 IP 协议的网络传输协议簇 (一些相互关联的协议的集合)。

IPSec 可以实现以下 4 项功能。

(1) 数据机密性：IPSec 发送方将数据包加密后再通过网络发送。

(2) 数据完整性：IPSec 可以验证数据发送方发送的数据包，以确保数据传输时没有被改变。

(3) 数据认证：数据接收方能够鉴别 IPSec 数据包的发送起源。此服务依赖数据的完整性。

(4) 反重放：数据接收方能检查并拒绝重放数据包 (重复发送的数据包)。

IPSec 主要由以下协议组成。

(1) 认证头 (AH) 协议：为 IP 数据包提供无连接数据完整性、消息认证以及防重放攻击保护。

(2) 封装安全载荷 (ESP)协议：提供数据源认证、无连接数据完整性、防重放攻击保护和有限的传输流 (traffic-flow) 机密性。

(3) 安全关联 (SA) 协议：提供算法和数据包，以及 AH、ESP 操作所需的参数。

(4) 互联网密钥交换 (IKE) 协议：用于对称密码加密体制中密钥的生存和交换。

2. Libreswan 简介

在 RHEL9 中，IPSec 协议簇由 Libreswan 应用程序支持。Libreswan 是一个开源的、用户空间的 IKE 协议的实现，它的前身是 Openswan。IKE v1 和 v2 作为用户级别的守护进程来实现，IPSec 协议簇的其他协议由 Linux 内核实现，Libreswan 配置内核以添加和删除 VPN 隧道配置。IKE 协议使用 UDP 500 和 4500 端口。由 Libreswan 和 Linux 内核实现的 IPSec VPN 是 RHEL9 中推荐的唯一 VPN 技术。

Libreswan 没有使用术语"源 (source)"和"目的地 (destination)"或"服务器 (server)"和"客户机 (client)"，而是使用术语"左 (left)"和"右 (right)"来指代端点 (主机)，因为 IKE/IPSec 使用的是对等 (peer to peer) 协议。大多数情况下，在两个端点使用相同的配置，但是管理员通常对本地主机使用"左"，对远程主机使用"右"。

Libreswan 支持多种身份验证方法，每种方法适合不同的场景。

1) 预共享密钥

预共享密钥 (Preshare Key，PSK) 是最简单的身份验证方法。出于安全考虑，请勿使用小于 64 个随机字符的 PSK。在联邦信息处理标准 (Federal Information Processing Standards，FIPS) 模式中，PSK 必须符合最低强度要求，具体取决于所使用的完整性算法。一般在配置文件中使用"authby=secret"选项来设置 PSK。

2) 原始 RSA 密钥

原始 RSA 密钥身份验证方法通常用于静态主机到主机或子网到子网的 IPSec 配置。每个主机都使用所有其他主机的公共 RSA 密钥手动配置，Libreswan 在每对主机之间建立 IPSec 隧道。对于大量主机，这个方法不能很好地扩展。

通常使用"ipsec newhostkey"命令在主机上生成原始 RSA 密钥，使用"ipsec showhostkey"命令列出生成的密钥。使用 CKA ID 密钥的连接配置时需要在配置文件中设置"leftrsasigkey"行。一般在配置文件中使用"authby=rsasig"选项来设置原始 RSA 密钥。

3) X.509 证书

X.509 证书身份验证方法通常用于大规模部署连接到通用 IPSec 网关的主机。证书颁发机构 (Certificate Authority，CA) 为主机或用户签署 RSA 证书。此 CA 也负责中继信任，包括单个主机或用户的撤销。

可以使用 openssl 命令和 NSS certutil 命令来生成 X.509 证书。因为 Libreswan 的配置文件中使用"leftcert"选项中证书的昵称从 NSS 数据库读取用户证书，所以在创建证书时需提供昵称。

如果使用自定义 CA 证书，则必须将其导入到网络安全服务 (NSS) 数据库中。可以使用 "ipsec import" 命令将 PKCS #12 格式的任何证书导入到 Libreswan NSS 数据库。

4) NULL 身份验证

NULL 身份验证用来在没有身份验证的情况下获得网状加密，它只能防止被动攻击。但是，IKE v2 允许非对称身份验证方法，因此 NULL 身份验证也可用于互联网规模的 IPSec。在此模型中，客户端对服务器进行身份验证，但服务器不对客户端进行身份验证。此模型类似于使用 TLS 的安全网站。一般在配置文件中使用 "authby=null" 选项来设置 NULL 身份验证。

5) 保护量子计算机

除上述身份验证方法外，还可以使用 Post-quantum Pre-shared Key(PPK) 方法来防止量子计算机可能的攻击。单个客户端或客户端组可以通过指定与带外配置的预共享密钥对应的 PPK ID 来使用它们自己的 PPK。

3. 使用 Libreswan 配置 VPN 服务器

1) 修改配置文件

Libreswan 的配置文件为 /etc/ipsec.d/ipsec.conf，其内容由不同的"节 (section)"来构成，每节的格式均为：

```
type name
    parameter=value
```

其中，type 指定了该节的类型，name 是该节的名称，parameter 是该节中的配置参数，value 是该参数的值。特别需要注意的是，type 前不能有空格，而 parameter 前必须有空格，说明是该节的参数。

目前 type 主要有两种：一种为 config，用来指定 IPSec 的一般配置信息；另一种为 conn，用来指定 IPSec 的连接信息。

conn 包含一个连接规范，定义使用 IPSec 建立的网络连接。

为了避免对配置文件进行简单的编辑以使其适合连接中涉及的每个系统，连接规范是根据"左边主机"和"右边主机"编写的，而不是根据"本地主机"和"远程主机"编写的。哪个主机被认为是"左边"或"右边"是任意的，IPSec 根据内部信息确定运行它的是哪一个。这允许在通信两端使用相同的连接规范。有些情况是不对称的，建议用"左边"表示本地,用"右边"表示远端。

conn 常用的参数包括以下几个。

(1) left：左边主机的公网接口 IP 地址或 DNS 主机名，目前支持 IPv4 和 IPv6 地址。

(2) leftsubnet：左边主机连接的私有子网，其值表示为"网络地址 / 子网掩码"的形式，目前支持 IPv4 和 IPv6。

(3) leftid：左边主机如何进行身份验证，默认值为 left，可以是一个 IP 地址或将被解析的全限定域名。如果前面有 @，则该值将作为字符串使用，不会被解析。

(4) leftrsasigkey：用于验证左边主机 RSA 数字签名的公钥。

◎小贴士：Libreswan 的配置都是针对一对主机的，因此，与上面四个参数相对应的还有四个 "right" 参数，在此不做赘述。

(5) auto：在 IPSec 启动时自动执行的操作，其值包括以下几个。

① add：相当于执行命令 "ipsec auto --add"。

② ondemand：相当于执行命令 "ipsec auto --add" 和 "ipsec auto --ondemand"。

③ start：相当于执行命令 "ipsec auto --add" 和 "ipsec auto --up"。

④ ignore：表示没有自动启动，也是默认值。

⑤ keep：表示 add 加上远程端启动连接后尝试保持连接。

(6) authby：两个安全网关使用什么加密算法进行相互的身份认证，默认值为 rsasig，ecdsa。Never 表示永远不会尝试或接受协商 (对只进行分流的 conn 有用)，null 表示 null 身份验证。如果请求非对称认证，则必须启用 IKE v2，并且使用选项 "leftauth" 和 "rightauth" 来代替 authby。

　　(7) also：它的值是一个节名，表示该节的参数被附加到本节中作为本节的一部分。指定的节必须存在，必须在当前节之后，并且必须具有相同的节类型。

　　2) 进行 IPSec 配置操作

　　(1) 系统启动时 IPSec 服务执行的操作。

　　【命令】ipsec setup < 选项 >

　　【选项】start：系统启动时 IPSec 服务启动。

　　　　　　stop：系统启动时 IPSec 服务停止。

　　　　　　restart：系统启动时 IPSec 服务重启。

　　(2) 添加、删除连接。

　　【命令】ipsec auto < 选项 >

　　【选项】--add < 连接名 >：将连接添加到内部数据库。

　　　　　　--delete < 连接名 >：从内部数据库中删除连接。

　　　　　　--up < 连接名 >：基于内部数据库的条目启动一个连接。

　　　　　　--down < 连接名 >：从内部数据库中断开连接。

　　　　　　--status < 连接名 >：查询连接的状态。

　　(3) 生成密钥对。

　　【命令】ipsec newhostkey < 选项 >

　　【选项】--quiet：屏蔽过程信息和警告信息。

　　　　　　--nssdir < 数据库名 >：指定 NSS 数据库名称 (默认是 /var/lib/ipsec/nss)。

　　　　　　--bits < 位数 >：指定 RSA 密钥的位数，默认值是一个介于 3072～4096 之间的随机值 (16 的倍数)，最小值为 2192。

　　　　　　--keytype <rsa|ecdsa>：指明密钥的类型，可以是 RSA 或 ECDSA，默认为 RSA。

　　(4) 显示密钥信息。

　　【命令】ipsec showhostkey < 选项 >

　　【选项】--list：查看 key ID 和 chaid 等私钥信息。

　　　　　　--dump：列出私钥的详细信息。

　　　　　　--ckaid <ckaid>：显示使用 NSS ckaid 的公钥。

　　　　　　--rsaid <rsaid>：显示使用 RSA 密钥 ID 的公钥。

　　　　　　--left：显示左侧主机 RSA 签名信息。

　　　　　　--right：显示右侧主机 RSA 签名信息。

▼ 任务实施

配置与管理
VPN 服务器

1. 安装软件包

本次任务需要左右两边主机都安装 libreswan，我们以左边为例。

[root@rhel9-host ~]# yum install -y libreswan

运行结果如图 4-21 和图 4-22 所示。

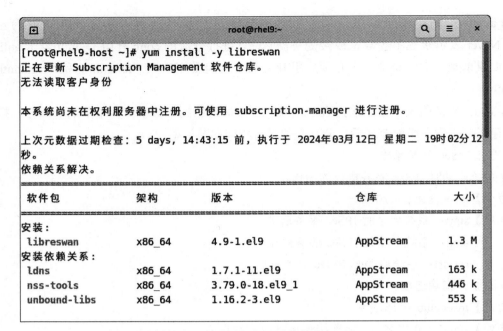

图 4-21　安装 Libreswan 软件包（一）

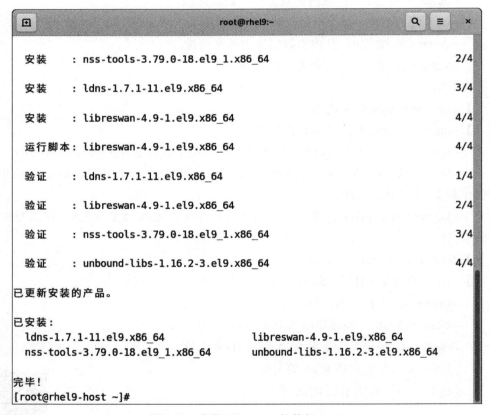

图 4-22　安装 Libreswan 软件包（二）

2. 启动 IPSec 服务并查看服务的运行状态

使用以下命令启动 IPSec 服务并查看服务的运行状态：

```
[root@rhel9-host ~]# systemctl  start  ipsec
[root@rhel9-host ~]# systemctl  status  ipsec
```

运行结果如图 4-23 所示。右边主机进行同样操作。

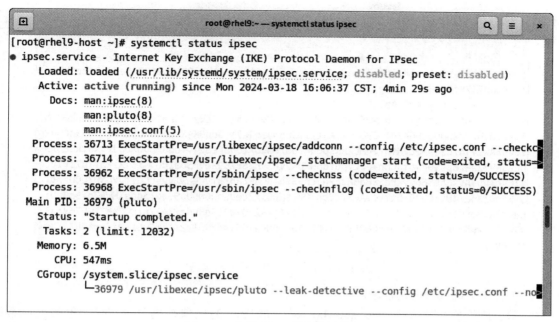

图 4-23　查看 IPSec 服务的运行状态

3. 创建主机到主机的 VPN 隧道

(1) 在两台主机上分别创建新的 RSA 密钥对。命令如下：

[root@rhel9-host ~]# ipsec newhostkey

其中一台主机的命令执行结果如图 4-24 所示，另一台主机类似。

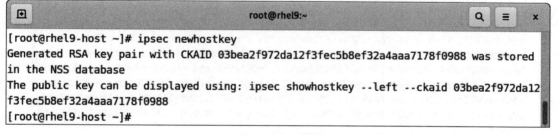

图 4-24　创建 RSA 密钥对

(2) 查看主机的私钥。命令如下：

[root@rhel9-host ~]# ipsec showhostkey --list

命令执行结果如图 4-25 所示。

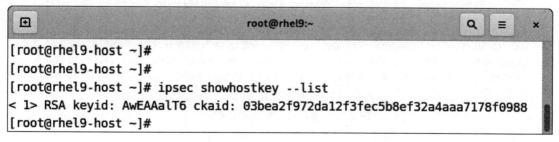

图 4-25　查看主机的私钥信息

(3) 在左边主机查看公钥信息。

在执行创建密钥对命令 (如图 4-24 所示) 时，会提示"The public key can be displayed using:…"，其中"using :"后的命令即为查看公钥的命令，直接将该命令复制后在命令行粘贴即可执行，执行结果如图 4-26 所示。

图 4-26　在左边主机查看公钥信息

(4) 在右边主机查看公钥信息。

在右边主机上可以将"ipsec showhostkey"命令后的选项改为"--right"。事实上，不论是用"--left"还是用"--right"，公钥的内容都是一样的，只是公钥前的"leftrsasigkey="和"rightrsasigkey="不同，如图 4-27 所示，而这个不同在下面的配置文件里面非常有用。

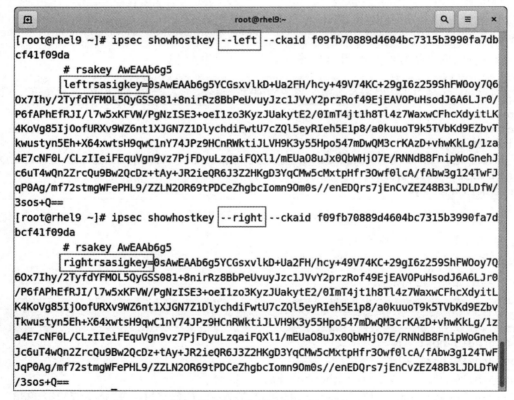

图 4-27　在右边主机查看公钥信息

(5) 修改左边主机配置文件。

进入 /etc/ipsec.d 目录，创建一个新的配置文件 my_host-to-host.conf：

```
[root@rhel9-host ~]# cd /etc/ipsec.d
[root@rhel9-host ~]# vim my_host-to-host.conf
```

配置文件内容如图 4-28 所示。其中 leftrsasigkey 和 rightrsasigkey 就是使用"ipsec showhostkey

--left --ckaid"和"ipsec showhostkey --right --ckaid"命令时所看到的值。

图 4-28 IPSec 配置文件

(6) 将左边主机的配置文件复制到右边主机。

左边主机和右边主机可以使用相同的配置文件，Libreswan 会根据 IP 地址或主机名自动检测它是"左边"还是"右边"。因此，右边主机可以使用左边主机的配置文件。可以使用 scp 命令将左边主机的配置文件传输到右边主机：

[root@rhel9-host ipsec.d]# scp my_host-to-host.conf user1@192.168.1.166:/home/user1

命令执行结果如图 4-29 所示。

由于 scp 命令不允许 root 用户登录，因此只能以普通用户 user1 登录到右边主机并把配置文件复制到 user1 的家目录中。

在右边主机上还需要将该配置文件复制到 /etc/ipsec.d 目录中，并确保该文件的文件主 (即文件的所有者) 和所属组为 root，如图 4-30 所示。

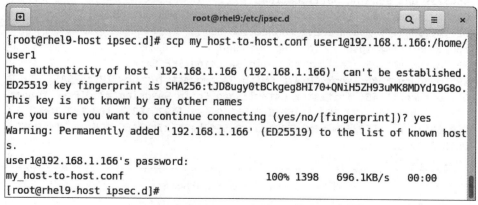

图 4-29 将左边主机的 IPSec 配置文件复制到右边主机

```
[root@rhel9 ~]# cp /home/user1/my_host-to-host.conf /etc/ipsec.d
[root@rhel9 ~]# cd /etc/ipsec.d
[root@rhel9 ipsec.d]# ll
总用量 4
-rw-r--r--. 1 root root 1398  3月  19 21:42 my_host-to-host.conf
drwx------. 2 root root  120  3月  17 12:57 policies
[root@rhel9 ipsec.d]#
```

图 4-30　在右边主机将配置文件复制到相应目录中

(7) 在两台主机上分别重启服务，并加载和启动新建的连接：

[root@rhel9-host ~]# systemctl restart ipsec

[root@rhel9-host ~]# ipsec auto --add mytunnul

[root@rhel9-host ~]# ipsec auto --up mytunnul

左边主机执行结果如图 4-31 所示，右边主机执行结果如图 4-32 所示。

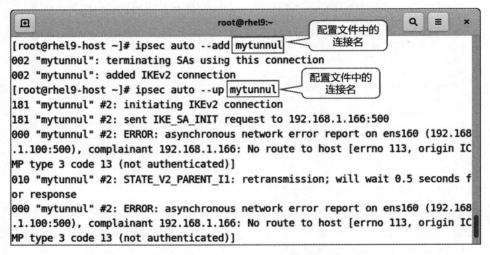

图 4-31　在左边主机启动 IPSec 服务

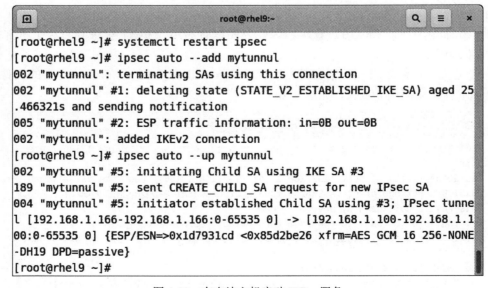

图 4-32　在右边主机启动 IPSec 服务

(8) 验证两台主机是否通过 VPN 发送数据。

在左边主机运行命令：

[root@rhel9-host ~]# tcpdump -n -i ens160 esp or udp port 500 or udp port 4500

在右边主机向左边主机发送 ping 命令，此时在左边主机中会看到如图 4-33 所示的结果，说明两台主机通过 VPN 发送数据。

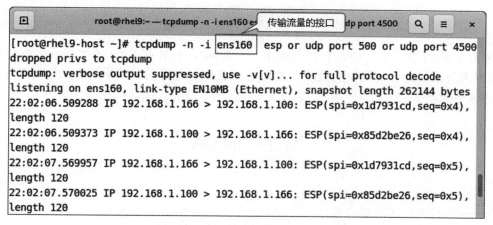

图 4-33　验证两台主机是否通过 VPN 发送数据

也可以查看两台主机通过隧道发送的流量：

[root@rhel9-host ~]# ipsec whack --trafficstatus

左边主机的流量如图 4-34 所示，右边主机的流量如图 4-35 所示。

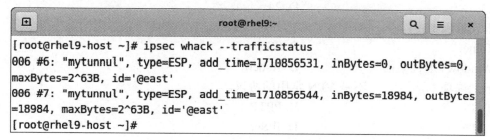

图 4-34　查看左边主机通过 IPSec 隧道发送的流量

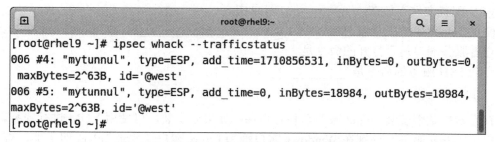

图 4-35　查看右边主机通过 IPSec 隧道发送的流量

▼ 任务总结

本次任务我们学习了在 RHEL9 服务器上配置 IPSec VPN 服务并实现主机到主机的 VPN 隧道通信。基于 IPSec VPN 的应用还包括站点到站点的 VPN、远程访问 VPN、网格 VPN 等多种应用场景，读者可以参考 RHEL9 官方网站的文档进行学习（官方网站文档的网址为 https://access.redhat.com/documentation/zh-cn/red_hat_enterprise_linux/9/html/securing_networks/ configuring-a-vpn-with-ipsec_securing-networks）。

◇ 同步训练

参考官方网站文档，配置站点到站点的 VPN，并测试其有效性。

项 目 总 结

本项目中我们学习了三种远程访问服务——Telnet、SSH 和 VPN 的使用。远程访问对于 Linux 运维人员来说是必不可少的技能，尤其是 SSH 服务是目前最常用的远程访问服务，读者一定要熟练掌握。

项 目 训 练

一、选择题

1. Telnet 服务所使用的端口号是 _____。
A. 21　　　　　　　　　　　　B. 22
C. 23　　　　　　　　　　　　D. 24
2. SSH 服务所使用的端口号是 _____。
A. 21　　　　　　　　　　　　B. 22
C. 23　　　　　　　　　　　　D. 24
3. 下列选项中，_____ 不是常见的远程访问服务。
A. Telnet　　　　　　　　　　B. SSH
C. Windows 远程桌面　　　　　D. Xshell
4. 下列选项中，_____ 不是 VPN 常用的协议。
A. TCP　　　　　　　　　　　B. PPTP
C. L2TP　　　　　　　　　　　D. IPSec

二、填空题

1. VPN 配置文件存放在 _____ 目录中。
2. 使用 Telnet 登录服务器 192.168.1.1 的命令是 _____。
3. 查看服务端口是否打开的命令是 _____。
4. 启动 SSH 服务的命令是 _____。

三、实践操作题

1. 查看本机是否安装 Telnet 服务端和客户端，如果未安装，可使用 YUM 进行安装。
2. 启用 Telnet 服务，分别在 Windows 客户端和 Linux 客户端登录 Telnet 服务器，查看登录之后默认进入什么目录。
3. 查看本机是否安装 SSH 服务端和客户端，如果未安装，可使用 YUM 进行安装。
4. 启用 SSH 服务，分别在 Windows 客户端和 Linux 客户端登录 Telnet 服务器，查看登录之后默认进入什么目录。
5. 安装 Libreswan 软件包，配置主机到主机的 VPN 服务。

项目 5

文件共享服务器配置与管理

项目描述

为方便公司中的文件共享，需要搭建文件共享服务器。常见的文件共享服务器包括 NFS、Samba 和 FTP 等。

本项目中我们就来完成这些服务器的配置与管理任务。

学习目标

(1) 掌握 NFS 服务器的配置与管理方法。
(2) 掌握 Samba 服务器的配置与管理方法。
(3) 掌握 FTP 服务器的配置与管理方法。

思政目标

(1) 理解共享发展理念的深刻内涵。
(2) 遵守职业道德，做遵纪守法的系统安全管理员。

预备知识　认识文件共享服务

1. NFS 服务简介

NFS(Network File System，网络文件系统) 是一种分布式文件系统，允许网络中类 UNIX 操作系统之间共享文件，其通信协议基于 TCP/IP 协议层，可以将远程的计算机磁盘挂载到本地，读写文件像本地磁盘一样操作。

NFS 在文件传输过程中依赖于 RPC(Remote Procedure Call，远程过程调用) 协议。RPC 可以在不同的系统间使用，此通信协议的设计与主机及操作系统无关。使用 NFS 时，用户端只需要使用 mount 命令就可以把远程文件系统挂接在自己的文件系统之下，操作远程文件与使用本地计算机上的文件一样。NFS 本身可以认为是 RPC 的一个程序。只要用到 NFS 的地方都要启动 RPC 服务，不论是服务端还是客户端，NFS 是一个文件系统，而 RPC 负责信息的传输。

2. Samba 服务简介

1) SMB 协议

SMB(Server Message Block，服务消息块) 通信协议是微软 (Microsoft) 和英特尔 (Intel) 在 1987 年制定的协议，主要是作为 Microsoft 网络的通信协议。SMB 是在 OSI 模型的会话层和表示层以及小部分应用层的协议。

在 NetBIOS 出现之后，Microsoft 就使用 NetBIOS 实现了一个网络文件/打印服务系统，这个系统基于 NetBIOS 设定了一套文件共享协议，Microsoft 称之为 SMB 协议。这个协议被 Microsoft 用在它们的 Lan Manager 和 Windows NT 服务器系统中，Windows 系统均包括这个协议的客户端软件，因而这个协议在局域网系统中影响很大。

与其他标准的 TCP/IP 协议不同，SMB 协议是一种复杂的协议，因为随着 Windows 计算机的开发，越来越多的功能被加入到协议中，很难区分哪些概念和功能属于 Windows 操作系统本身，哪些概念属于 SMB 协议。其他网络协议由于是先有协议，再开发相关的软件，从而结构上就清晰简洁一些，而 SMB 协议一直是与 Microsoft 的操作系统混在一起进行开发的，因此协议中就包含了大量的 Windows 系统中的概念。

2) Samba 的工作原理

为了让 Windows 和 Linux 计算机相集成，最好的办法是在 Linux 中安装支持 SMB 协议的软件，这样 Windows 客户不需要更改设置就能如同使用 Windows NT 服务器一样，使用 Linux 计算机上的资源。这个软件就是 Samba。

Samba 软件通过 SMB 协议搭建文件服务器，使得 Windows 用户和 Linux 用户均可以访问。Samba 软件的功能包括：

(1) 共享 Linux 的文件系统。

(2) 共享安装在 Samba 服务器上的打印机。

(3) 支持 Windows 客户机通过网上邻居浏览网络资源。

(4) 使用 Windows 系统共享的文件和打印机。

(5) 支持 Windows 域控制器和 Windows 成员服务器对使用 Samba 资源的用户进行认证。

Samba 的核心是两个守护进程：smbd 和 nmbd，在服务器从启动到停止期间持续运行，smbd 监听 TCP139 端口，nmbd 监听 UDP137 和 138 端口。smbd 进程的作用是处理到来的 SMB 数据包，用来管理 Samba 服务器上的共享目录、打印机等，对网络上的共享资源进行管理，nmbd 进程主要进行 NetBIOS 名称解析，使其他主机能浏览 Linux 服务器上的共享资源。

课程思政

Samba 服务器的设计初衷就是要打破操作系统的壁垒，实现异构操作系统之间的资源共享，这与习近平总书记提出的"共享发展"的理念相吻合。共享发展的内涵包括全民共享、全面共享、共建共享和渐进共享，旨在促进经济社会发展的物质文明成果和精神文明成果由全体人民共同享有。习近平总书记多次强调，"使发展成果更多更公平惠及全体人民，朝着共同富裕方向稳步前进"。作为专业技术人员，也要将"共享发展"的理念应用于实际工作，尽可能打破技术壁垒，确保网络信息资源的安全可靠共建共享，为我国的信息技术发展做出自己的贡献。

3. FTP 服务简介

1) FTP 的工作原理

FTP(File Transfer Protocol) 即文件传输协议，FTP 服务是基于 FTP 协议、用于文件传输的服务，相对于 WWW 服务，具有更高的可靠性和效率。

FTP 极大简化了文件传输的复杂性，能够使文件通过网络从一台主机传送到另一台主机却不受计算机和操作系统类型的限制。无论是 PC、服务器、大型机，还是 Linux、Windows 操作系统，只要双方都支持 FTP 协议，就可以方便、可靠地进行文件的传送。

FTP 服务的具体工作过程如图 5-1 所示。

(1) 客户端向服务器发出连接请求，同时客户端动态打开一个大于 1024 的端口等候服务器连接。

(2) 若 FTP 服务器在 21 号端口监听到该请求，则会在客户端和服务端之间建立一个 FTP 会话连接。

(3) 当需要传输数据时，FTP 客户端再动态地打开另一个大于 1024 的端口连接到服务器的某个端口 (根据传输模式的不同，这个端口可能是 20 号端口或者大于 1024 的端口，详见下面关于 FTP 传输模式的描述)，并在这两个端口之间进行数据的传输。当数据传输完毕后，这两个端口自动关闭。

(4) 当 FTP 客户端断开与 FTP 服务器的连接时，客户端上动态分配的端口将自动释放。

图 5-1　FTP 服务的工作过程

2) FTP 的传输模式

FTP 服务有两种传输模式：主动传输模式和被动传输模式。

(1) 主动传输模式。FTP 客户端随机开启一个大于 1024 的端口 $(1024 + X)$ 向服务器的 21 号端口发起连接，然后开放 $(1024 + X + 1)$ 号端口进行监听，并向服务器发出 "PORT $1024 + X + 1$" 命令。服务器接收到命令后，会用其本地的 FTP 数据端口 (通常是 20 号端口) 来连接客户端指定的端口 $(1024 + X + 1)$，进行数据传输，如图 5-2 所示。

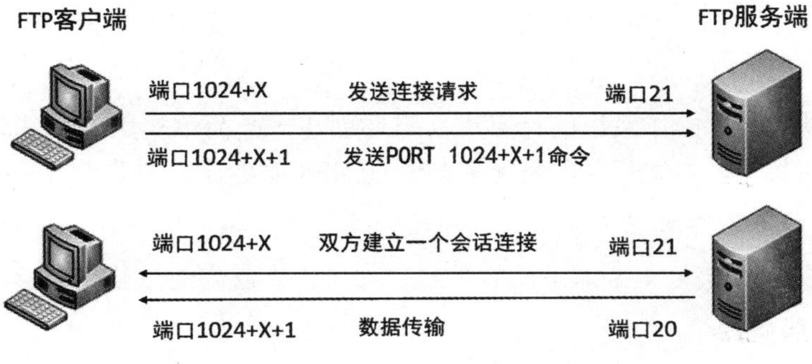

图 5-2　FTP 服务主动传输模式

(2) 被动传输模式。FTP 客户端随机开启一个大于 1024 的端口 (1024 + X) 向服务器的 21 号端口发起连接，同时会开启 (1024 + X + 1) 号端口，然后向服务器发送 PASV 命令，通知服务器自己处于被动模式。服务器收到命令后，会开放一个大于 1024 的端口 (1024 + Y) 进行监听，然后用"PORT 1024 + Y"命令通知客户端，自己的数据端口是 1024 + Y。客户端接收到命令后，会通过 (1024 + X + 1) 号端口连接服务器的 1024 + Y 端口，然后在两个端口之间进行数据传输，如图 5-3 所示。

图 5-3　FTP 服务被动传输模式

总之，主动传输模式的 FTP 是指服务器主动连接客户端的数据端口，被动传输模式是指服务器被动地等待客户端连接自己的数据端口。

主动传输模式用于一般的数据传输，而被动传输模式通常用于防火墙之后的 FTP 客户访问外界 FTP 服务器的情况。因为在这种情况下，防火墙通常配置为不允许外界访问防火墙之后的主机，而只允许由防火墙之后的主机发起的连接请求通过。因此，在这种情况下不能使用主动传输模式的 FTP 传输，而只能使用被动传输模式的 FTP 传输。

课程思政

FTP 服务器是一个非常灵活开放的文件服务器，用户可以根据需要上传下载文件数据。也正是在这样开放的环境中，有人会上传一些恶意程序危害他人甚至整个网络的信息安全。尤其是网络安全技术人员，更有传播恶意程序的便利条件和技术能力。但是，网络安全技术人员的工作职责是维护国家、社会和公众的信息安全，而不是去破坏它们。因此，我们要遵守自己的职业道德，规范自己的行为，尽职尽责，做一个遵纪守法的网络安全工作者，为我国的网络安全与信息化发展贡献自己的正能量。

任务一　配置与管理 NFS 服务器

任务提出

公司中有一些 Linux 操作系统的计算机，需要创建一个简单实用的文件共享服务器来实现客户端之间的文件共享。本次任务就是配置与管理 NFS 服务器。主要内容包括：

1. 安装 NFS 服务软件包

查看系统中是否安装了 NFS 服务的软件包，如果没有就安装该软件包。

2. 配置 NFS 服务器

(1) 创建 /NfsShare1 目录，允许所有主机访问，并且仅有读的权限，客户端上的任何用户在访问时都映射成 nobody 用户。

(2) 创建 /NfsShare2 目录，仅允许 192.168.1.166 主机访问，对该目录有读写权限，并将用户的 UID 映射为 1011。

3. 测试 NFS 服务器的可用性

配置 NFS 客户端，并尝试访问 NFS 服务器，测试 NFS 服务器是否正常工作。

▼ **任务分析**

1. NFS 服务所需要的软件包

RHEL9 中 NFS 服务相关的软件包有两个：

(1) nfs-utils-2.5.4-18.el9.x86_64：包含一些基本的 NFS 命令与控制脚本。

(2) rpcbind-1.2.6-5.el9.x86_64：是一个管理 RPC 连接的程序，类似的管理工具为 portmap。

2. NFS 服务主要的文件和进程

(1) RHEL9 中 NFS 服务进程名为 nfs-server，主要用来控制 NFS 服务的启动和停止，安装完毕后位于 /etc/init.d 目录下。

(2) rpc.nfsd 是基本的 NFS 守护进程，主要功能是控制客户端是否可以登录服务器，另外可以结合 /etc/hosts.allow 和 /etc/hosts.deny 进行更精细的权限控制。

(3) rpc.mounted 是 RPC 安装守护进程，主要功能是管理 NFS 的文件系统。通过配置文件共享指定的目录，同时根据配置文件做一些权限验证。

(4) rpcbind 是一个管理 RPC 连接的程序，对 NFS 来说是必须，是 NFS 的动态端口分配守护进程，如果 rpcbind 不启动，NFS 服务就无法启动。

(5) /etc/exports 文件列出了所有可以共享的目录及其访问权限。配置 NFS 服务器首先需要配置该文件。/etc/exports 文件的格式为：

< 共享目录 > [客户端 1（选项）] [客户端 2（选项）] ……

每行一条配置，指定一个共享目录、允许访问的主机及其他选项配置。

其中："共享目录"是 NFS 系统中需要共享给客户端使用的目录；"客户端"是网络中可以访问这个共享目录的计算机。

表示客户端的常用形式包括：

① 指定 IP 地址的主机，如 192.168.1.166。

② 指定子网中的所有主机，如 192.168.1.0/24。

③ 指定域名的主机，如 www.abc.com。

④ 指定域中的所有主机，如 *.abc.com。

⑤ 所有主机，表示为 *。

客户端的选项用来设置输出目录的访问权限、用户映射等。常用选项如表 5-1 所示。

表 5-1　NFS 客户端常用选项

选　项	说　　明
ro	该主机对共享目录有只读的权限
rw	该主机对共享目录有可读可写的权限
all_squash	将远程访问的所有普通用户及所属组都映射为匿名用户或用户组，相当于使用 nobody 用户访问该共享目录
no_all_squash	访问用户先与本机用户匹配，匹配失败后用该用户的 UID 和 GID 来表示。该选项为默认选项

续表

选 项	说 明
root_squash	当 NFS 客户端以 root 身份访问时，映射为 NFS 服务器的匿名用户。该选项为默认选项
no_root_squash	当 NFS 客户端以 root 身份访问时，映射为 NFS 服务器的 root 用户
anonuid	配置 all_squash 使用，指定 NFS 的用户 UID，默认值为 65534
anongid	配置 all_squash 使用，指定 NFS 的用户 GID，默认值为 65534
sync	同时将数据写入到内存与硬盘中，保证数据不丢失，但会产生延时。该选项为默认选项
async	优先将数据保存到内存，然后写入硬盘，效率更高但会丢失数据

（6）showmount 命令可以显示指定 NFS 服务器连接 NFS 客户端的信息，命令格式为：

【命令】showmount［选项］

【选项】-a：列出 NFS 服务共享的完整目录信息；

-d：仅列出客户端远程安装的目录；

-e：显示导出目录的列表。

▼ **任务实施**

配置与管理
NFS 服务器

1. 安装 NFS 服务软件包

（1）查看系统中 NFS 软件包安装情况。命令如下：

[root@rhel9-host ~]# rpm -qa|grep nfs-utils

[root@rhel9-host ~]# rpm -qa|grep rpcbind

如果没有显示软件包的信息，即表示没有安装该软件包。

（2）安装 NFS 软件包。命令如下：

[root@rhel9-host ~]# yum install -y nfs-utils rpcbind

命令运行结果如图 5-4 和图 5-5 所示。

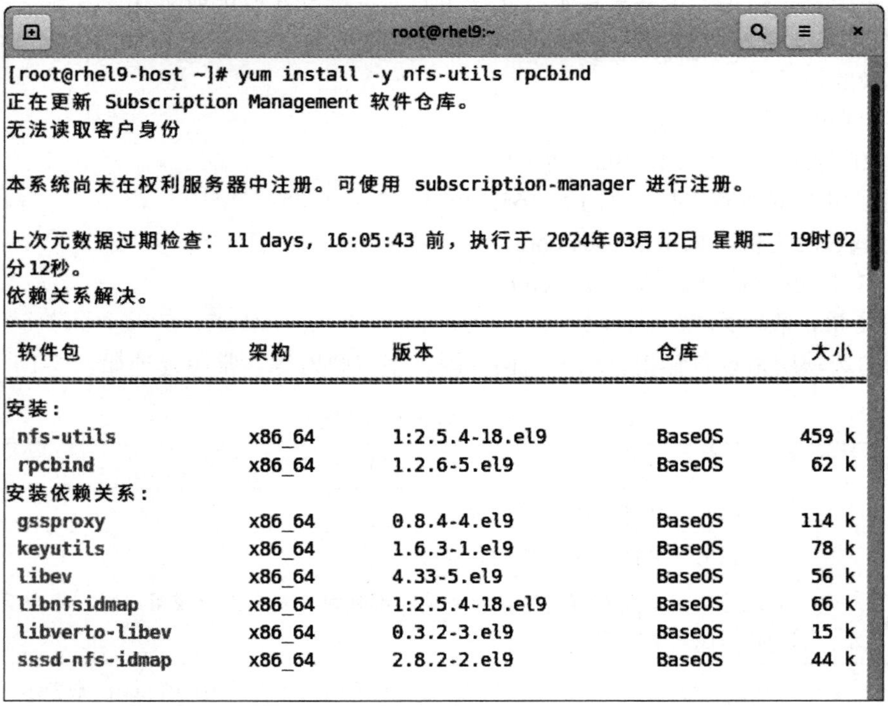

```
[root@rhel9-host ~]# yum install -y nfs-utils rpcbind
正在更新 Subscription Management 软件仓库。
无法读取客户身份

本系统尚未在权利服务器中注册。可使用 subscription-manager 进行注册。

上次元数据过期检查: 11 days, 16:05:43 前, 执行于 2024年03月12日 星期二  19时02
分12秒。
依赖关系解决。

====================================================================
 软件包            架构          版本               仓库       大小
====================================================================
安装:
 nfs-utils        x86_64        1:2.5.4-18.el9     BaseOS     459 k
 rpcbind          x86_64        1.2.6-5.el9        BaseOS      62 k
安装依赖关系:
 gssproxy         x86_64        0.8.4-4.el9        BaseOS     114 k
 keyutils         x86_64        1.6.3-1.el9        BaseOS      78 k
 libev            x86_64        4.33-5.el9         BaseOS      56 k
 libnfsidmap      x86_64        1:2.5.4-18.el9     BaseOS      66 k
 libverto-libev   x86_64        0.3.2-3.el9        BaseOS      15 k
 sssd-nfs-idmap   x86_64        2.8.2-2.el9        BaseOS      44 k
```

图 5-4　安装 NFS 相关软件包（一）

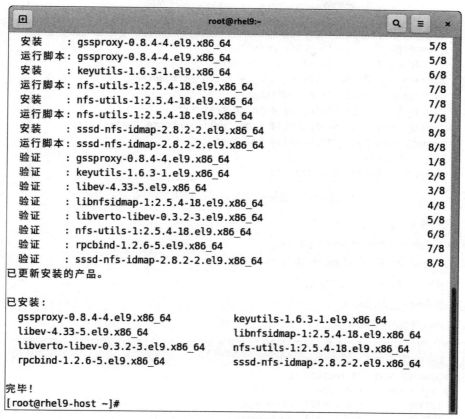

图 5-5 安装 NFS 相关软件包 (二)

2. 配置 NFS 服务器

(1) 创建 /NfsShare1 目录，允许所有主机访问，并且仅有读的权限，客户端上的任何用户在访问时都映射成 nobody 用户。

① 修改配置文件 /etc/exports。命令如下：

[root@rhel9-host ~]# vim /etc/exports

命令运行结果如图 5-6 所示。

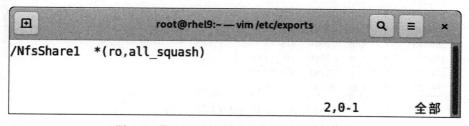

图 5-6 修改 NFS 配置文件允许所有主机只读

② 创建 /NfsShare1 目录，并保证允许所有用户访问，并在其中放一个测试文件 test.txt。命令如下：

[root@rhel9-host ~]# mkdir /NfsShare1

[root@rhel9-host ~]# ls ld /NfsShare1

[root@rhel9-host ~]# touch test.txt

[root@rhel9-host ~]# echo "hello,welcome. " >> test.txt

[root@rhel9-host ~]# cat test.txt

命令运行效果如图 5-7 所示，可以看到该目录允许所有的用户读和执行。

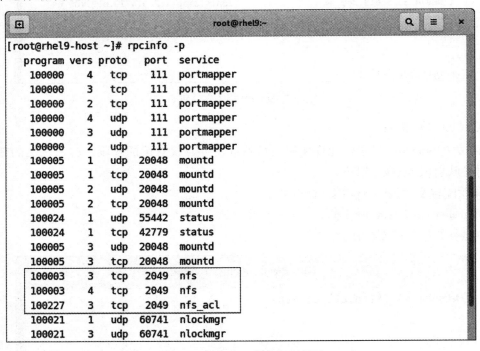

```
[root@rhel9-host ~]# mkdir /NfsShare1
[root@rhel9-host ~]# ls -ld /NfsShare1
drwxr-xr-x. 2 root root 6  3月 24 20:06 /NfsShare1
[root@rhel9-host ~]# cd /NfsShare1
[root@rhel9-host NfsShare1]# touch test.txt
[root@rhel9-host NfsShare1]# echo "Hello,Welcome.">>test.txt
[root@rhel9-host NfsShare1]# cat test.txt
Hello,Welcome.
[root@rhel9-host NfsShare1]#
```

图 5-7　创建共享目录并允许用户访问

③ 启动 NFS 服务。命令如下：

[root@rhel9-host ~]# systemctl start rpcbind

[root@rhel9-host ~]# systemctl start nfs-server

④ 查看 NFS 运行情况。命令如下：

[root@rhel9-host ~]# rpcinfo -p

命令运行结果如图 5-8 所示。

```
[root@rhel9-host ~]# rpcinfo -p
 program vers proto   port  service
  100000    4   tcp    111  portmapper
  100000    3   tcp    111  portmapper
  100000    2   tcp    111  portmapper
  100000    4   udp    111  portmapper
  100000    3   udp    111  portmapper
  100000    2   udp    111  portmapper
  100005    1   udp  20048  mountd
  100005    1   tcp  20048  mountd
  100005    2   udp  20048  mountd
  100005    2   tcp  20048  mountd
  100024    1   udp  55442  status
  100024    1   tcp  42779  status
  100005    3   udp  20048  mountd
  100005    3   tcp  20048  mountd
  100003    3   tcp   2049  nfs
  100003    4   tcp   2049  nfs
  100227    3   tcp   2049  nfs_acl
  100021    1   udp  60741  nlockmgr
  100021    3   udp  60741  nlockmgr
```

图 5-8　查看 NFS 服务运行情况

⑤ 查看服务器上共享目录的清单。命令如下：

[root@rhel9-host ~]# showmount -e 127.0.0.1

命令运行结果如图 5-9 所示。

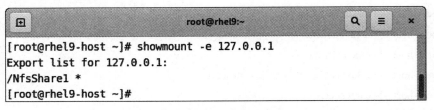

```
[root@rhel9-host ~]# showmount -e 127.0.0.1
Export list for 127.0.0.1:
/NfsShare1 *
[root@rhel9-host ~]#
```

图 5-9　查看服务器上共享目录的清单

⑥ 在客户端安装 NFS 软件包。命令如下：

[root@rhel9 ~]# yum install -y nfs-utils

⑦ 在客户端挂载共享目录。命令如下：

[root@rhel9 ~]# mkdir /mnt/nfs

[root@rhel9 ~]# mount -t nfs 192.168.1.100:/NfsShare1 /mnt/nfs

命令运行结果如图 5-10 所示。

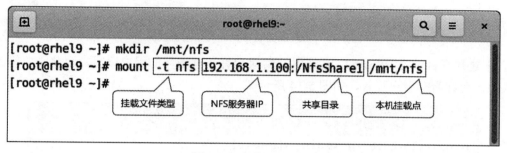

图 5-10　挂载共享目录

⑧ 在客户端以 root 用户访问共享目录，可以进入目录并读取文件内容，但是因为共享目录的访问权限是只读，因此不允许创建文件，如图 5-11 所示。

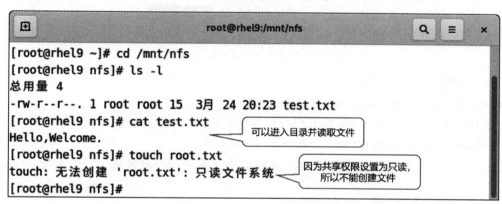

图 5-11　客户端访问共享目录

⑨ 在客户端以其他用户访问共享目录，同样可以进入目录并读取文件内容，但是不能创建文件，如图 5-12 所示。

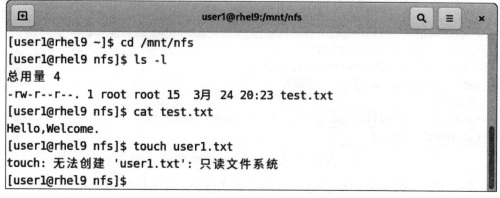

图 5-12　以 user1 用户访问共享目录

(2) 创建 /NfsShare2 目录，仅允许 192.168.1.166 主机访问，对该目录有读写权限，并将用户的 UID 映射为 1011。

① 修改配置文件，如图 5-13 所示。

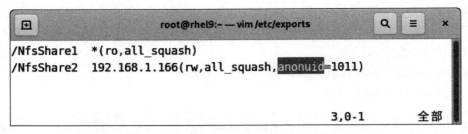

图 5-13　修改配置文件允许特定主机读写

② 创建共享目录 /NfsShare2，由于共享目录允许远程访问的用户读写，因此需要修改该目录的权限，允许所有用户写入，如图 5-14 所示。

图 5-14　创建目录允许所有用户读写

③ 重启 NFS 服务。命令如下：

```
[root@rhel9-host ~]# systemctl restart nfs-server rpcbind
```

④ 在 IP 地址为 192.168.1.166 的客户端重新挂载共享目录。命令如下：

```
[root@rhel9 ~]# mount -t nfs 192.168.1.100:/NfsShare2 /mnt/nfs
```

◎小贴士：如果重新挂载的目录与之前的目录使用同一个挂载点，一定要先卸载之前的挂载。

卸载的方法，命令如下：

```
[root@rhel9 ~]# umount  /mnt/nfs
```

⑤ 在客户端进入共享目录，并创建新文件 test2.txt，可以看到能够成功创建文件，且文件主的 UID 映射为 1011，文件的属组映射为 nobody，如图 5-15 所示。

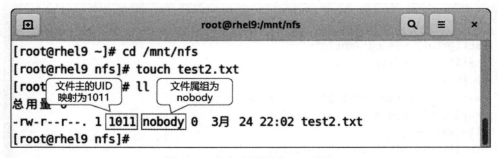

图 5-15　在客户端测试 NFS 服务

⑥ 在 IP 地址为 192.168.1.188 的客户端挂载共享目录，显示挂载失败，说明"只允许 IP 地址为 192.168.1.166 的客户端访问"的配置生效，如图 5-16 所示。

◎小贴士：若要在每次开机启动时即自动挂载共享目录，可以将该挂载项写入 /etc/fstab 文件，该文件的格式可以参看项目 2 任务三关于 mount 命令的介绍。

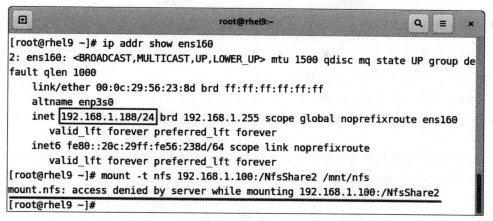

图 5-16   在其他客户端挂载共享目录失败

任务总结

本次任务我们学习了 NFS 服务器的配置与管理。NFS 服务器以其简单实用的优点，在一些简单的共享目录的场合被经常使用，配置和管理 NFS 服务器也是系统管理员必备的技能之一。

同步训练

创建共享目录 /NfsShare3，允许 192.168.1.0/24 网段的用户读写该目录，并将 root 用户映射为匿名用户 nobody。

任务二   配置与管理 Samba 服务器

任务提出

公司局域网中的计算机有 Windows 和 Linux 两种操作系统。要使这两种类型的操作系统之间能够共享文件，需要搭建一台 Samba 服务器，既能被 Windows 客户端访问，又能被 Linux 客户端访问。本次任务需要完成 Samba 服务器的配置与管理，主要内容包括：

1. 安装 Samba 软件包

查看系统中是否安装了 Samba 服务器需要的软件包，如果没有就进行安装。

2. 配置共享级 Samba 服务器

配置 Samba 服务器 IP 地址为 192.168.1.100，工作组名为 zzgroup，发布的共享目录为 /companydata/share，共享名为 zzpub，这个目录允许公司所有员工匿名访问。

3. 配置用户级 Samba 服务器

为每个部门建立共享目录。其中，将技术部的共享目录放到 /companydata/tech 目录下，共享名为 zztech，技术部的人员 (同属于 gtech 组) 均可访问，并且该目录仅允许技术部的人员读写。

4. 测试 Samba 服务器的有效性

以技术部用户账户 user1 测试 Samba 服务器是否能够正常运行。

● **任务分析**

1. Samba 服务所需要的软件包

RHEL9 中与 Samba 服务有关的软件包有：

(1) Samba 主程序软件包：samba-4.17.5-102.el9.x86_64。

(2) Samba 客户端软件包：samba-client-4.17.5-102.el9.x86_64、samba-client-libs-4.17.5-102.el9.x86_64。

(3) Samba 通用工具和库文件软件包：samba-common-4.17.5-102.el9.noarch、samba-common-libs-4.17.5-102.el9.x86_64、samba-common-tools-4.17.5-102.el9.x86_64、samba-libs-4.17.5-102.el9.x86_64。

我们可以根据需要安装相应的软件包。主程序软件包是一定要安装的。

2. Samba 服务器的安全模式

RHEL9 中安装的 Samba 软件包为 Samba-4.17.5，在 Samba-4.x 以后版本中有 3 种安全模式，以适应不同的企业服务器需求。之前版本中的 share、server 模式在新版本中已经不再使用。

1) user 安全级别模式

客户端登录 Samba 服务器，需要提交合法账号和密码，经过服务器验证才可以访问共享资源，服务器默认为此级别模式。

为了区分不同的用户，需要添加 Samba 服务器的用户并进行身份验证。Samab 服务器中用户身份的验证通过 passdb backend 字段来设置，共有 3 种值：

(1) tdbsam：使用数据库文件 passdb.tdb 存储用户身份信息，是 Samba 服务器默认的身份验证方式。

(2) ldapsam：使用 LDAP(Light Directory Access Protocol，轻量级目录访问协议) 方式进行身份验证。

(3) smbpasswd：使用 smbpasswd 命令创建用户并将用户身份信息放在 smbpasswd 文件中。使用这种方式进行用户管理，所创建的 Samba 用户首先必须是 Linux 系统中的用户，可以创建 smbpasswd 文件，并将 Samba 用户放入该文件中。管理 Samba 用户账户的命令为：

【命令】smbpasswd [选项] <samba 用户名 >

【选项】-a：添加用户 (该用户必须是 Linux 系统用户)。

-d：冻结用户，使该用户暂时不能登录 Samba 服务器 (可以继续登录 Linux 系统)。

-e：恢复用户，使冻结的用户可以继续登录 Samba 服务器。

-x：删除用户，使该用户不能再登录 Samba 服务器 (可以继续登录 Linux 系统)。

2) domain 安全级别模式

如果 Samba 服务器加入 Windows 域环境中，验证工作将由 Windows 域控制器负责，domain 级别的 Samba 服务器只是成为域的成员客户端，并不具备服务器的特性。

3) ads 安全级别模式

当 Samba 服务器使用 ads 安全级别加入到 Windows 域环境中，其就具备了 domain 安全级别模式中所有的功能并具备域控制器的功能。

3. Samba 服务器配置文件的格式

RHEL9 中 Samba服务器的配置文件是 /etc/samba/smb.conf。

配置文件的结构如下：

1) 全局设置

[global] 标签是全局设置的起始，常用的设置字段有：

(1) workgroup：设置工作组名称。

(2) security：设置安全模式。

(3) interface：设置 Samba 服务器可以使用的网络接口。

(4) hosts allow：设置允许访问 Samba 服务器的 IP 或网段。

2) 共享设置

以 [homes] 标签开始表示用户家目录共享的设置，以 [printers] 标签开始表示用户共享打印机设置，以 [public] 标签开始表示公共目录共享设置，用户也可定义自己的共享标签设置自己的共享目录。常用的设置字段有：

(1) comment：设置对此共享的描述。

(2) path：设置共享目录的绝对路径。

(3) browseable：设置共享目录能否在网络中被看到。

(4) read only：设置共享目录是否只读。

(5) writable：设置共享目录是否可写，与 read only 是互斥的关系，二者选一个即可。

(6) valid users：设置能够访问该共享目录的用户或组。

(7) public：设置是否允许匿名共享。

▼ 任务实施

1. 查看系统中当前已经安装的 Samba 软件包

使用以下命令查看系统中当前已经安装的 Samba 软件包：

[root@rhel9-host ~]# rpm -qa|grep samba

如果主程序包没有安装，则需要安装主程序包。

2. 安装主程序包

使用以下命令安装主程序包：

[root@rhel9-host ~]# yum install -y samba

安装过程如图 5-17 和图 5-18 所示。

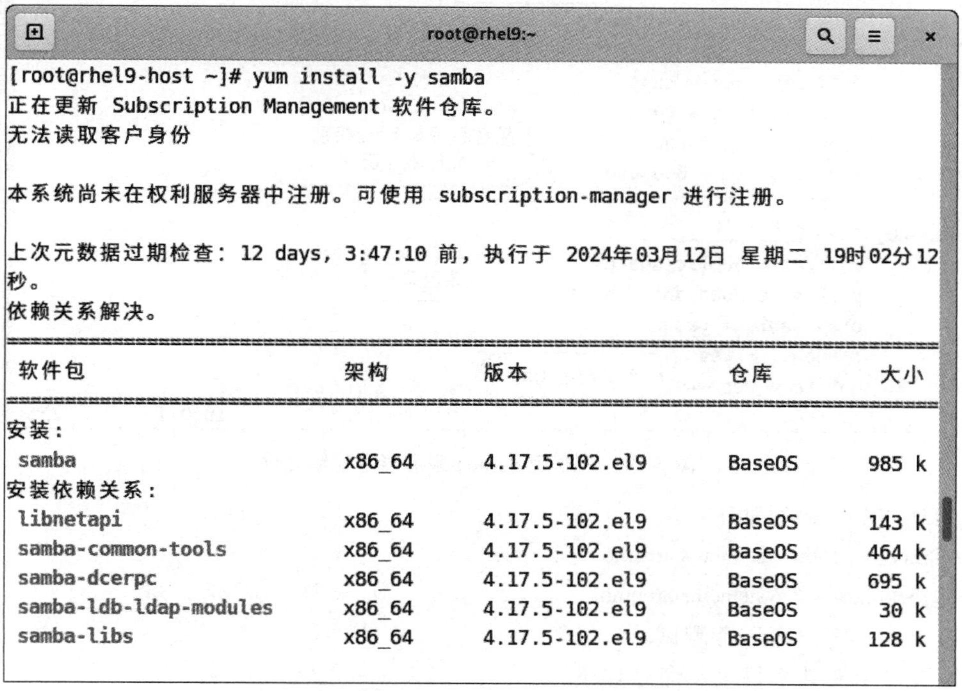

配置与管理
samba 服务器

图 5-17　Samba 主程序序包安装过程（一）

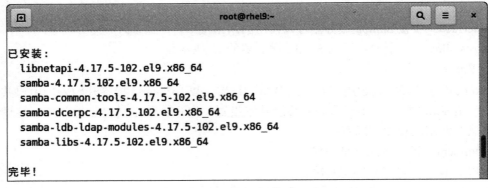

图 5-18　Samba 主程序包安装过程（二）

3. 配置共享级 Samba 服务器

(1) 创建共享目录 /companydata/share，并在其中创建共享文件 test.txt。命令如下：

```
[root@rhel9-host ~]# mkdir /companydata
[root@rhel9-host ~]# cd /companydata
[root@rhel9-host companydata]# mkdir share
[root@rhel9-host companydata]# cd share
[root@rhel9-host share]# echo "just a test.">>test.txt
```

(2) 修改 Samba 主配置文件 /etc/samba/smb.conf。命令如下：

```
[root@rhel9-host ~]# vim /etc/samba/smb.conf
```

配置文件内容如图 5-19 所示。

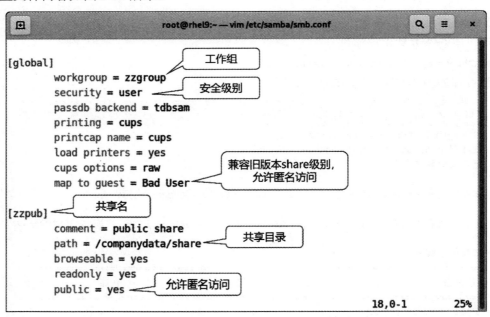

图 5-19　共享级 Samba 服务器主配置文件

(3) 启动服务。命令如下：

```
[root@rhel9-host ~]# systemctl start smb
[root@rhel9-host ~]# systemctl start nmb
```

(4) 在 Linux 客户端进行测试。

① 查看可用的共享目录。命令如下：

```
[root@rhel9-host ~]# smbclient -L 192.168.1.100
```

命令运行结果如图 5-20 所示。

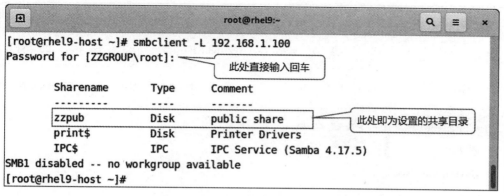

图 5-20　查看 Samba 服务器上可用的共享目录

② 访问共享目录。命令如下：

[root@rhel9-host ~]# smbclient //192.168.1.100/zzpub

命令运行结果如图 5-21 所示。

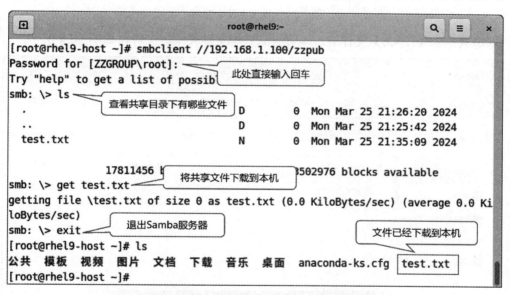

图 5-21　匿名登录 Samba 服务器并下载共享文件

(5) 在 Windows 客户端进行测试。

① 在【运行】窗口输入 Samba服务器的 IP 地址，单击【确定】按钮，如图 5-22 所示。

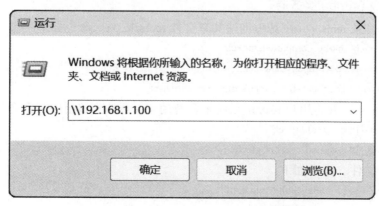

图 5-22　在【运行】窗口输入 Samba 服务器的 IP 地址

② 打开共享文件夹窗口，如图 5-23 所示。

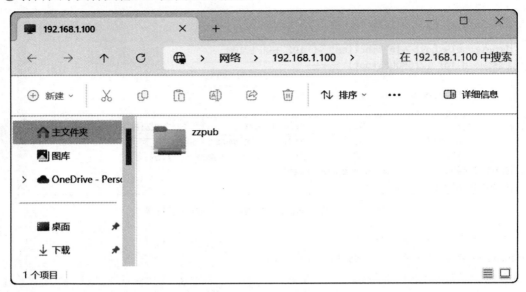

图 5-23　共享文件夹窗口

③ 双击其中的【zzpub】文件夹，即可看到共享文件夹中的文件，如图 5-24 所示。

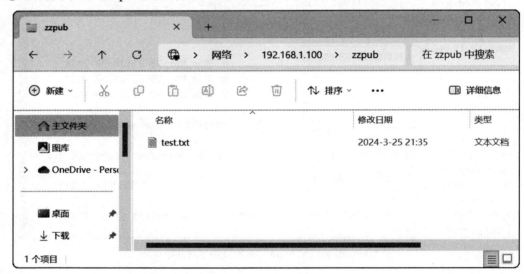

图 5-24　查看共享文件

4. 配置用户级 Samba 服务器

(1) 创建共享目录 tech，并在其中创建共享文件 techfile.txt。命令如下：

```
[root@rhel9-host ~]# mkdir /companydata/tech
[root@rhel9-host ~]# cd /companydata/tech
[root@rhel9-host tech]# echo "This is tech's file.">>techfile.txt
```

(2) 创建 gtech 组，并将用户 user1(系统中已有用户) 添加到该组中。命令如下：

```
[root@rhel9-host ~]# groupadd gtech
[root@rhel9-host ~]# gpasswd -a user1 gtech
```

(3) 修改配置文件。命令如下：

```
[root@rhel9-host ~]# vim /etc/samba/smb.conf
```

配置文件内容如图 5-25 所示。

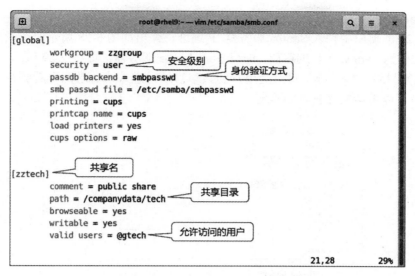

图 5-25 用户级 Samba 配置文件

(4) 将 user1 添加为 Samba 用户。命令如下：

[root@rhel9-host ~]# smbpasswd -a user1

命令执行结果如图 5-26 所示。

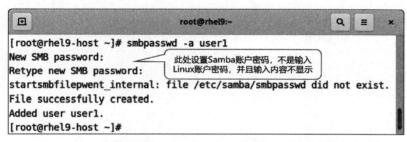

图 5-26 添加 Samba 用户

(5) 重启 Samba 服务。命令如下：

[root@rhel9-host ~]# systemctl restart smb

(6) 在 Linux 客户端测试。命令如下：

[root@rhel9-host ~]# smbclient //192.168.1.100/zztech -U user1

命令运行结果如图 5-27 所示。

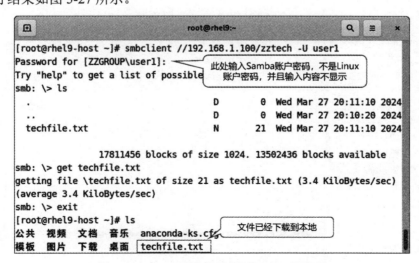

图 5-27 在 Linux 客户端测试 Samba 服务器

(7) 在 Windows 客户端测试。

在如图 5-22 的窗口中输入 Samba 服务器 IP 地址，弹出如图 5-28 所示的登录界面。用户名输入 user1，密码为 Samba 账户的密码，即可登录 Samba 服务器。如图 5-29 所示，其中"user1"目录是用户的家目录，"zztech"目录是用户的共享目录。进入该目录即可看到共享的文件，如图 5-30 所示，可以将该文件复制到本地。

图 5-28　Windows 客户端登录界面

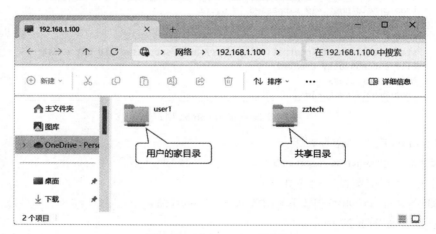

图 5-29　进入 Samba 服务器

图 5-30　进入共享目录

◎小贴士：如果想让用户向共享目录上传文件，不仅 Samba 配置文件的"writable"选项要设置为"yes"，还要设置目录本身的访问权限允许其他用户写入，否则用户还是不能向共享目录上传文件。

任务总结

在此任务中，我们配置了 Samba 服务器使用户可以匿名访问和具名访问，并在 Linux 客户端和 Windows 客户端进行了测试。

需要注意的是匿名访问并不是一种安全的访问形式，所以在 RHEL9 中，已经取消了原有的 share 安全级别，必须配合相关字段设置才可以实现。还要注意对允许匿名访问的目录的权限控制，尽量只允许读取，不允许写入，否则可能会带来更大的安全隐患。而使用用户名访问具有较高的安全性，可以允许用户不仅能够读取共享目录中的文件，还可以向共享目录中上传文件。

同步训练

(1) 检查当前系统中是否安装了 Samba 的软件包，如果没有，试安装此软件包。

(2) 配置共享目录 /companydata/myshare，共享名为 mypub，允许所有人匿名访问，分别在 Linux 客户端和 Windows 客户端进行访问测试。

(3) 公司销售部的资料存放在 Samba 服务器的 /Companydata/sales 目录下，共享名为 zzsales，并且该目录只允许销售部的员工 (同属于 gsales 组) 读写。试配置 Samba 服务器完成该功能，并分别在 Linux 客户端和 Windows 客户端进行测试。

任务三　配置与管理 FTP 服务器

任务提出

为方便公司内部信息的交流，需要一台 FTP 服务器实现公司内部文件的上传下载功能。本次任务需要完成 FTP 服务器的配置与管理，主要内容包括：

1. 安装 FTP 服务器软件包

查看系统中是否安装了 FTP 服务器需要的软件包，如果没有就进行安装。

2. 配置匿名访问 FTP 服务器

搭建一台 FTP 服务器，采用的 IP 地址为 192.168.1.100，允许部门员工匿名访问上传和下载文件。

3. 配置具名访问 FTP 服务器

将 FTP 服务器配置成需要用户名和密码登录才能访问的具名访问的形式。创建测试用户 user123，使其能登录并访问 FTP 服务器。

4. FTP 服务器访问控制

禁止用户 user111 访问 FTP 服务器，且所有用户都只能访问其家目录下的文件，不能访问家目录以外的文件。

任务分析

1. RHEL9 中的 FTP 服务软件

FTP 可以通过很多软件实现，Linux 中最常用的 FTP 服务软件是 vsftpd。vsftpd 是一个基于 GPL 发布的 FTP 服务软件。其中的 vs 是 "Very Secure" 的缩写，从名称缩写就可以看出，该软件设计的初衷就是服务的安全性。

RHEL9 中的 vsftpd 主程序软件包是 vsftpd-3.0.5-4.el9.x86_64，我们需要安装此软件包。

2. 配置用户匿名访问 FTP 服务器

vsftpd 服务器的配置文件为 /etc/vsftpd/vsftpd.conf。与匿名访问有关的常用配置选项有：

(1) anonymous_enable：该项设置为 yes 时，表示启用匿名访问。

(2) anon_mkdir_write_enable：该项设置为 yes 时，表示匿名用户可以在一个具备写权限的目录中创建新目录。

(3) anon_upload_enable：该项设置为 yes 时，表示匿名用户可以向具备写权限的目录中上传文件。

所谓匿名访问，并不是不需要用户名，而是所有用户共用同一个用户名，该用户名为 ftp 或 anonymous。

匿名访问默认使用的目录是 /var/ftp/pub。

3. 配置用户具名访问 FTP 服务器

在 vsftpd 中只要将匿名访问的功能关闭，具名访问的功能就开启了。

用户用自己的账户登录 FTP 服务器后，会直接进入自己的家目录，在自己家目录中上传的文件不会被其他用户删除。

4. 用户登录限制

在 vsftpd 配置文件中，用 userlist_enable 和 userlist_deny 两个选项控制用户登录 FTP 服务器。当 userlist_enable=YES 时，userlist_deny 的设置才生效。并使用 userlist_file 选项所定义的 /etc/vsftpd/user_list 文件来控制用户的登录访问。当 userlist_deny=YES 时，user_list 文件中列出的用户都不能登录 vsftpd 服务器；当 userlist_deny=NO 时，只有 user_list 文件中列出的用户才能登录 vsftpd 服务器。

5. 用户访问目录限制

如果不限制用户登录 FTP 服务器后可访问的目录，用户很可能进入系统其他目录，从而暴露了整个文件系统的结构。因此，必须限制用户只能访问其家目录以下的目录，不能进入家目录之外的目录。

配置文件中 chroot_local_user 和 chroot_list_enable 选项可以实现限制用户只能访问其家目录以下目录的功能。

当 chroot_local_user=YES 时，启用"限制用户只能访问其家目录下的目录"功能。此时当 chroot_list_enable=YES时，不在 chroot_list_file 选项定义的文件 /etc/vsftpd/chroot_list 中列出的用户都可以启用该功能，而在此文件中的用户不可以启用该功能。当 chroot_list_enable=NO 时，在 chroot_list 文件中列出的用户都可以启用该功能，而不在此文件中的用户不可以启用该功能。

配置与管理
FTP 服务器

1. 安装 vsftpd 软件包

使用以下命令安装 vsftpd 软件包：

[root@rhel9-host ~]# yum install -y vsftpd

命令运行结果如图 5-31 和图 5-32 所示。

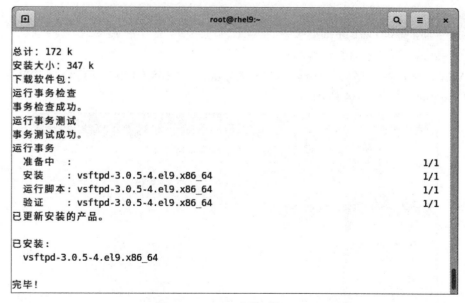

```
[root@rhel9-host ~]# yum install -y vsftpd
正在更新 Subscription Management 软件仓库。
无法读取客户身份

本系统尚未在权利服务器中注册。可使用 subscription-manager 进行注册。

上次元数据过期检查：23 days, 14:22:33 前，执行于 2024年03月12日 星期二 19时02分12
秒。
依赖关系解决。

软件包          架构         版本              仓库          大小

安装：
 vsftpd        x86_64      3.0.5-4.el9       AppStream     172 k

事务概要

安装  1 软件包
```

图 5-31　vsftpd 安装过程（一）

```
总计：172 k
安装大小：347 k
下载软件包：
运行事务检查
事务检查成功。
运行事务测试
事务测试成功。
运行事务
  准备中  :                                              1/1
  安装    : vsftpd-3.0.5-4.el9.x86_64                    1/1
  运行脚本: vsftpd-3.0.5-4.el9.x86_64                    1/1
  验证    : vsftpd-3.0.5-4.el9.x86_64                    1/1
已更新安装的产品。

已安装：
  vsftpd-3.0.5-4.el9.x86_64

完毕！
```

图 5-32　vsftpd 安装过程（二）

2.配置匿名访问 FTP 服务器

(1) 修改配置文件。命令如下：

[root@rhel9-host ~]# vim /etc/vsftpd/vsftpd.conf

配置文件的部分内容如图 5-33 所示。

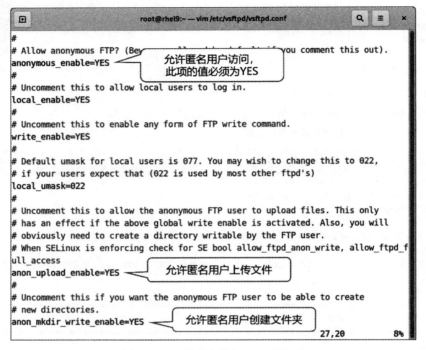

图 5-33　配置匿名访问 FTP 服务器

(2) 启动 vsftpd 服务。命令如下：

```
[root@rhel9-host ~]# systemctl start vsftpd
```

(3) 在 Windows 客户端测试。命令如下：

所有匿名用户默认使用 /var/ftp/pub 目录存放文件。我们在此目录中创建一个测试文件，用于文件下载测试。

```
[root@rhel9-host ~]# cd /var/ftp/pub
[root@rhel9-host pub]# touch ftp_test.txt
```

① 在 Windows 图形界面客户端测试。

打开 Windows 资源管理器，在地址栏中输入 ftp://192.168.1.100，即可登录 FTP 服务器，看到共享文件夹 pub，如图 5-34 所示。

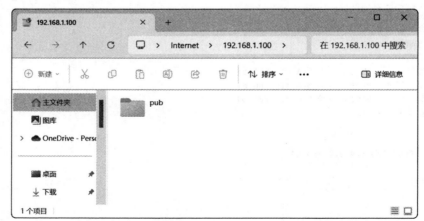

图 5-34　在资源管理器中匿名登录 FTP 服务器

打开 pub 文件夹，可以看到之前创建的 ftp_test.txt 文件。用鼠标右键单击该文件，在弹出的快捷菜单中选择【复制到文件夹】选项，即可把文件存放到本地文件夹中，实现文件的下载，如

图 5-35 所示。

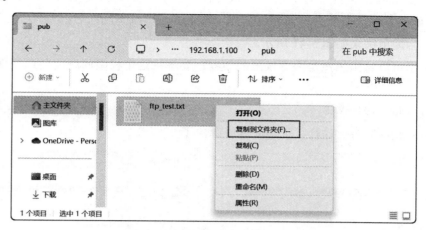

图 5-35　从 FTP 服务器下载文件

但是，当将本地文件拖拽或复制到 pub 文件夹时，会弹出如图 5-36 所示的错误提示。当在 pub 文件夹中新建文件夹时，会弹出如图 5-37 所示的错误提示。根据错误提示，可以看出是因为权限的问题。

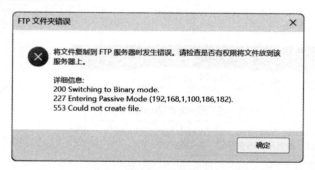

图 5-36　向 FTP 服务器匿名上传文件错误提示

图 5-37　在 FTP 服务器匿名创建文件夹错误提示

回到 Linux 服务器上查看 /var/ftp/pub 目录的权限，如图 5-38 所示。

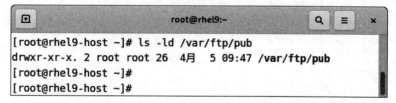

图 5-38　查看 /var/ftp/pub 的权限

向 pub 目录上传文件或创建目录，都需要有对该目录"写"的权限。而该目录除了文件主有"写"的权限外，其他用户并没有"写"的权限。因此，可以把该目录的文件主变为匿名用户 ftp，这样匿名用户作为文件主拥有了"写"的权限，如图 5-39 所示。此时再向 pub 文件夹上传文件或创建文件夹，已经没有问题了。

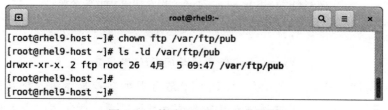

图 5-39　修改 /var/ftp/pub 的权限

✎ 当在 FTP 服务器上创建文件夹时，默认文件夹的名字是"新文件夹"（以 Windows 10/11 系统为例），如果想修改文件夹的名字，会提示错误如图 5-40 所示。当要删除已经存在的文件或文件夹时，会提示错误如图 5-41 所示。

从错误提示可以看出仍然是因为权限的问题。要解决这个权限问题需要在配置文件中添加一行：

```
anon_other_write_enable=YES
```

然后重启 vsftpd 服务。这样，上述问题就解决了。

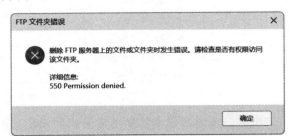

图 5-40　重命名 FTP 服务器的文件或文件夹时错误提示　图 5-41　删除 FTP 服务器的文件或文件夹时错误提示

② 在 Windows 命令行测试。

在 Windows 命令行的测试过程如图 5-42 所示。

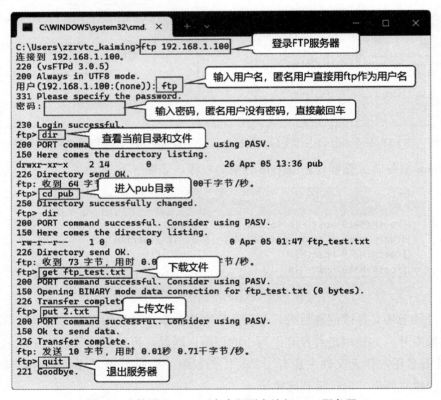

图 5-42　使用 Windows 命令行匿名访问 FTP 服务器

 知识链接

Windows 命令行访问 FTP 服务器

在 Windows 命令行中使用交互命令测试 FTP 服务器的功能是运维人员常用的手段。交互命令行可以给出操作的提示，方便运维人员在测试时发现问题，所使用的命令如表 5-2 所示。

表 5-2 Windows 命令行访问 FTP 服务器的命令

功　能	命　　令	说　　明
登录	ftp ftp>open FTP 服务器 IP 地址或域名	先在命令行输入 ftp 命令，进入 ftp 命令行后再输入 open 语句
	ftp FTP 服务器 IP 地址或域名	在命令行输入 ftp 命令后接 FTP 服务器 IP 地址或域名
查看 FTP 服务器上的文件	ls 目录名	只显示目录中的文件名
	dir 目录名	显示目录中文件的详细信息
改变目录	cd 目录名	进入到相应目录
下载文件	get 文件名 [下载到本地的文件名]	如果不指定下载到本地的文件名，则默认使用 FTP 服务器上原有的文件名
上传文件	put 本地文件 [上传到 FTP 服务器的文件名]	如果不指定上传到 FTP 服务器的文件名，则默认使用本地文件名
改变当前文件夹	lcd 文件夹名	登录 FTP 服务器时所在的文件夹称为"当前文件夹"。默认情况下用户下载的文件会放到当前文件夹，上传文件时也会从当前文件夹选择文件。如果要改变当前文件夹，可以使用 lcd 命令
查看当前文件夹	pwd	可以显示当前文件夹的绝对路径
结束 FTP 会话并退出	bye	
	quit	

3. 配置具名访问 FTP 服务器

(1) 修改配置文件，关闭匿名访问功能，如图 5-43 所示。

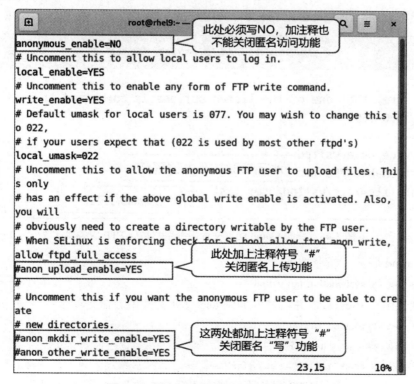

图 5-43 关闭 FTP 服务器匿名访问功能

(2) 创建登录 FTP 服务器的账户。命令如下：

```
[root@rhel9-host ~]# useradd user123
[root@rhel9-host ~]# passwd user123
```

(3) 重启 vsftpd 服务。命令如下：

```
[root@rhel9-host ~]# systemctl restart vsftpd
```

(4) 在 Windows 命令行客户端进行测试，如图 5-44 所示。

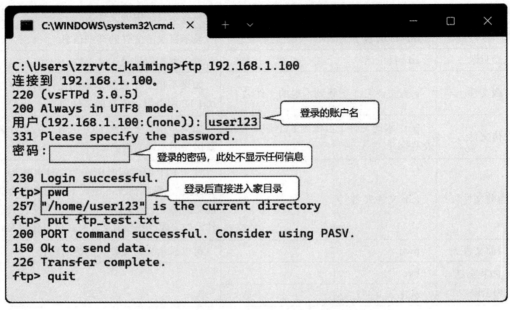

图 5-44　使用 Windows 命令行具名访问 FTP 服务器

4. 限制用户登录

(1) 修改配置文件，使加入 user_list 文件的用户都不能访问 FTP 服务器，如图 5-45 所示。

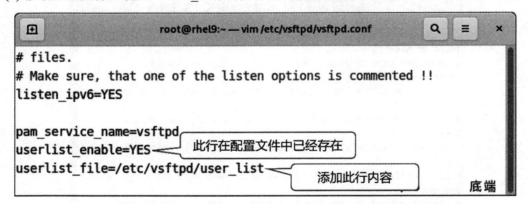

图 5-45　修改 vsftpd 配置文件限制用户访问 FTP 服务器

(2) 重启 vsftpd 服务。命令如下：

```
[root@rhel9-host ~]# systemctl restart vsftpd
```

(3) 创建测试用户 user111，并将其添加到 user_list 文件中。命令如下：

```
[root@rhel9-host ~]# useradd user111
[root@rhel9-host ~]# passwd user111
[root@rhel9-host ~]# echo "user111">>/etc/vsftpd/user_list
```

(4) 使用账户 user111 登录 FTP 服务器，显示"登录失败"，如图 5-46 所示。

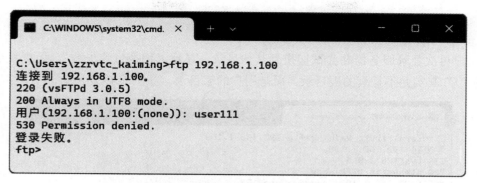

图 5-46　被限制登录的用户登录失败

5. 限制用户访问家目录以外的目录

(1) 未设置限制访问目录之前用户登录 FTP 服务器后，可以通过切换目录进入到任何目录中，如图 5-47 所示。

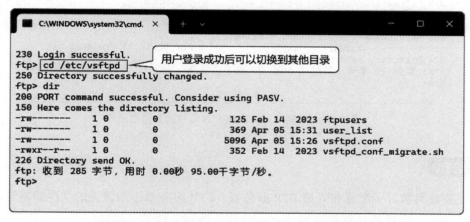

图 5-47　未设置限制访问目录之前用户可以随意切换目录

(2) 修改配置文件限制用户只能访问家目录下的目录，如图 5-48 所示。

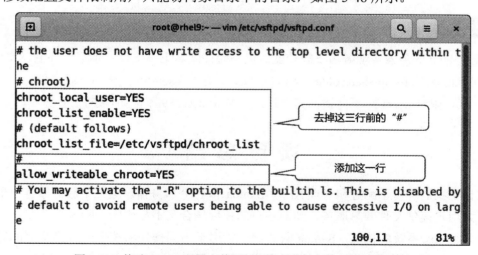

图 5-48　修改 vsftpd 配置文件限制用户只能访问家目录下的目录

(3) 创建 chroot_list 文件。命令如下：

[root@rhel9-host ~]# touch /etc/vsftpd/chroot_list

◎小贴士：如果没有特殊用户，所有用户都应该不在 chroot_list 文件中，该文件应该是个空文件。需要注意的是这个文件必须存在，否则启动服务时会报错。

(4) 重启 vsftpd 服务。命令如下：

[root@rhel9-host ~]# systemctl restart vsftpd

(5) 用户再次登录服务器并尝试切换到其他目录，显示"切换目录失败"，而查看当前目录所显示的"/"其实并不是真的根目录，而是用户的家目录。如图 5-49 所示。

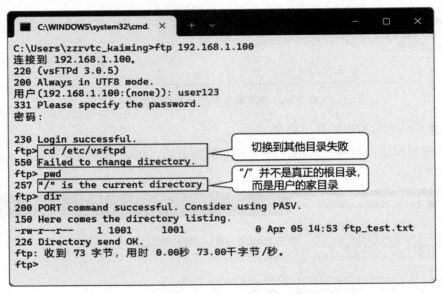

图 5-49　限制用户访问除家目录外的其他目录

任务总结

本次任务我们学习了配置和管理 FTP 服务器。FTP 服务器作为常见的文件服务器，被广泛应用于文件共享、服务器文件管理等场合。当然，遇到文件共享就难免会有文件安全的问题，合理利用 FTP 服务器的访问控制功能，有助于用户文件共享的安全性。

同步训练

(1) 配置 FTP 服务器实现匿名下载功能，但不允许匿名上传文件，也不允许创建文件夹。

(2) 创建目录 /var/tmp/sharefolder，该目录仅允许用户 user456 上传和下载文件。

(3) 尝试仅限制 user123 不能访问其他目录。禁止 user789 不能访问 FTP 服务器。

项 目 总 结

本项目中我们学习了配置和管理 NFS、Samba 和 FTP 服务器。这三个服务器有一个共同特点，就是为用户提供文件共享服务，然而各自的使用场合又不尽相同。NFS 服务器一般适用于客户端也是 Linux 系统的情况，Samba 服务器一般用于不同操作系统之间共享文件的场合，而 FTP 服务器的使用范围最广，适用于各种操作系统、各种文件共享的场合，一般情况下还允许用户上传文件。例如一些 Web 网站的网页需要定期更新，就在 Web 服务器上同时配置 FTP 服务器，并把网站的网页文件夹作为共享文件夹，这样网站管理员在更新网页时，就可以利用 FTP 服务器的文件上传功能来实现。用好这些文件服务器，可以方便用户之间的文件交流和共享，大大提高工作效率。

项 目 训 练

一、选择题

1. 下面 _____ 不是 Samba 所使用的端口。

A. 135　　　　　　　　　　　B. 137

C. 138　　　　　　　　　　　D. 139

2. 要添加一个 Samba 用户账户所使用的命令是 _____。

A. smbpasswd -a　　　　　　　B. smbpasswd -c

C. smbpasswd -d　　　　　　　D. smbpasswd -e

3. 在 Linux 客户端访问 Samba 服务器所使用的命令是 _____。

A. smbuser　　　　　　　　　B. smbclient

C. smb　　　　　　　　　　　D. telnet

4. 客户端在向 FTP 服务器发起连接请求时，会连接 FTP 服务器的 _____ 号端口。

A. 21　　　　　　　　　　　B. 22

C. 23　　　　　　　　　　　D. 24

5. 要使匿名用户具备上传文件功能，需要设置 _____。

A. anon_upload_enable=YES　　B. chroot_local_user=YES

C. chroot_list_enable=YES　　　D. allow_writeable_chroot=YES

6. 匿名用户登录 FTP 服务器后默认的目录是 _____。

A. /home/username　　　　　　B. 根目录

C. /var/ftp/pub　　　　　　　D. /var/ftp

7. 要限制用户不能进入家目录外的其他目录，下面说法不正确的是 _____。

A. 当 chroot_local_user=YES，chroot_list_enable=YES 时，设置 chroot_list_file=/etc/vsftpd/chroot_list，则所有不在 chroot_list 中的用户都不能进入家目录外的其他目录

B. 当 chroot_local_user=YES，chroot_list_enable=YES 时，设置 chroot_list_file=/etc/vsftpd/chroot_list，则所有在 chroot_list 中的用户都不能进入家目录外的其他目录

C. 当 chroot_local_user=NO，chroot_list_enable=YES 时，设置 chroot_list_file=/etc/vsftpd/chroot_list，则所有在 chroot_list 中的用户都不能进入家目录外的其他目录

D. 当 chroot_local_user=NO，chroot_list_enable=NO 时，设置 chroot_list_file=/etc/vsftpd/chroot_list，则所有不在 chroot_list 中的用户都不能进入家目录外的其他目录

8. 要限制用户不能登录 FTP 服务器，下面说法不正确的是 _____。

A. 当 userlist_enable=YES，userlist_deny=YES 时，设置 userlist_file=/etc/vsftpd/user_list，则 user_list 中列出的用户都不能登录 FTP 服务器

B. 当 userlist_enable=YES，userlist_deny=NO 时，设置 userlist_file=/etc/vsftpd/user_list，则 user_list 中列出的用户才能登录 FTP 服务器

C. 当 userlist_enable=YES，userlist_deny=YES 时，设置 userlist_file=/etc/vsftpd/user_list，则 user_list 中列出的用户才能登录 FTP 服务器

D. userlist_deny=YES 是默认选项

二、填空题

1. Samba4.x 以后版本中有 3 种安全模式，分别是 _____、_____ 和 _____。

2. Samba 的核心是两个守护进程：_____ 和 _____，其中后者主要负责 NetBIOS 名称解析。

3. Samba 服务器的配置文件是 _____。

4. 在 Samba 配置文件中 path 字段代表 _____，public 字段代表 _____，readonly 字段代表 _____。

5. FTP 服务有两种工作模式：_____ 和 _____。其中后者在进行数据传输时服务器会使用大于 1024 的端口。

6. vsftpd 服务器的配置文件是 _____。

7. 要解决匿名用户创建文件夹后可以修改文件夹名的问题，需要设置 _____。

8. 匿名用户登录 FTP 服务器的用户名是 _____。

9. 查看 NFS 服务器上共享目录的清单的命令是 _____。

10. NFS 服务器的配置文件是 _____。

三、实践操作题

1. 配置一台 NFS 服务器，具体要求如下：

创建共享目录 /XXXNFSshare(XXX 为自己名字拼音的缩写)，允许所有主机访问，并且仅有读的权限，客户端上的任何用户在访问时都映射成 nobody 用户，并在开机即挂载该目录。

2. 配置一台 Samba 服务器，具体要求如下：

(1) 工作组名为 sambashare。

(2) 该 Samba 服务器只允许 192.168.0.0/24 网段的用户访问，且 IP 为 192.168.0.100 的主机不能访问。

(3) 创建共享名为 xxxshare 的共享，共享目录为 /xxx(xxx 为自己名字拼音的缩写)。

(4) 该共享目录允许用户写操作，但只允许 boss 账户和 master 组的用户访问。

根据以上要求配置 Samba 服务器，并进行测试验证。

3. 配置一台 FTP 服务器，具体要求如下：

(1) 不允许匿名用户访问。

(2) 所有登录用户仅允许访问 /ALLFTP 目录及其下面的目录，不允许访问其他目录。

(3) 对 /ALLFTP 目录只允许下载文件，不允许上传文件。

项目 6

DNS 服务器配置与管理

项目描述

　　某公司申请了域名 zzrvtc.com。为了方便公司局域网中的计算机可以简单快捷地访问本地网络及 Internet 上的资源，需要在公司局域网中架设 DNS 服务器。
　　本项目就来完成 DNS 服务器的配置与管理。

学习目标

　　(1) 了解 DNS 服务器的功能。
　　(2) 掌握基本 DNS 服务器的安装与配置方法。
　　(3) 掌握辅助 DNS 服务器的配置方法。
　　(4) 掌握转发 DNS 服务器和唯缓存 DNS 服务器的配置方法。

思政目标

　　(1) 树立正确的网络安全观，积极推动网络空间命运共同体建设。
　　(2) 培养互帮互助、团结协作的职业精神。

预备知识　认识 DNS 服务器

1. 域名空间

　　网络中为了区别不同主机，必须为每台主机分配一个唯一的地址，这个地址即 "IP 地址"。IP 地址为一连串的数字，难以记忆，所以我们一般采用 "主机名" 的方式来代替 IP 地址。当某台主机要与其他主机通信时，可以将 "主机名" 转换为 IP 地址后再进行通信。负责将主机名与 IP 地址进行转换的服务器即 DNS(Domain Name Service，域名服务) 服务器。
　　DNS 是 Internet 和局域网中最基础也是非常重要的一项服务，它提供了网络访问中域名和 IP 地址相互转换的功能。
　　在 DNS 中，主机命名是以层次的逻辑结构进行组织的，如同一棵倒置的树，如图 6-1 所示。树的最大深度不超过 127 层，树中每个节点最多可以存储 63 个字符。整棵树构成了 Internet 的域名空间。

Internet 域名空间的最顶层是根域，记录着 Internet 的重要 DNS 信息，由 Internet 域名注册授权机构管理，该机构把域名空间各部分的管理责任分配给连接到 Internet 的各个组织。

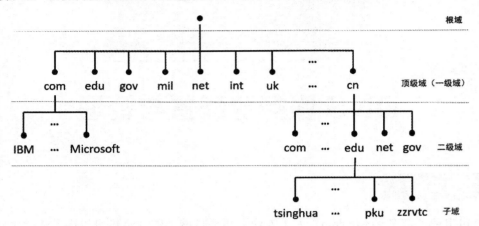

图 6-1　层次型域名结构

根域下面是顶级域，也由 Internet 域名注册授权机构管理。顶级域有 3 种类型。

(1) 组织域：采用 3 个字符的代号，表示 DNS 域中所包含的组织的主要功能或活动，如 com 为商业机构组织，edu 为教育机构组织，gov 为政府机构组织，mil 为军事机构组织，net 为网络机构组织，org 为非营利机构组织，int 为国际机构组织。

(2) 地址域：采用 2 个字符的国家或地区代号，如 cn 为中国，uk 为英国。

(3) 反向域：这是个特殊域，名字为 in-addr.arpa，用于将 IP 地址映射到名字 (反向查询)。

对于顶级域的下级域，Internet 域名注册授权机构将其授权给 Internet 的各种组织，当一个组织获得了对域名空间某一部分的授权后，该组织就负责命名所分配的域及其子域，包括域中的计算机和其他设备，并管理分配的域中主机名与 IP 地址的映射信息。

组成 DNS 系统的核心是 DNS 服务器，它为连接局域网和 Internet 的用户提供 DNS 服务，包括维护 DNS 名字数据库以及处理 DNS 客户端对主机名的查询请求。DNS 服务器保存了包含主机名和相应 IP 地址的数据库。DNS 的数据库是一个分布式数据库，即不同的机器上存储着 DNS 的不同部分。我们要创建的 DNS 服务器只存储我们所能管理的那部分 DNS 信息。

一个网络的域名形式为"子域名 . 二级域名 . 顶级域名"。在这个域中，计算机的完整名称形式为"计算机名 . 子域名 . 二级域名 . 顶级域名"，这样的一个计算机名被称为 FQDN(Fully Qualified Domain Name，完全限定域名)。

域名空间是全球共享的数据库，任何团体和个人都无权去破坏它。历史上曾多次出现因顶级域名服务器遭受黑客攻击而导致全球用户使用互联网受到严重影响的网络安全事件。因此，全世界各国应该团结起来，携手构建"网络空间命运共同体"。习近平总书记指出，"网络空间是人类共同的活动空间，网络空间前途命运应由世界各国共同掌握。"各国应该加强沟通、扩大共识、深化合作，共同构建网络空间命运共同体。

2. DNS 服务器的分类

1) 主 DNS服务器 (Master/Primary DNS Server)

主 DNS 服务器负责维护所管辖域的域名服务信息。它从域管理员构造的本地磁盘文件中加载域信息，该文件包含着该服务器具有管理权的一部分域结构的最精确信息。配置主 DNS 服务器需要一整套的配置文件，包括主配置文件 (即 /etc 目录下的 named.conf 文件)、正向域的区域文件、反向域的区域文件、高速缓存初始化文件 (即 /var/named 目录下的 named.ca 文件) 和回送文件 (即 /var/named 目录下的 named.local 文件)。

2) 辅助 DNS 服务器 (Slave/Secondary DNS Server)

辅助 DNS 服务器用于分担主 DNS 服务器的查询负载。它的区域文件是从主服务器中转移出来的，并作为本地文件存储在服务器中。这种转移称为"区域传输"。通过区域传输，在辅助 DNS 服务器中就有一个所有域信息的完整复制，可以权威地回答对该域的查询请求。配置辅助 DNS 服务器不需要生成本地区域文件，因为可以通过区域传输从主服务器获取该区域文件。因此只需配置主配置文件、高速缓存初始化文件和回送文件就可以了。

3) 转发 DNS 服务器 (Forwarding DNS Server)

转发 DNS 服务器可以向其他 DNS 服务器转发解析请求。当 DNS 服务器收到客户端的解析请求后，它首先会尝试从其本地数据库中查找，若未能找到，则向其他指定的 DNS 服务器转发解析请求；其他 DNS 服务器完成解析后会返回解析结果，转发 DNS 服务器将该解析结果缓存在自己的 DNS 缓存中，并向客户端返回解析结果。在缓存期内，如果客户端请求解析相同的域名，则转发 DNS 服务器会立即回应客户端；否则，会再次发生转发解析的过程。

目前网络中所有的 DNS 服务器均被配置为转发 DNS 服务器，向指定的其他 DNS 服务器或根域服务器转发自己无法完成的解析请求。

4) 唯缓存 DNS 服务器 (Caching-only DNS Server)

唯缓存 DNS服务器是一种特殊的转发 DNS 服务器。它在本地不存储任何数据，通过查询其他 DNS 服务器获得的信息为客户端的信息查询提供服务。唯缓存 DNS 服务器不是权威性的服务器，因为它提供的所有信息都是通过查询其他 DNS 服务器获得的间接信息。

3. DNS 查询模式

DNS 查询模式有以下两种。

(1) 递归查询：当收到 DNS客户端的查询请求后，DNS 服务器在自己的缓存或区域数据库中查找；如果 DNS 服务器本地没有存储查询的 DNS 信息，则该服务器会询问其他服务器，并将返回的查询结果提交给客户端。

(2) 转寄查询 (又称迭代查询)：当收到 DNS客户端的查询请求后，如果在 DNS 服务器中没有查到所需数据，则该 DNS 服务器会告诉 DNS 客户端另外一台 DNS 服务器的 IP 地址，然后由 DNS 客户端自行向此 DNS 服务器查询，以此类推，直到查到所需数据为止；如果到最后没有在任何一台 DNS 服务器上查到所需数据，则通知 DNS 客户端查询失败。"转寄"的意思就是，若在某地查不到，该地就会告诉你其他地方的地址，让你转到其他地方去查。一般在 DNS 服务器之间的查询请求便属于转寄查询 (DNS 服务器也可以充当 DNS 客户端的角色)。

4. 域名解析过程

域名解析过程如下：

(1) 客户端提交域名解析请求，将该请求发送给本地的 DNS 服务器。

(2) 本地的 DNS 服务器收到请求后，先查询本地的缓存。如果有查询的 DNS 信息记录，则直接返回查询的结果；如果没有记录，则本地 DNS 服务器会把请求发给根 DNS 服务器。

(3) 根 DNS 服务器返回给本地 DNS 服务器一个所查询域的顶级 DNS 服务器的地址。

(4) 本地服务器向返回的顶级 DNS 服务器发送请求。

(5) 接收到该查询请求的顶级 DNS 服务器查询其缓存和记录，如果有相关信息，则返回查询结果，否则通知本地 DNS 服务器它的下级 DNS 服务器的地址。

(6) 本地 DNS 服务器将查询请求发送给返回的下级 DNS 服务器。

(7) 下级 DNS 服务器返回查询结果 (如果该 DNS 服务器不包含查询的 DNS 信息，则查询过程将重复步骤 (6)、(7)，直到返回解析信息或解析失败的回应)。

(8) 本地 DNS 服务器将返回的结果保存到本地缓存，并且将结果返回给客户端。

DNS 域名解析的工作过程示例如图 6-2 所示。

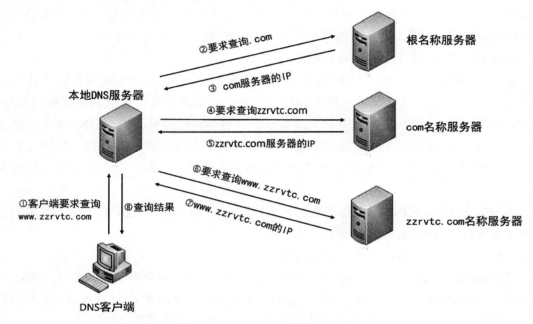

图 6-2　DNS 域名解析的工作过程

 课程思政

DNS 服务器有各种类型，它们各司其职，相互配合，共同完成域名解析工作。其实，任何一项工作的完成，都离不开团队成员的互帮互助、团结协作。俗话说："一个篱笆三个桩，一个好汉三个帮""众人拾柴火焰高"。在现代职场中，团结协作是一切事业成功的基础，只有团队成员凝心聚力、团结协作，才能更快更好地实现团队的奋斗目标。

5. DNS 解析相关概念

1) 正向解析与反向解析

(1) 正向解析：域名到 IP 地址的解析过程。

(2) 反向解析 (也叫逆向解析)：IP 地址到域名的解析过程。反向解析的作用是为了验证服务器的身份。

2) 资源记录

为了将域名解析为 IP 地址，服务器会查询它们的区域文件 (又叫 DNS 数据库文件或简单数据库文件)。区域文件中包含组成相关 DNS 域资源信息的资源记录 (Resource Record，RR)。常用的资源记录有以下几种。

(1) SOA 资源记录：每个区域文件的开始处都包含了一个起始授权记录 (Start of Authority Record)，简称 SOA 记录。SOA 定义了域的全局参数，可进行整个域的管理设置。一个区域文件只允许存在唯一的 SOA 记录。

(2) NS 资源记录：即名称服务器 (Name Server) 资源记录，表示 SOA 资源记录中指定的该区域的主和辅助服务器，也表示任何授权区域的服务器。每个区域至少包含一个 NS 记录。

(3) A 资源记录：即地址 (Address) 资源记录，负责把 FQDN 映射到 IP 地址，以便解析器能查询 FQDN 对应的 IP 地址。

(4) PTR资源记录：即指针 (Pointer) 资源记录，与 A 记录正好相反，它负责把 IP 地址映射到 FQDN。

(5) CNAME 资源记录：即规范名字资源记录，用于创建特定 FQDN 的别名。用户可以使用 CNAME 记录来隐藏用户网络的实现细节，使连接的客户端无法通过域名知道网络的逻辑结构。

(6) MX 资源记录：即邮件交换资源记录，为 DNS 域名指定邮件交换服务器。邮件交换服务器是处理或转发邮件的主机。

3) hosts 文件

hosts 文件是 Linux 系统中一个负责 IP 地址与域名快速解析的文件，以 ASCII 格式保存在 /etc 目录下。hosts 文件包含了 IP 地址和主机名之间的映射信息，还包括主机名的别名。在没有 DNS 服务器的情况下，系统的所有网络程序都通过查询该文件来解析对应于某个主机名的 IP 地址。通常将常用的域名和 IP 地址映射信息加入到 hosts 文件中，从而实现快速方便的访问。hosts 文件的格式如下：

IP 地址　主机名 / 域名　[别名]

任务一　安装 DNS 服务器

▼ 任务提出

要想使 DNS 服务器顺利运行，首先要安装好需要的软件包。本次任务主要是安装 DNS 服务器所需要的软件包。

▼ 任务分析

Linux 架设 DNS 服务器通常使用 Bind(Berkeley Internet Name Domain) 程序来实现。Bind 原是美国 DARPA 资助伯克利 (Berkeley) 大学开设的一个研究生课题，后来经过发展，成为世界上使用最广泛的 DNS 服务器软件，全球 70% 的大型 DNS 服务器都基于 Bind。Bind 主要有三个版本：Bind4、Bind8、Bind9。

RHEL9 中的 Bind 主程序软件包是 bind-32:9.16.23-11.el9.x86_64，我们需要安装此软件包。

▼ 任务实施

1. 查看系统中是否已经安装了 Bind 软件包

使用以下命令查看系统中是否已经安装了 Bind 软件包：

安装 DNS 服务器

> [root@rhel9-host ~]# rpm　–qa|grep bind

如果没有安装，则需要安装主程序包。

2. 安装主程序包

安装主程序包的命令如下：

[root@rhel9-host ~]# yum　install -y bind

安装过程如图 6-3 至图 6-5 所示。

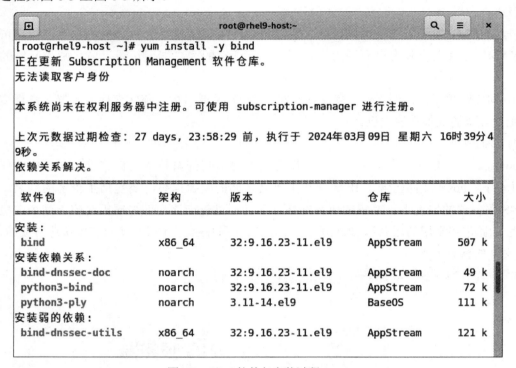

图 6-3　Bind 软件包安装过程（一）

```
┌─────────────────────────────────────────────────────────────┐
│ ⊞                    root@rhel9-host:~              Q  ≡  ×   │
│                                                              │
│ 事务概要                                                       │
│ ─────────────────────────────────────────────────────────── │
│ 安装  5 软件包                                                 │
│                                                              │
│ 总计：859 k                                                   │
│ 安装大小：2.5 M                                               │
│ 下载软件包：                                                   │
│ 运行事务检查                                                   │
│ 事务检查成功。                                                 │
│ 运行事务测试                                                   │
│ 事务测试成功。                                                 │
│ 运行事务                                                      │
│   准备中  :                                            1/1    │
│   安装    : bind-dnssec-doc-32:9.16.23-11.el9.noarch   1/5    │
│   安装    : python3-ply-3.11-14.el9.noarch             2/5    │
│   安装    : python3-bind-32:9.16.23-11.el9.noarch      3/5    │
│   安装    : bind-dnssec-utils-32:9.16.23-11.el9.x86_64 4/5    │
│   运行脚本: bind-32:9.16.23-11.el9.x86_64              5/5    │
│   安装    : bind-32:9.16.23-11.el9.x86_64              5/5    │
│   运行脚本: bind-32:9.16.23-11.el9.x86_64              5/5    │
└─────────────────────────────────────────────────────────────┘
```

图 6-4　Bind 软件包安装过程（二）

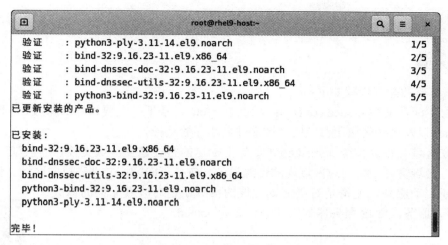

图 6-5　Bind 软件包安装过程（三）

3. 再次查看软件包安装情况

使用以下命令再次查看软件包安装情况：

[root@rhel9-host ~]# rpm -qa|grep bind

运行结果如图 6-6 所示。

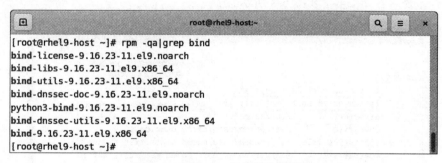

图 6-6　查看 Bind 软件包安装情况

▼ 任务总结

本次任务主要完成了 DNS 服务器软件包的安装。由于有前期 YUM 配置的基础，我们需要安装哪些软件，直接使用 YUM 安装即可。

▼ 同步训练

检查当前系统中是否安装了 Bind 软件包，如果没有，则安装此软件包。

任务二　配置主 DNS 服务器

▼ 任务提出

公司申请了域名 zzrvtc.com，DNS 服务器的 FQDN 为 dns.zzrvtc.com，IP 地址是 192.168.1.100。公司局域网内部 Web 服务器的 FQDN 为 www.zzrvtc.com，IP 地址为 192.168.1.101，FTP 服务器的 FQDN 为 ftp.zzrvtc.com，IP 地址为 192.168.1.102。本次任务是配置 DNS 服务器，以解析

Web 服务器和 FTP 服务器的域名。

任务分析

DNS 服务器的配置步骤如下：

(1) 建立主配置文件 named.conf。该文件位于 /etc 目录下，主要设置 DNS 服务器能够管理的区域 (zone) 以及这些区域所对应的区域文件名和存放路径。

(2) 建立区域文件。按照 named.conf 文件中指定的路径建立区域文件，一般默认的路径是 /var/named。区域文件主要记录区域内的资源记录，包括正向区域文件和反向区域文件。

(3) 重新启动服务。无论是对主配置文件的修改还是对区域文件的修改都要重新启动服务。DNS 服务器的守护进程名为 named。

配置主 DNS 服务器

任务实施

1. 修改主配置文件

DNS 服务器的主配置文件为 /etc 目录下的 named.conf 文件。使用以下命令修改主配置文件：

```
[root@rhel9-host ~]# vim /etc/named.conf
```

主配置文件的部分内容如图 6-7 和图 6-8 所示。

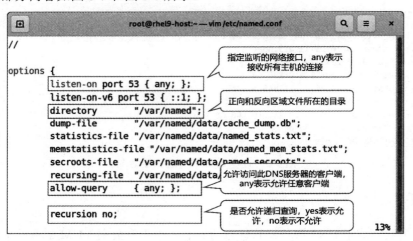

图 6-7　主 DNS 服务器主配置文件 (一)

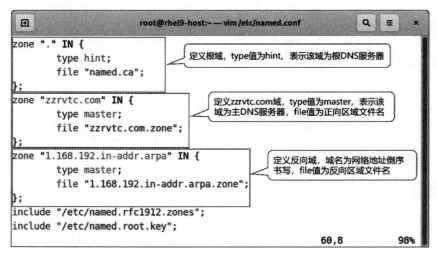

图 6-8　主 DNS 服务器主配置文件 (二)

◎小贴士：主配置文件中的每一行配置都要以";"结尾，否则可能会出现配置错误。

2. 修改正向区域文件

根据主配置文件的定义，正向区域文件名应为 /var/named/zzrvtc.com.zone，第一次配置 DNS 服务器并没有该文件，可以将 var/named 目录下的 named.localhost 复制一份作为模板，然后进行适当修改。命令如下：

```
[root@rhel9-host ~]# cd /var/named
[root@rhel9-host named]# cp  named.localhost  zzrvtc.com.zone
[root@rhel9-host named]# vim  zzrvtc.com.zone
```

修改后的 zzrvtc.com.zone 配置文件的内容如图 6-9 所示。

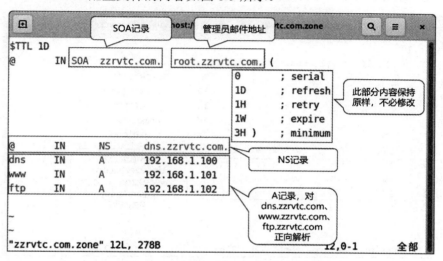

图 6-9　主 DNS 服务器正向区域文件

◎小贴士：区域文件中的每个域名都以"."结尾。

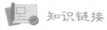 知识链接

区域文件中各字段的含义

(1) TTL：表示域名缓存周期，用于指定该资源文件中的信息存放在 DNS 缓存服务器的时间。此处设置为 1D，表示 1 天，若超过 1 天时间，则 DNS 缓存服务器重新获取该域名的信息。

(2) @：表示本域。SOA 描述了一个授权区域，此处为 zzrvtc.com。root.zzrvtc.com 表示接收信息的邮箱。

(3) serial：表示该区域文件的版本号。当区域文件中的数据改变时，这个数值也要改变。辅助 DNS 服务器在一定时间以后请求主 DNS 服务器的 SOA 记录，并将该字段值与缓存中之前的 SOA 记录的此字段值相比较，如果数值改变了，则辅助 DNS 服务器将重新获取主 DNS 服务器的数据信息。

(4) refresh：表示刷新时间，用于指定辅助 DNS 服务器检查主 DNS 服务器的 SOA 记录的时间间隔。此处设置为 1D，表示 1 天。

(5) retry：用于指定辅助 DNS 服务器的一个请求或一个区域刷新失败后，重新与主 DNS 服务器联系的时间间隔。此处设置为 1H，表示 1 小时。

(6) expire：表示在指定的时间内，如果辅助 DNS 服务器还不能联系到主 DNS 服务器，辅助 DNS 服务器将丢弃所有的区域数据。此处设置为 1W，表示 1 星期。

(7) minimum：如果没有明确指定 TTL 的值，则 minimum 表示域名默认的缓存周期。

(8) NS：一条 NS 记录指向一个给定区域的主 DNS 服务器，以及包含该服务器主机名的资源记录。

(9) A: 表示 A 记录地址资源记录，用于将一个主机名与一个或一组 IP 地址相对应。

(10) PTR: 表示 PTR 记录 (指针资源记录)，用于将一个 IP 地址与一个主机名相对应。

3. 修改反向区域文件

根据主配置文件的定义，反向区域文件名应为 /var/named/1.168.192.in-addr.arpa.zone，第一次配置时系统并没有该文件，可以将刚配置的 zzrvtc.com.zone 复制一份作为模板，并修改其中部分内容。命令如下：

```
[root@RHEL9 named]# cp   zzrvtc.com.zone   1.168.192.in-addr.arpa.zone
[root@RHEL9 named]# vim  1.168.192.in-addr.arpa.zone
```

修改后的 1.168.192.in-addr.arpa.zone 配置文件的内容如图 6-10 所示。

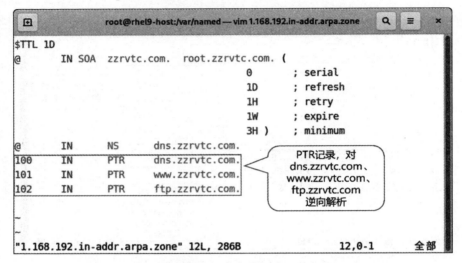

图 6-10　主 DNS 服务器反向区域文件

4. 修改配置文件的属组

所有的配置文件都应该属于 named 组，如果不是，则需要修改其属组。命令如下：

```
[root@rhel9-host named]# chgrp named zzrvtc.com.zone
[root@rhel9-host named]# chgrp named 1.168.192.in-addr.arpa.zone
```

修改后的文件属组如图 6-11 所示。

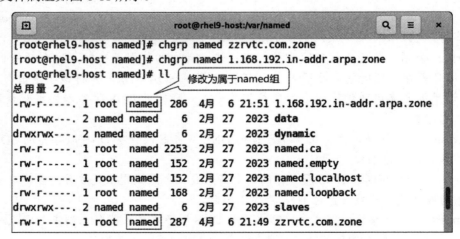

图 6-11　修改区域文件的属组

5. 启动服务

使用以下命令启动服务：

```
[root@rhel9-host ~]# systemctl start named
```

6. 在 Linux 客户端进行测试

(1) 设置 DNS 客户端并重新激活网络连接，命令如下：

```
[root@rhel9-host ~]# nmcli conn modify ens160 ipv4.method manual ipv4.dns 192.168.1.100
[root@rhel9-host named]# nmcli conn up ens160
```

(2) 进行域名解析测试：

```
[root@rhel9-host ~]# nslookup
```

解析结果如图 6-12 所示。

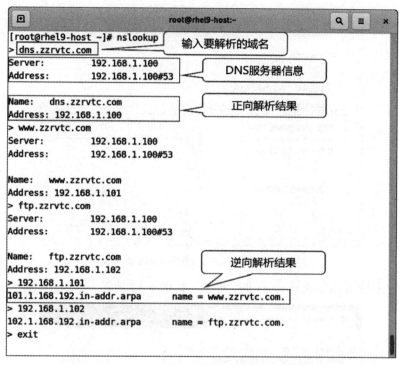

图 6-12　Linux 客户端测试 DNS 服务器

　知识链接

nslookup 命令

nslookup 是一个监测网络中 DNS 服务器是否能正确实现域名解析的命令行工具。在 Windows 和 Linux 中都能使用，其命令格式为：

nslookup [域名 |IP 地址] [域名服务器 IP 地址]

nslookup 有两种工作模式，即"交互模式"和"非交互模式"。

在"交互模式"下，用户可以向域名服务器查询各类主机、域名的信息，或者输出域名中的主机列表。如果在命令行直接输入 nslookup 命令，不加任何"域名或 IP 地址"和"域名服务器 IP 地址"，则进入交互模式。在交互模式下输入自己想要查询的域名或者某 IP 地址，会得到主机、域名的相关信息。

而在"非交互模式"下，用户可以针对一个主机或域名仅仅获取其特定的信息。如果 nslookup 后面接所要查询的"域名或 IP 地址"，则进入非交互模式。此时还可以在后面接所要使用的域名服务器的域名或 IP 地址。

7. 在 Windows 客户端进行测试

(1) 将 Windows 的 IPv4 地址设置为与 DNS 服务器同一个网段，将 DNS 服务器地址设置为

192.168.1.100，如图 6-13 所示。

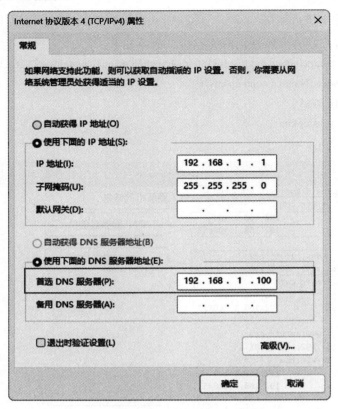

图 6-13　在 Windows 配置 DNS 服务器

(2) 在命令行中使用 nslookup 命令进行测试，如图 6-14 所示。

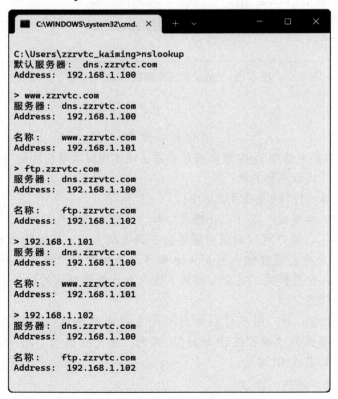

图 6-14　在 Windows 客户端测试 DNS 服务器

在此任务中，我们配置了 DNS 服务器以解析 www.zzrvtc.com 和 ftp.zzrvtc.com，并在 Linux 客户端和 Windows 客户端进行了测试。一旦 DNS 服务器架设起来，若还要解析其他的 FQDN，则只需在区域文件中添加相应的 A 记录和 PTR 记录即可。

▼ 同步训练

用企业 DNS 服务器管理 abc.com 域，并把该区域的文件名命名为 abc.com.zone。已知 DNS 服务器的 IP 地址是 192.168.1.1，Web 服务器的 FQDN 是 www.abc.com，IP 地址是 192.168.1.100，试配置 DNS 服务器，以实现域名解析。

任务三　配置辅助 DNS 服务器

▼ 任务提出

公司的主 DNS 服务器已经搭建成功，出于服务可靠性的考虑，还需要有另外一台 DNS 服务器，在主 DNS 服务器出现故障时能够及时代替主 DNS 服务器的工作，以保证服务的连续性。此服务器称为辅助 DNS 服务器。

本次任务需要配置一台辅助 DNS 服务器，IP 地址为 192.168.1.110，使其在主 DNS 服务器出现故障时能够代替主 DNS 服务器实现域名解析。

▼ 任务分析

1. 辅助 DNS 服务器

DNS 划分若干区域进行管理，每个区域由相应的服务器负责解析。如果只用一台 DNS 服务器而该服务器没有响应，那么该区域的域名解析就会失败。因此，每个区域建议使用多台 DNS 服务器，可以提供域名解析容错功能，保证域名解析服务的连续性。对于存在多个 DNS 服务器的区域，必须选择一台作为主 DNS 服务器，保存并管理整个区域的信息，其他服务器作为辅助 DNS 服务器。

使用辅助 DNS 服务器有如下几点好处：

(1) 辅助 DNS 服务器提供区域冗余，能够在该区域的主 DNS 服务器停止响应时为客户端解析该区域的 DNS 名称。

(2) 创建辅助 DNS 服务器可以减少 DNS 网络通信量，特别是在低速广域网链路中，通过采用分布式结构，能够有效地管理和减少网络通信量。

(3) 辅助 DNS 服务器可以减少主 DNS 服务器的负载。

2. 区域传输

为了保证 DNS 数据相同，所有 DNS 服务器必须进行数据同步，辅助 DNS 服务器从主 DNS 服务器获得区域数据的副本，这个过程称为区域传输。

区域传输存在两种方式：完全区域传输 (AXFR) 和增量区域传输 (IXFR)。

当新的辅助 DNS 服务器添加到区域中时，它会执行完全区域传输，从主 DNS 服务器获取一份完整的资源记录副本。主 DNS 服务器上区域文件再次变动后，辅助 DNS 服务器会执行增量区域传输，完成资源记录的更新，始终保持 DNS 数据同步。

满足发生区域传输的条件时，辅助 DNS 服务器向主 DNS 服务器发送查询请求，更新其区域文件，如图 6-15 所示。具体过程如下：

(1) 区域传输初始阶段，辅助 DNS 服务器向主 DNS 服务器发送完全区域传输请求。

(2) 主 DNS 服务器做出响应，并将此区域的资源记录完全传输到辅助 DNS 服务器。该区域传输会一并发送 SOA 资源记录。SOA 中的 serial(序列号) 字段表示区域数据的版本号，refresh(刷新时间) 字段指出辅助 DNS 服务器下一次发送查询请求的时间间隔。

(3) 刷新时间到期时，辅助 DNS 服务器使用 SOA 查询来请求从主 DNS 服务器续订此区域。

(4) 主 DNS 服务器应答其 SOA 记录的查询。该响应包括主 DNS 服务器中该区域的当前序列号版本。

(5) 辅助 DNS 服务器检查响应中的 SOA 记录的序列号，并确定续订该区域的方法。若 SOA 响应中的序列号等于其当前的本地序列号，那么两个服务器区域数据都相同，不需要区域传送。然后，辅助 DNS 服务器根据主 DNS 服务器 SOA 响应中的该字段值重新设置其刷新时间，续订该区域。如果 SOA 响应中的序列号值比其当前本地序列号值要高，则辅助 DNS 服务器确认区域文件已经更改，它会把 IXFR 查询发送到主 DNS 服务器。

(6) 主 DNS 服务器通过区域的增量传输或者完全传输做出响应。如果主 DNS 服务器可以保存修改的资源记录的历史记录，则它会通过增量区域传输做出应答。如果主 DNS 服务器不支持增量传输或没有区域变化的历史记录，则它会通过完全区域传输做出应答。

图 6-15　区域传输的过程

▼ 任务实施

1. 配置主 DNS 服务器使其能解析 zzrvtc.com 域中的域名

配置步骤见本项目任务二。

配置辅助
DNS 服务器

2. 准备辅助 DNS 服务器

(1) 开启另外一台 RHEL9 虚拟机，配置 IP 地址为 192.168.1.110，保证其能与主 DNS 服务器网络连通。配置步骤参考项目 3 任务一。

(2) 安装 Bind 软件包。安装步骤见本项目任务一。

3. 修改辅助 DNS 服务器的主配置文件

使用以下命令修改辅助 DNS 服务器的主配置文件：

```
[root@rhel9 ~]# vim /etc/named.conf
```

辅助 DNS 服务器主配置文件内容如图 6-16 和图 6-17 所示。

```
root@rhel9:~ — vim /etc/named.conf

options {
        listen-on port 53 { any; };
        listen-on-v6 port 53 { ::1; };
        directory       "/var/named";
        dump-file       "/var/named/data/cache_dump.db";
        statistics-file "/var/named/data/named_stats.txt";
        memstatistics-file "/var/named/data/named_mem_stats.txt";
        secroots-file   "/var/named/data/named.secroots";
        recursing-file  "/var/named/data/named.recursing";
        allow-query     { any; };

        recursion yes;

        dnssec-validation yes;

        managed-keys-directory "/var/named/dynamic";
        geoip-directory "/usr/share/GeoIP";

        pid-file "/run/named/named.pid";
        session-keyfile "/run/named/session.key";

        /* https://fedoraproject.org/wiki/Changes/CryptoPolicy */
"/etc/named.conf" 61L, 1469B                                26,13-20      21%
```

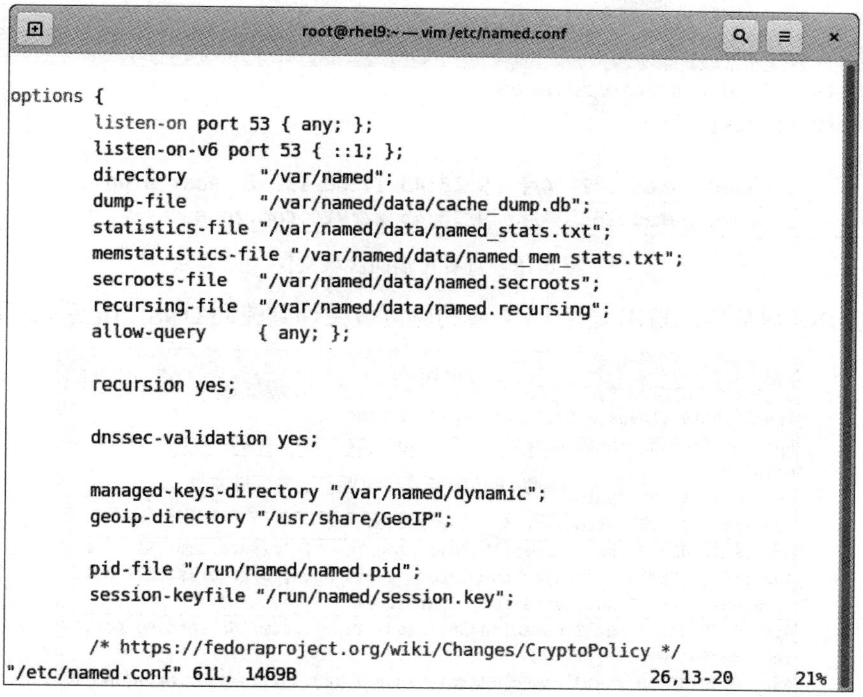

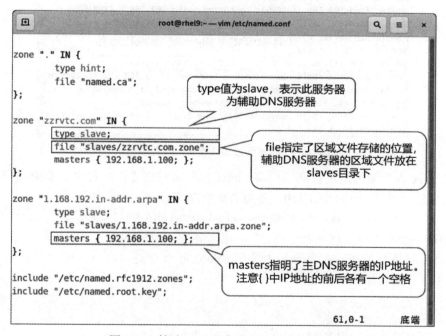

图 6-16　辅助 DNS 服务器主配置文件(一)

```
root@rhel9:~ — vim /etc/named.conf

zone "." IN {
        type hint;
        file "named.ca";
};

zone "zzrvtc.com" IN {
        type slave;
        file "slaves/zzrvtc.com.zone";
        masters { 192.168.1.100; };
};

zone "1.168.192.in-addr.arpa" IN {
        type slave;
        file "slaves/1.168.192.in-addr.arpa.zone";
        masters { 192.168.1.100; };
};

include "/etc/named.rfc1912.zones";
include "/etc/named.root.key";

                                                  61,0-1        底端
```


图 6-17　辅助 DNS 服务器主配置文件(二)

4. 启动服务

使用以下命令启动服务：

```
[root@rhel9 ~]# systemctl start named
```

◎小贴士：为保证辅助 DNS 服务器能够正常工作，建议关闭防火墙和 SELinux。

5. 测试服务

(1) 在 /var/named/slaves目录下，查看从主 DNS 服务器上传输过来的正向区域文件和反向区域文件，如图 6-18 所示。

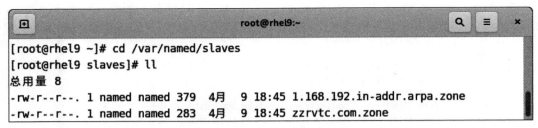

图 6-18　查看传输的区域文件

(2) 在主 DNS 服务器的日志文件中，查看传输区域文件到辅助 DNS 的记录，如图 6-19 所示。

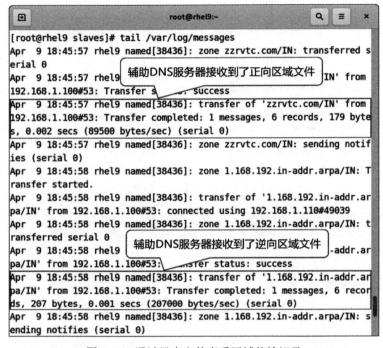

图 6-19　通过日志文件查看区域传输记录

(3) 以 Linux 客户端为例进行测试。将 Linux 客户端网络连接配置中的 DNS 服务器 IP 地址修改为 192.168.1.100 和 192.168.1.110，并重新激活网络连接。命令如下：

```
[root@rhel9 ~]# nmcli conn modify ens160 ipv4.method manual ipv4.dns "192.168.1.100,192.168.1.110"
[root@rhel9 ~]# nmcli conn up ens160
```

将主 DNS 服务器关掉，在命令行中使用 nslookup 命令进行测试，可以看到系统自动切换到辅助 DNS 服务器，如图 6-20 所示。

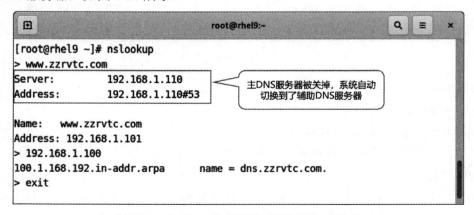

图 6-20　在 Linux 客户端测试辅助 DNS 服务器

本次任务中，我们配置了辅助 DNS 服务器，以保证在主 DNS 服务器出现故障时域名解析工作仍然能够正常进行。辅助 DNS 服务器配置相对比较简单，只需要修改主配置文件，区域文件通过从主 DNS 上进行区域传输获得。

▼ **同步训练**

　　结合此次任务配置自己的辅助 DNS 服务器。

任务四　配置转发 DNS 服务器

▼ **任务提出**

　　公司 DNS 服务器的 IP 地址为 192.168.1.120，可以解析 def.com 域的主机名。出于业务需要，公司还需要解析 abc.com 域的主机名，但该公司的 DNS 服务器无法解析此域名，因此需要配置一台转发 DNS 服务器 (Forwarding DNS Server)，将用户的查询域名 abc.com 的请求转发到指定的 DNS 服务器上。被转发的 DNS 服务器的 IP 地址为 192.168.1.100。

　　本次任务需要完成转发 DNS 服务器的配置。

▼ **任务分析**

　　一般情况下，DNS 服务器收到 DNS 客户端的查询请求后，会在所管辖区域的数据库中寻找是否有客户端的数据。如果此 DNS 服务器的区域数据库中没有该客户端的数据，则 DNS 服务器需转向其他的 DNS 服务器进行查询。

　　通俗地说，转发 DNS 服务器就是将本地 DNS 服务器无法解析的查询请求转发给网络上的其他 DNS 服务器。局域网络中的 DNS 服务器只能解析那些在本地域中添加的主机，而无法解析那些未知的域名。因此，若欲实现对 Internet 中所有域名的解析，就必须将本地无法解析的域名转发给其他域名服务器。被 DNS 转发的域名服务器通常应当是 ISP(Internet Service Provider，互联网服务提供商) 的域名服务器。

　　如果没有指定转发 DNS 服务器，则 DNS 服务器会使用根区域记录，向根服务器发送查询请求，这样许多内部非常重要的 DNS 信息会暴露在 Internet 上。除了安全隐私问题，直接解析还会导致大量外部通信，从而降低查询速度。而转发 DNS 服务器可以存储 DNS 缓存，对后续客户端的查询请求能够直接从缓存中提供，不必再向外部 DNS 服务器发送请求，这样可以减少网络流量并加快查询速度。

　　按照转发类型的不同，转发 DNS 服务器可以分为以下两种类型。

　　(1) 完全转发 DNS 服务器：该类型服务器会将所有区域的 DNS 查询请求发送到其他 DNS 服务器。可以通过设置 named.conf 文件的 options 字段实现该功能。

```
options {
    directory "/var/named";
    recursion yes;                                    # 允许递归查询
```

```
        forwarders { 被转发的 DNS 服务器 IP 地址 ;};        # 指定将查询请求转发到哪些 DNS 服务器
        forward only;                                      # 仅执行转发操作
    };
```

完全转发 DNS 服务器不存储任何区域资源信息，仅将转发的查询信息缓存在本机，因此也称为唯缓存 DNS 服务器。

(2) 条件转发 DNS 服务器：该类型服务器只能转发指定域的 DNS 查询请求，需要修改 named.conf 文件并添加转发区域的设置。本次任务就是这种情况。

```
    zone " 域名 " IN {
        type forward;
        forwarders { 被转发的 DNS 服务器 IP 地址 ;};
    };
```

▼ 任务实施

1. 配置被转发 DNS 服务器

配置转发 DNS
服务器

(1) 配置 IP 地址为 192.168.1.100。

(2) 安装 Bind 软件包。安装步骤见本项目任务一。

(3) 修改被转发 DNS 服务器的主配置文件，添加 abc.com 域。命令如下：

```
[root@rhel9 ~]# vim /etc/named.conf
```

被转发 DNS 服务器部分主配置文件内容如图 6-21 所示，其他配置文件内容参见本项目任务二。

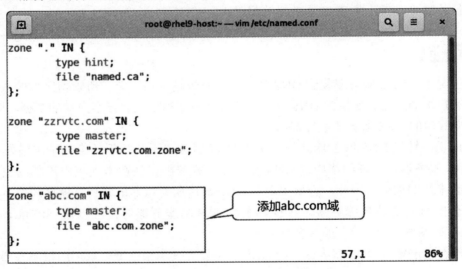

图 6-21　被转发 DNS 服务器部分主配置文件内容

◎小贴士：一个 DNS 服务器中可以添加多个域，每个域对应不同的区域文件，可以实现对多个域名的解析。

(4) 修改被转发 DNS 服务器区域文件 abc.com.zone，实现对 abc.com 域的解析。

由于 abc.com.zone 是新建的文件，因此为方便编辑，我们将已有的 zzrvtc.com.zone 文件复制一份再加以修改。命令如下：

```
[root@rhel9-host ~]# cd  /var/named
[root@rhel9-host named]# cp  -p zzrvtc.com.zone   abc.com.zone
[root@rhel9-host named]# vim  abc.com.zone
```

◎小贴士：cp 命令后加 -p 选项，可以将文件的属性一起复制过来。

abc.com.zone 文件内容如图 6-22 所示。

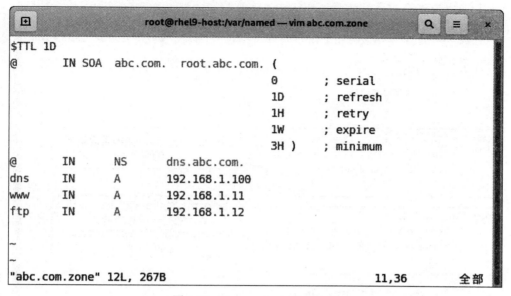

图 6-22　abc.com.zone 文件内容

(5) 重启 DNS 服务。命令如下：

[root@ rhel9-host ~]# systemctl restart named

(6) 以 Linux 客户端为例进行测试。将 Linux 客户端网络连接配置中的 DNS 服务器 IP 地址设置为被转发 DNS 服务器的 IP 地址，即 192.168.1.100，使用 nslookup 命令进行测试，可以正常解析 abc.com 域的主机，如图 6-23 所示。

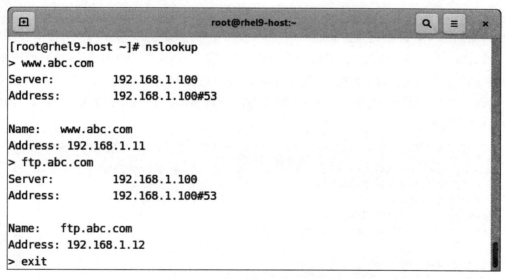

图 6-23　被转发 DNS 服务器测试

2. 配置转发 DNS 服务器

(1) 开启另外一台 RHEL9 虚拟机，将其作为转发 DNS服务器，配置 IP 地址为 192.168.1.120，保证其能与被转发 DNS 服务器网络连通。

(2) 安装 Bind 软件包。安装步骤见本项目任务一。

(3) 修改转发 DNS 服务器的主配置文件。命令如下：

[root@localhost ~]# vim　/etc/named.conf

转发 DNS 服务器部分主配置文件内容如图 6-24 所示，其他配置文件内容参见本项目任务二。

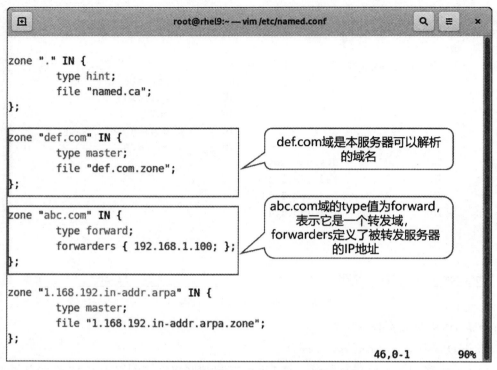

图 6-24　转发 DNS 服务器部分主配置文件内容

◎小贴士：由于本任务是配置转发服务器，因此对于非转发服务器的部分不再配置，读者可以自行补充完整。

(4) 启动 DNS 服务。命令如下：

```
[root@localhost ~]# systemctl  start  named
```

(5) 以 Linux 客户端为例进行测试。将 Linux 客户端的 DNS 服务器 IP 地址设置为转发 DNS 服务器 IP 地址，即 192.168.1.120。使用 nslookup 命令进行测试，如图 6-25 所示，当需要解析 def.com 域的主机时，使用的是本地 DNS 服务器，当需要解析 abc.com 域的主机时，使用的是被转发 DNS 服务器。

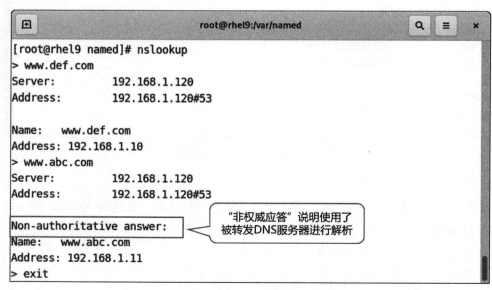

图 6-25　转发 DNS 服务器测试

▼ 任务总结

本次任务我们完成了条件转发 DNS 服务器的配置。对于特定的域名，我们通过定义被转发 DNS 服务器，将用户的查询请求发送至被转发 DNS 服务器，由被转发 DNS 服务器把解析结果返回给转发 DNS 服务器。转发 DNS 服务器不必再定义该域名的资源记录，从而节约了存储资源。

▼ 同步训练

在被转发服务器上定义 good.com 域并实现 www.good.com 域名的解析。在转发 DNS 服务器上定义对该域名的转发并在客户端进行测试。

任务五　配置唯缓存 DNS 服务器

▼ 任务提出

出于业务需要，公司需配置一台唯缓存 DNS 服务器，将用户的查询请求转发到指定的 DNS 服务器上。唯缓存 DNS 服务器的 IP 地址为 192.168.1.120，被转发 DNS 服务器的 IP 地址为 192.168.1.100。

本次任务需要完成唯缓存 DNS 服务器的配置。

▼ 任务分析

唯缓存 DNS 服务器是一种特殊的 DNS 服务器，也是转发 DNS 服务器的一种形式。它在本地并不存储任何资源信息，仅执行查询和缓存操作。因此，在唯缓存 DNS 服务器上不必设置区域信息和配置区域文件，只需在主配置文件中指定转发的服务器即可。

配置唯缓存
DNS 服务器

▼ 任务实施

(1) 配置被转发 DNS 服务器，使其 IP 地址为 192.168.1.100，能够解析 www.zzrvtc.com。具体配置步骤见本项目任务二。

(2) 开启另外一台 RHEL9 虚拟机，将其作为唯缓存 DNS 服务器，配置 IP 地址为 192.168.1.120，保证其能与被转发 DNS 服务器网络连通。

(3) 安装 Bind 软件包。安装步骤见本项目任务一。

(4) 修改唯缓存 DNS 服务器的主配置文件。命令如下：

```
[root@localhost ~]# vim  /etc/named.conf
```

唯缓存 DNS 服务器主配置文件内容如图 6-26 所示，只保留 options 中的内容，其他的 zone 的配置都不需要。

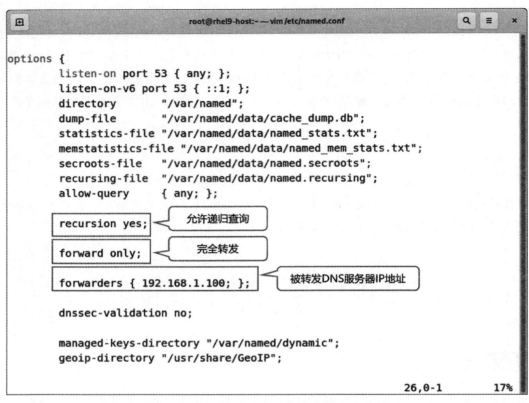

图 6-26　唯缓存 DNS 服务器主配置文件内容

(5) 启动唯缓存 DNS 服务。命令如下：

[root@ rhel9 ~]# systemctl start named

(6) 以 Linux 客户端为例进行测试。将 Linux 客户端的 DNS 服务器 IP 地址设置为唯缓存 DNS服务器 IP 地址。唯缓存 DNS 服务器上并没有资源记录，但是我们在查询相应的资源时，却可以正确解析，如图 6-27 所示。

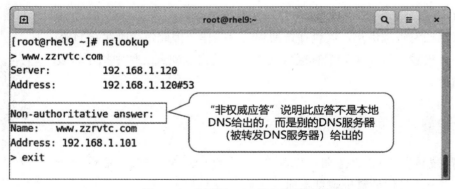

图 6-27　唯缓存 DNS 服务器测试

▼ 任务总结

　　本任务我们配置了唯缓存 DNS 服务器。唯缓存 DNS服务器是转发 DNS 服务器的一种。它通过定义转发的对象，将用户的所有查询都转发至相应的服务器上，同时，将用户的查询信息存储在本地缓存中。下次用户再查询同样的信息时，唯缓存 DNS 服务器会将自己缓存的信息直接返回给客户端，因此提高了 DNS 的解析速度，也减少了对外的通信量。

▼ **同步训练**

结合本次任务，配置自己的唯缓存 DNS 服务器，并在客户端进行测试。

项目总结

本项目中我们学习了 DNS 服务器的配置和管理方法。对于一个大型局域网络，DNS 服务器是必不可少的服务器之一。如果仅是局域网内解析，我们可以配置自己的 DNS 服务器和资源记录。为了提高 DNS 服务器的可靠性，在主 DNS 服务器无法提供正常服务时，局域网中的 DNS 解析服务不中断，需要配置辅助 DNS 服务器。如果要对 Internet 上的域名进行解析，我们还要配置转发 DNS 服务器。最简单最有用的 DNS 服务器是唯缓存 DNS 服务器。

项目训练

一、选择题

1. DNS 的域名空间是 _____ 结构。

A. 线型　　　　　　　　　　B. 环型

C. 树型　　　　　　　　　　D. 星型

2. 顶级域名中代表政府机构的是 _____。

A. com　　　　　　　　　　B. edu

C. gov　　　　　　　　　　D. mil

3. 配置主 DNS 服务器需要修改 _____ 文件。

A. named.conf　　　　　　　B. 域名 .zone

C. in-addr.arpa　　　　　　D. 以上三个都是

4. 下列选项中，_____ 不是辅助 DNS 服务器的作用。

A. 作为主 DNS 服务器的备份

B. 分担主 DNS 服务器的负载压力

C. 在主 DNS 服务器宕机时可以作为主 DNS 服务器使用

D. 把用户的解析请求转发给主 DNS 服务器

5. 在配置条件转发 DNS 服务器时，可以不必配置的是 _____。

A. 主配置文件

B. 主配置文件中的区域

C. 正向解析文件和反向解析文件

D. 以上都是

二、填空题

1. 若 abc 是中国一所大学的名字，则它的域名应该是 _____。

2. DNS 服务器的主配置文件在 _____ 目录下，正向解析文件和反向解析文件在 _____ 目录下。

3. DNS 的查询方式分为 _____ 和 _____，其中后者是如果在 DNS 服务器中没有查到所需数据，该 DNS 服务器便会告诉 DNS 客户机另外一台 DNS 服务器的 IP 地址，让客户去询问那台服务器。

4. 要测试 DNS 服务器是否能够正确解析域名，可以使用 _____ 命令。

5. 在 DNS 的资源记录中，负责把 FQDN 映射到 IP 地址的记录是 _____ 记录，负责把 IP 地址映射到 FQDN 的记录是 _____ 记录。

6. 决定主 DNS 服务器是否向辅助 DNS 服务器进行区域传输的关键是看 SOA 资源记录中的 _____ 字段。

7. 转发 DNS 服务器分为两种类型，分别为 _____ 和 _____，其中后者也称为唯缓存 DNS 服务器。

三、实践操作题

某公司有 abc.com 和 abd.com 两个域名，试按要求配置 DNS 服务器。

(1) 配置主 DNS 服务器 (IP 地址为 192.168.1.101)，使之能解析 abc.com 域和 abd.com 域。其中：abc.com 域中 www 服务器的主机名为 www.abc.com，对应的 IP 地址为 192.168.1.1；abd.com 域中 ftp 服务器的主机名为 ftp.abd.com，对应的 IP 地址为 192.168.1.2。

(2) 配置辅助 DNS 服务器 (IP 地址为 192.168.1.102)，使之能作为 abc.com 域的备份。

(3) 配置条件转发 DNS 服务器 (IP 地址为 192.168.1.104)，使之不仅能自主解析域名 abe.com，还能将 abd.com 的解析转发到 IP 地址为 192.168.1.101 的 DNS 服务器上。其中，abe.com 域中的 ftp 服务器的主机名为 ftp.abe.com，对应的 IP 地址为 192.168.1.4。

(4) 配置唯缓存 DNS 服务器 (IP 地址为 192.168.1.105)，使之将所有关于 abd.com 的解析都转发到 IP 地址为 192.168.1.101 的 DNS 服务器上。

项目 7

LAMP 服务器配置与管理

项目描述

　　公司为方便对外发布信息，需要搭建一个 Web 网站，其中 Web 服务使用 Apache，数据库使用 MySQL，Web 程序使用 PHP 语言。

　　本项目中我们来完成该服务器的配置与管理任务。

学习目标

　　(1) 了解 WWW 服务器在网络中的作用。

　　(2) 掌握 Apache 服务器的安装和配置。

　　(3) 掌握 MySQL 服务器的安装和配置。

　　(4) 掌握 PHP语言解释器的安装与配置。

思政目标

　　(1) 树立"不忘初心、无私奉献"的价值观。

　　(2) 树立正确的网络道德观，构建风清气朗的网络空间环境。

预备知识　认识 LAMP 服务器

1. LAMP 模型

　　Web 服务应用中动态网站是最流行的服务类型。在 Linux 平台下搭建动态网站，应用最为广泛的是 LAMP 模型，即 Linux + Apache + MySQL + PHP 的组合。

　　Linux 是基于 GPL 协议的操作系统，具有稳定、免费、多用户、多进程的特点。Linux 的应用非常广泛，是服务器操作系统的理想选择。

　　Apache 为 Web 服务器软件，与微软公司的 IIS 相比，Apache 具有快速、廉价、易维护、安全可靠的优势，并且开放源代码。

MySQL 是关系数据库系统软件。由于它的强大功能、灵活性、良好的兼容性，以及精巧的系统结构，作为 Web 服务器的后台数据库，应用极为广泛。

PHP 是一种基于服务端来创建动态网站的脚本语言。PHP 开放源代码，支持多个操作平台，可以运行在 Windows 和多种版本的 Linux 上。它不需要任何预先处理而快速反馈结果，并且消耗的资源较少，当 PHP 作为 Apache 服务器一部分时，运行代码不需要调用外部程序，服务器不需要承担任何额外的负担。

PHP 应用程序通过请求的 URL 或者其他信息，确定应该执行什么操作。如有需要，服务器会从 MySQL 数据库中获得信息，将这些信息通过 HTML 进行整合，形成相应网页，并将结果返回给客户机。当用户在浏览器中操作时，这个过程重复进行，多个用户访问 LAMP 系统时，服务器会进行并发处理。

2. WWW 服务

WWW(World Wide Web，简称 Web) 服务是一种建立在超文本基础上的浏览、查询因特网信息的方式，它以交互方式查询并且访问存放于远程计算机里的信息，为多种因特网浏览与检索访问提供一个单独一致的访问机制。Web 页面将文本、超媒体、图形和声音结合在一起，给企业带来通信与获取信息资源的便利条件。

WWW 服务采用客户机 / 服务器结构，整理和存储各种 WWW 资源，并响应客户端软件的请求，把所需的信息资源通过浏览器传送给用户。

WWW 服务所用到的协议有超文本传输协议 (HyperText Transfer Protocol，HTTP) 与超文本标记语言 (Hyper Text Markup language，HTML)。其中，HTTP 是 WWW 服务使用的应用层协议，用于实现 WWW 客户机与 WWW 服务器之间的通信；HTML 语言是 WWW 服务的信息组织形式，用于定义在 WWW 服务器中存储的信息格式。

课程思政

蒂姆·伯纳斯·李是 Web 的发明者，被称为万维网之父。1989 年 3 月他正式提出万维网的设想，1990 年 12 月 25 日，他在日内瓦的欧洲粒子物理实验室里开发出了世界上第一个网页浏览器。他是关注万维网发展的万维网联盟的创始人，并获得世界多国授予的各种荣誉。但是，他并没有将万维网据为己有、作为发财的工具，而是将万维网的思想无偿分享出来，并仍然坚守在学术研究岗位上，表现出了一个学者不忘初心、献身科学的风度。蒂姆这种始于初心，无私奉献的精神值得我们学习。

3. HTTP 协议

HTTP 是用于从 Web 服务器传输超文本到本地浏览器的传送协议。HTTP 是一个应用层的面向对象的协议，由于其简洁、快速的特点，适用于分布式超媒体信息系统。它于 1990 年被提出，经过几年的使用与发展，得到不断的完善和扩展。目前在 Web 服务中使用的是 HTTP1.1，而且 HTTP-NG(Next Generation of HTTP) 的建议也已经被提出。

HTTP 协议采用客户端 / 服务端架构。浏览器作为 HTTP 客户端通过 URL 向 HTTP 服务端即 Web 服务器发送所有请求。Web 服务器接收到请求后，向客户端发送响应信息。

如今的 Web 服务可以分为两种：静态 Web 服务和动态 Web 服务。其中动态 Web 服务更为流行。动态 Web 服务需要后台数据库服务器的支持。我们以访问 http://www.zzrvtc.com 网站为例，其使用 HTTP 协议的工作流程如图 7-1 所示。

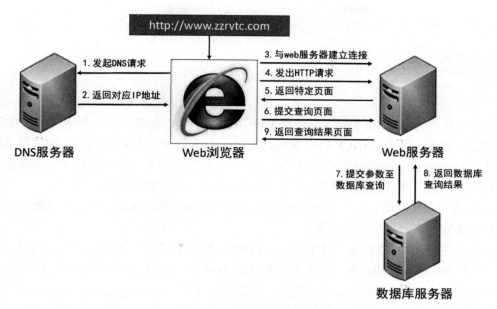

图 7-1 HTTP 协议工作流程

任务一 配置与管理 Apache 服务器

任务提出

Apache 服务器是 Web 网站的基础。本次任务是安装和配置 Apache 服务器，主要内容包括：

1. 安装所需要的软件包

查看系统 Apache 服务器所需要的软件包是否安装，如果没有则安装相关软件包。

2. 配置基本 Web 服务

公司 Web 服务器的 IP 地址和端口为 192.168.1.100:80，域名为 www.zzrvtc.com，首页采用 index.html 文件。管理员 E-mail 地址为 root@zzrvtc.com，网页的编码类型采用 UTF-8，所有网站资源都存放在 /var/www/html 目录下，并将 Apache 的根目录设置为 /etc/httpd 目录。请配置服务器实现上述要求。

3. 配置虚拟主机

公司申请了两个域名：www.zzrvtc.com 和 www.abc.com，需要建立两个不同的 Web 网站。出于对资金预算的考虑，需要将这两个网站放在同一台硬件服务器上运行。试配置虚拟主机，实现在同一个服务器平台上运行多个 Web 网站的功能。

4. 配置虚拟目录

公司网站文件除了一部分放在 /var/www/html 目录下之外，还有一部分放在了 /website 目录下，请配置虚拟目录 /vdir，使用户可以通过该虚拟目录访问 /website 目录下的网站内容。

5. 配置目录安全性

对 /website 目录的安全配置要求如下：

(1) 禁用目录浏览功能。

(2) 禁止 IP 地址为 192.168.1.12 的主机访问。

(3) 只允许 redhat 用户访问。

1. Apache 简介

开放源代码的 Apache(阿帕奇) 是一个 Web 服务器软件，起初是由伊利诺伊大学香槟分校的国家超级计算机应用中心 (NCSA) 开发的，此后，Apache 被开放源代码团队的成员不断地发展和加强。Apache 服务器拥有牢靠、可信的美誉，可以在大多数计算机操作系统中运行，由于其多平台和安全性的特点被广泛使用，是最流行的 Web 服务器软件之一。

Apache 支持众多功能，这些功能绝大部分都是通过编译模块实现的。这些功能包括从服务器端的编程语言支持到身份验证方案等。

Apache 一些通用的语言接口支持 Perl、Python 和 PHP 语言，流行的认证模块包括 mod_access、rood_auth 和 rood_digest，还有 SSL 和 TLS 支持 (mod_ssl) 模块、代理服务器 (proxy) 模块、很有用的 URL 重写 (rood_rewrite) 模块、定制日志文件 (mod_log_config) 模块，以及过滤支持 (mod_include 和 mod_ext_filter) 模块。

RHEL9 中的 Apache 主程序软件包是 httpd-2.4.53-11.el9_2.4.x86_64。

知识链接

Apache *名称的由来*

当 Apache 在 1995 年被开发的时候，它是由当时最流行的 Web 服务器 NCSA HTTPd 1.3 的代码修改而成的，因此其名称的由来被戏称为 a pachy server(一个修补的服务器)。然而在 Apache 服务器官方网站的 FAQ 中对它的名字是这么解释的："'Apache' 这个名字是为了纪念名为 Apache 的美洲印第安土著的一支，众所周知，他们拥有高超的作战策略和无穷的耐性。"

2. Apache 服务器的配置文件

Apache 服务器的配置文件为 /etc/httpd/conf/httpd.conf。常用的配置选项有：

(1) ServerRoot：配置服务器的配置文件、日志文件的目录。

(2) Listen：配置监听端口。

(3) ServerAdmin：配置管理员邮件地址。

(4) ServerName：配置 Web 服务器名。

(5) DocumentRoot：配置网站文件根目录。

(6) AddDefaultCharset：配置默认字符编码。

(7) DirectoryIndex：配置默认主页文件名。

3. 虚拟主机

所谓"虚拟主机"，是指在一个操作系统平台上搭建多个 Web 站点，每个 Web 站点独立运行互不干扰。对于访问量不大的站点来说，这样做可以降低单个站点的运营成本。

虚拟主机可以是基于 IP 地址、主机名或端口号的。基于 IP 地址的虚拟主机需要在计算机上配有多个 IP 地址，并为每个 Web 站点分配一个唯一的 IP 地址。基于主机名的虚拟主机要求拥有多个主机名，并且为每个 Web 站点分配一个主机名。基于端口号的虚拟主机，要求不同的 Web 站点通过不同的端口号监听，系统不能占用这些端口号。

在 RHEL9 中的 Apache 配置文件除了主配置文件为 httpd.conf 文件外，又分出了若干个子文件，放在 /etc/httpd/conf.d 目录中，而在主配置文件 httpd.conf 文件的末尾用"Include Optional conf.d/*.conf"将所有的子配置文件包含进来。因此，我们的虚拟主机配置可以单独写在一个子配置文件中，并将其放在 /etc/httpd/conf.d 目录中。虚拟主机的基本配置内容如下：

```
<virtualhost  *:80>                 # 虚拟主机容器的起始
    DocumentRoot                    # 网站资源的根目录
    ServerName                      # 虚拟主机名
    ServerAdmin                     # 管理员邮件地址
    ErrorLog                        # 错误日志
    CustomLog                       # 访问日志
</virtualhost>                      # 虚拟主机容器的结束
```

一个容器对应一个虚拟主机，如果有多个虚拟主机，就使用多个容器，将相应的虚拟主机的配置内容写进容器中。

4. 虚拟目录

要从 Web 站点主目录以外的其他目录发布网站，可以使用虚拟目录实现。虚拟目录是一个位于 Apache 服务器主目录之外的目录，它不包含在 Apache 服务器的主目录中，但在访问 Web 站点的用户看来，它与位于主目录中的子目录是一样的。每一个虚拟目录都有一个别名，客户端可以通过此别名访问虚拟目录。

由于每个虚拟目录都可以分别设置不同的访问权限，因此，非常适合于不同用户对不同目录拥有不同权限的情况。另外，只有知道虚拟目录名的用户才可以访问此虚拟目录，除此之外的其他用户无法访问此虚拟目录，也增加了网站访问的安全性。

在 Apache 服务器中，通过 Alias 指令设置虚拟目录。可以将虚拟目录的配置文件创建在 /etc/httpd/conf.d 目录下，具体格式为：

```
Alias  虚拟目录名  物理目录路径
```

5. 设置网站目录访问权限

我们可以对网站不同的目录进行权限设置，从而满足不同的安全需求。要设置某个目录的权限，可以使用 <Directory></Directory> 容器，在容器中添加相应的指令。常用的格式为：

```
<Directory 要设置的目录 >
    Options
    AllowOverride
    Order
    Allow|Deny from
</Directory>
```

容器中常见的访问控制指令见表 7-1。

表 7-1　容器中常见的访问控制指令

指　令	功　能　说　明
Options	设置特定目录中的服务器特性，具体选项取值见表 7-2
AllowOverride	设置如何使用访问控制文件 .htaccess
Order ① Order Allow，Deny ② Order Deny，Allow	设置 Apache 默认的访问权限及 Allow 和 Deny 语句的处理顺序 ① 默认拒绝所有未被明确允许的客户端 ② 默认允许所有未被明确拒绝的客户端
Allow|Deny from 地址	设置允许或拒绝的客户端地址，地址可以是主机名、域名、IP 地址、网络地址和 all(所有地址)

Options 字段可以使用的选项值见表 7-2。

表 7-2 Options 指令的选项取值

选 项 值	功 能 说 明
Indexes	允许目录浏览。当访问的目录中没有 DirectoryIndex 参数指定的网页文件时，浏览器会显示此目录下的文件和子目录名
Multiviews	允许内容协商的多重视图，是 Apache 的一个智能特性。当客户访问目录中一个不存在的对象时，如 http://.8/icons/a，则 Apache 会查找这个目录下的所有 a.* 文件。由于 icons 目录下存在 a.gif 文件，因此 Apache 会将 a.gif 文件返回给客户，而不是返回出错信息
All	包含了除 Multiviews 外的所有特性，若无 Options 语句，默认为 All
ExecCGI	允许在该目录下执行 CGI 脚本
FollowSymLinks	可以在该目录中使用符号链接，以访问其他目录
Includes	允许服务端使用 SSI(服务器包含) 技术
IncludesNoExec	允许服务端使用 SSI(服务器包含) 技术，但禁止执行 CGI 脚本

AllowOverride 字段主要用于控制如何使用访问控制文件 .htaccess 来配置相应目录的访问方法。当该字段的值为 AuthConfig 时，.htaccess 文件才生效。该字段的默认值为 None，即 .htaccess 文件不生效。.htaccess 文件的常用选项如表 7-3 所示。这些选项也可以直接写在 <Directory></Directory> 容器中。

表 7-3 身份验证选项

指 令	功 能 说 明
AuthName 领域名称	定义受保护领域的名称，在弹出的认证对话框中显示
AuthType Basic|Digest	设置认证的方式。Basic 为基本方式，Digest 为摘要方式
AuthUserFile 认证文件名	设置用于存放用户账号、密码的认证文件
AuthGroupFile 认证组文件名	设置认证组文件的路径及文件名
Require user 用户名	授权给指定的一个或多个用户
Require group 用户组	授权给指定的一个或多个组
Require valid-user	授权给认证文件中所有有效用户，即开启用户验证机制
Require all granted|denied	允许或拒绝所有用户

向认证文件中添加有效用户可以使用 htpasswd 命令，格式如下：

【命令】htpasswd [选项] 认证文件名 用户名

【选项】-c：新创建一个认证文件。

　　　 -b：用批处理方式创建用户。

　　　 -D：删除一个用户。

　　　 -m：采用 MD5 编码加密。

　　　 -d：采用 CRYPT 编码加密，这是默认的方式。

　　　 -s：采用 SHA 编码加密。

▼ 任务实施

1. 安装所需要的软件包

(1) 查看系统是否安装了 Apache 主程序包，命令如下：

[root@rhel9-host ~]# rpm –qa|grep httpd

配置与管理
Apache 服务器

如果主程序包没有安装，则需要安装主程序包。

(2) 安装主程序包，命令如下：

[root@RHEL9 ~]# yum install httpd -y

部分安装过程如图 7-2 和图 7-3 所示。

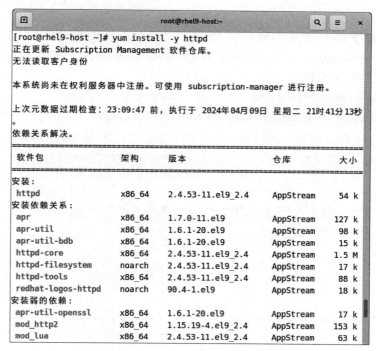

图 7-2　Apache 安装过程（一）

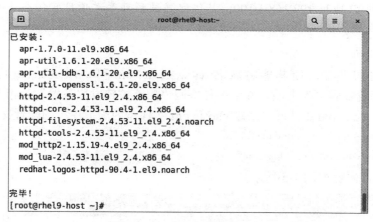

图 7-3　Apache 安装过程（二）

2. 配置基本 Web 服务

(1) 修改配置文件 /etc/httpd/conf/httpd.conf。命令如下：

[root@rhel9-host ~]# vim /etc/httpd/conf/httpd.conf

由于 Apache 服务器的配置文件比较大，在此我们只列举本次任务需要的设置。

ServerRoot　"/etc/httpd"	# 将 Apache 的根目录设置为 /etc/httpd 目录
Listen　192.168.1.100:80	# 采用的 IP 地址和端口为 192.168.1.100:80
ServerAdmin　root@zzrvtc.com	# 管理员 E-mail 地址为 root@zzrvtc.com
ServerName www.zzrvtc.com:80	# 服务器名字 www.zzrvtc.com
DocumentRoot　"/var/www/html"	# 网站资源存放在 /var/www/html 目录下

```
AddDefaultCharset    UTF-8                        # 网页的编码类型采用 UTF-8
<IfModule dir_module>
    DirectoryIndex    index.html                  # 首页采用 index.html 文件
</IfModule>
```

（2）启动服务。命令如下：

[root@rhel9-host ~]# systemctl start httpd

（3）测试。在 /var/www/html 目录下创建主页文件 index.html，并在其中写入测试内容："Welcome to Apache Server."。命令如下：

[root@rhel9-host ~]# cd　/var/www/html

[root@rhel9-host html]# echo "Welcome to Apache Server.">>index.html

打开浏览器访问 Web 网站，可以看到主页的测试内容，如图 7-4 所示。

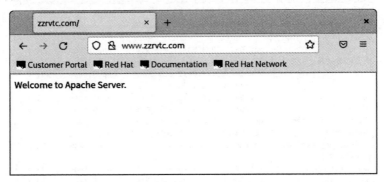

图 7-4　访问网站主页

◎小贴士：若想使用域名 www.zzrvtc.com 访问 Web 服务器，还需要 DNS 服务器的支持，能够将域名解析到 IP 地址 192.168.1.100，具体配置过程可参考项目 6 任务二关于 DNS 服务器配置的内容。

3. 配置虚拟主机

（1）配置 DNS 服务器，使其能将域名 www.zzrvtc.com 和 www.abc.com 均解析到 IP 地址 192.168.1.100。配置步骤可参考项目 6 中的任务四"配置被转发服务器"的相关内容。

（2）进入 /etc/httpd/conf.d 目录，创建 vhost.conf 文件作为虚拟主机的配置文件。命令如下：

[root@ rhel9-host ~]# cd　/etc/httpd/conf.d

[root@ rhel9-host conf.d]# vim　vhost.conf

vhost.conf 文件内容如图 7-5 所示。

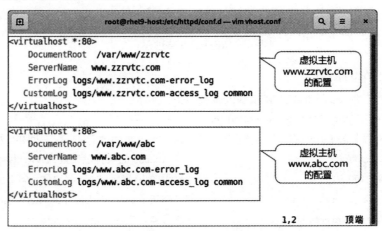

图 7-5　虚拟主机配置文件

(3) 重启服务。命令如下：

```
[root@ rhel9-host ~]# systemctl  restart  httpd
```

(4) 测试服务。

根据虚拟主机配置文件，在 /var/www 目录下创建 zzrvtc 目录，并在 /var/www/zzrvtc 目录中创建主页文件 index.html，文件中写入"This is zzrvtc's web."作为测试内容。命令如下：

```
[root@rhel9-host ~]# mkdir /var/www/zzrvtc
[root@rhel9-host ~]# echo "This is zzrvtc's web.">>/var/www/zzrvtc/index.html
```

在 /var/www 目录下创建 abc 目录，并在 /var/www/abc 目录中创建主页文件 index.html，文件中写入"This is abc's web."作为测试内容。命令如下：

```
[root@rhel9-host ~]# mkdir /var/www/abc
[root@rhel9-host ~]# echo "This is abc's web.">>/var/www/abc/index.html
```

打开浏览器，使用域名访问两个虚拟主机，可以看到不同虚拟主机的主页内容，如图 7-6和图 7-7 所示。

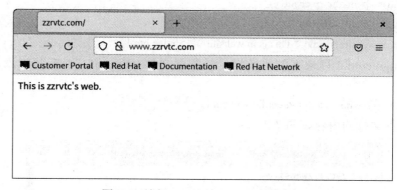

图 7-6　访问 www.zzrvtc.com 虚拟主机

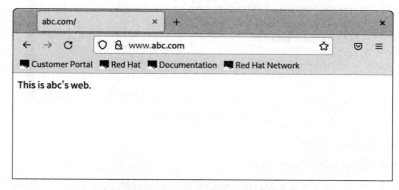

图 7-7　访问 www.abc.com 虚拟主机

 知识链接

基于端口号的虚拟主机配置

基于端口号的虚拟主机配置与基于域名的虚拟主机配置相似，只需要在容器的开始部分声明所使用的端口号，如下所示：

```
<virtualhost*: 端口号 1>
    DocumentRoot
    ServerName
    ServerAdmin
< virtualhost >
```

```
<virtualhost*:端口号2>
    DocumentRoot
    ServerName
    ServerAdmin
< virtualhost >
```

另外，还需要在主配置文件 /etc/httpd/conf/httpd.conf 中的 Listen 项中声明所使用的端口号，如下所示：

```
Listen 端口号 1
Listen 端口号 2
```

4. 配置虚拟目录

(1) 创建真实目录 /website，并在其中创建主页文件 index.html，写入测试内容："This is in website."命令如下：

```
[root@ rhel9-host ~]# mkdir  /website
[root@ rhel9-host ~]# cd  /website
[root@ rhel9-host website]# echo "This is in website." >>index.html
```

(2) 在 /etc/httpd/conf.d 目录下创建虚拟目录配置文件 vdir.conf，并在其中添加虚拟目录设置。命令如下：

```
[root@rhel9-host ~]# vim  /etc/httpd/conf.d/vdir.conf
```

vdir.conf 配置文件的内容如图 7-8 所示。

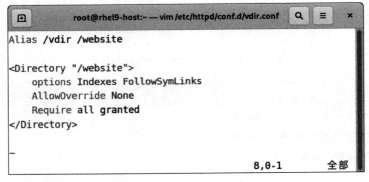

图 7-8　虚拟目录配置文件

(3) 重启服务。命令如下：

```
[root@ rhel9-host ~]# systemctl restart httpd
```

(4) 在浏览器中访问 http://www.zzrvtc.com/vdir，可以看到物理目录 /website 中的主页内容，如图 7-9 所示。

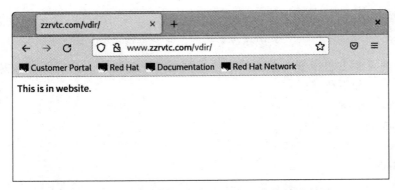

图 7-9　通过虚拟目录访问物理目录中的网站主页

Apache 服务器
安全管理

5. 配置目录安全性

1) 禁用目录浏览功能

(1) 未禁用目录浏览功能前，假设 /website 目录下有 index.html 和 a.txt 两个文件，其中 index.html 文件被删除，访问网站主页，会发现网站目录下的文件 a.txt 以列表形式展示，如图 7-10 所示。单击该文件可以查看文件内容，右键单击该文件，在弹出的快捷菜单中选择【目标另存为】，还可以将该文件保存到本地磁盘，如图 7-11 所示。网站文件资源全部被暴露，是非常大的安全隐患。之所以会出现这种情况，是因为网站目录开启了"目录浏览"功能。

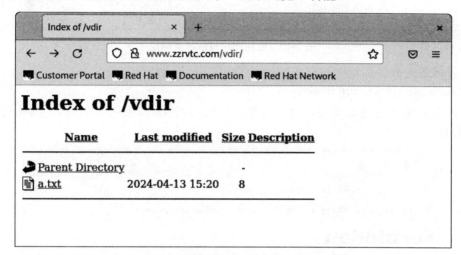

图 7-10　网站目录中的文件被以列表形式显示

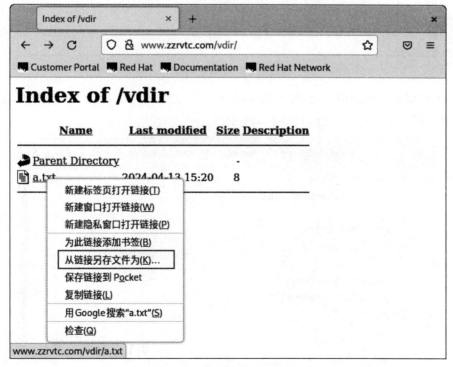

图 7-11　网站文件可以保存到本地

(2) 要保证网站资源不被未授权浏览，需要禁用主目录的目录浏览功能。打开 /website 虚拟目录配置文件，找到主目录相应的容器，删除 Options 命令后的 Indexes 选项。如图 7-12 所示。

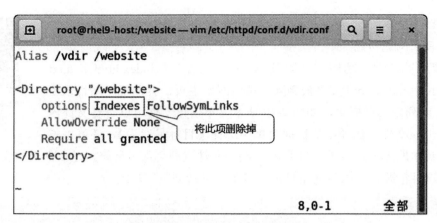

图 7-12　禁用网站目录浏览功能

（3）重启服务。命令如下：

[root@ rhel9-host ~]# systemctl restart httpd

（4）在浏览器中访问网站主页，会显示禁止访问的错误，如图 7-13 所示。网站目录中的文件不会再被显示出来。

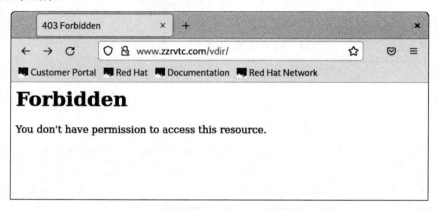

图 7-13　目录浏览功能被禁用后的访问情况

2）禁止 IP 地址为 192.168.1.12 的主机访问

（1）修改虚拟目录的配置文件，如图 7-14 所示。

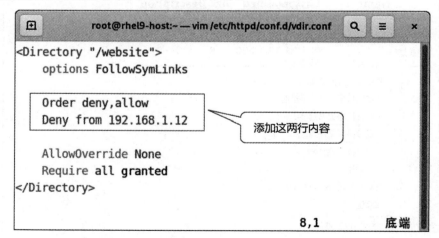

图 7-14　配置网站目录不允许指定 IP 访问

（2）重启服务。命令如下：

[root@ rhel9-host ~]# systemctl restart httpd

(3) 配置客户端主机 IP 地址为 192.168.1.12，在浏览器中访问虚拟目录，会提示禁止访问，如图 7-15 所示。

图 7-15　禁止 IP 地址为 192.168.1.12 的主机访问网站目录

3) 只允许 redhat 用户访问

(1) 修改 /website 目录配置文件，如图 7-16 所示。

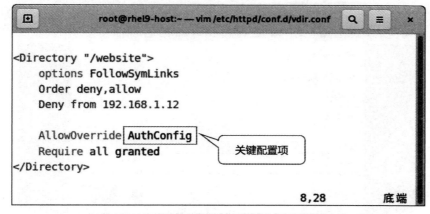

图 7-16　配置网站目录只允许授权用户访问

(2) 创建认证文件。AllowOverride 指令被设置为 AuthConfig 选项后，需要在 .htaccess 文件中写入相应的访问控制选项。.htaccess 文件放在被控制的目录 /website 中。命令如下：

```
[root@rhel9-host ~]# cd /website
[root@rhel9-host website]# vim .htaccess
```

.htaccess 文件内容如图 7-17 所示。

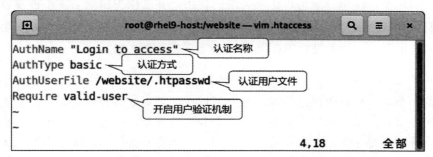

图 7-17　.htaccess 认证文件

◎小贴士：注意 .htaccess 文件名前面有一个 "."，代表此文件是隐藏文件。此文件名不能改变。

(3) 创建认证用户，如图 7-18 所示。

图 7-18　创建认证用户

◎小贴士：第一次创建用户时需要同时创建 .htpasswd 文件，因此需要在 htpasswd 命令后加选项 -c，后面再添加其他用户时切不可再加选项 -c，否则 .htpasswd 文件将被清空重置，之前添加的用户都不存在了。

（4）重启服务。命令如下：

[root@ rhel9-host ~]# systemctl restart httpd

（5）在客户端测试，在浏览器中访问 /vdir 目录时，会弹出身份认证对话框，只有正确输入之前所创建用户名和密码才能访问目录，如图 7-19 所示。

图 7-19　访问指定目录需要身份验证

▼ **任务总结**

　　本次任务我们学习了如何搭建一台 Web 服务器，并根据需求进行相关配置。虚拟主机可以提高服务器的利用率，虚拟目录可以扩展目录的使用，并能保护目录名字不被暴露，目录安全配置可以限制没有权限的用户无法访问目录，从而保证网站的内容安全。Web 应用是目前互联网中最常见的应用之一，读者需要掌握配置 Web 服务器的相关技能。

　课程思政

　　万维网是一个非常开放的网络环境，用户可以在这里浏览各种网络信息，发表自己的各种观点。这些网络信息广泛影响着人们的思想观念和道德行为。在这样的环境中，我们更要明辨是非，规范言行，遵纪守法，文明互动，理性表达，远离不良网站，防止网络沉迷，自觉传播正能量，维护良好的网络秩序，为构建风清气朗的网络空间环境贡献自己的一份力量。

▼ **同步训练**

（1）公司内部搭建一台 Web 服务器，采用的 IP 地址和端口为 192.168.0.100:80，首页采用

index.htm 文件。管理员 E-mail 地址为 root@abc.com，网页的编码类型采用 GB 2312，所有网站资源都存放在 /var/html 目录下，并将 Apache 的根目录设置为 /etc/httpd 目录。试配置 Apache 服务器实现上述功能，并进行测试。

(2) 某 Web 服务器上同时运行两个虚拟主机，域名分别为 www.sunny.com 和 www.rainy.com，两个虚拟主机的主页分别存放在 /var/www/sunny 目录和 /var/www/rainy 目录中，主页内容分别为 "It's sunny today." 和 "It's raining outside."。试配置 Web 服务器实现上述功能。

(3) 为 /tmp/web 目录定义虚拟目录 /vweb。

(4) 对 /tmp/web 目录进行安全配置，要求不允许目录浏览，只允许 192.168.1.0 网段的主机访问该目录，且仅允许 redhat 用户和 stu 用户访问。

任务二 配置与管理 MySQL 服务器

▼ 任务提出

公司要搭建一个动态网站，数据库是必不可少的组成部分。本次任务需要安装和配置开源数据库 MySQL，具体要求包括：

1. 安装 MySQL 数据库

正确安装 MySQL 数据库并测试其可用性。

2. MySQL 数据库安全配置

(1) 为 root 用户设置密码。

(2) 删除匿名用户。

(3) 删除测试数据库 test。

(4) 禁止 root 用户远程登录。

3. 查看数据库日志

1) 查看二进制日志

(1) 查看二进制日志文件的设置情况。

(2) 查看二进制日志文件内容。

(3) 修改二进制日志文件名和日志存活时间。

2) 查看错误日志

(1) 查看错误日志设置情况。

(2) 查看错误日志内容。

3) 查看访问日志

(1) 查看访问日志设置情况。

(2) 开启访问日志并配置访问日志文件名。

(3) 查看访问日志。

4) 查看慢查询日志

(1) 查看慢查询日志设置情况。

(2) 开启慢查询日志并配置慢查询日志文件名。

(3) 查看访问日志。

4. 备份和恢复 MySQL 数据库

(1) 备份 db2 数据库。

(2) 备份 db1 数据库的 tb1 表。

(3) 恢复 db2 数据库。

(4) 恢复 db1 数据库的 tb1 表。

▼ 任务分析

1. MySQL 简介

MySQL 是一个关系型数据库管理系统，由瑞典 MySQL AB 公司开发，属于 Oracle 旗下产品。MySQL 是最流行的关系型数据库管理系统之一，也是 Web 应用中最好的关系数据库管理系统之一。

MySQL 所使用的 SQL 语言是用于访问数据库的最常用标准化语言。MySQL 软件采用了双授权政策，分为社区版和商业版，由于其体积小、速度快、总体拥有成本低，尤其是开放源码这一特点，一般中小型和大型网站的开发都选择 MySQL 作为网站数据库。

2. RHEL9 对 MySQL 的支持

RHEL9 提供 MySQL 8.0 作为 Application Stream 的初始版本，用户可以使用 yum 轻松安装此 rpm 软件包。

3. MySQL 程序

MySQL 中提供了以下几种类型的命令行运行程序：

1) MySQL 服务器和服务器启动脚本

(1) mysqld 是 MySQL 服务器主程序。

(2) mysqld_safe、mysql.server 和 mysqld_multi 是服务器启动脚本。

(3) mysql_install_db 是初始化数据目录和初始数据库程序。

2) 访问服务器的客户程序

(1) mysql 是一个命令行客户程序，用于交互式或以批处理模式执行 SQL 语句。

(2) mysqladmin 是用于管理功能的客户程序。

(3) mysqlcheck 执行表维护操作。

(4) mysqldump 和 mysqlhotcopy 负责数据库备份。

(5) mysqlimport 用于导入数据文件。

(6) mysqlshow 用于显示信息数据库和表的相关信息。

(7) mysqldumpslow 是分析慢查询日志的工具。

3) 独立于服务器操作的工具程序

(1) myisamchk 执行表维护操作。

(2) myisampack 产生压缩、只读的表。

(3) mysqlbinlog 是查看二进制日志文件的实用工具。

(4) perror 显示错误代码的含义。

4. MySQL 配置文件

RHEL9 中 MySQL 的配置文件在 /etc/my.cnf.d 目录下，服务端配置文件为 mysql-server.cnf,

客户端配置文件为 client.cnf，常用参数如表 7-4 所示，可以通过在配置文件中添加相应参数来完成 MySQL 服务器的配置。

表 7-4　MySQL 配置文件常用参数

参　　数	说　　明
bind-address	MySQL 实例启动后绑定的 IP 地址
port	MySQL 实例启动后监听的端口
datadir	MySQL 数据库相关的数据文件主目录
tmpdir	MySQL 保存临时文件的路径
character-set-server	MySQL 默认字符集
key_buffer_size	索引缓冲区，决定了 myisam 数据库索引处理的速度
max_connections	MySQL 允许的最大连接数
max_connect_errors	客户端连接指定次数后，服务器将屏蔽该主机的连接
max_allowed_packet	在网络传输中，一次消息传输量的最大值
thread_cache_size	线程缓冲区所能容纳的最大线程个数
thread_concurrency	限制了一次有多少线程能进入内核
query_cache_size	为缓存查询结果分配的内存数量
query_cache_limit	若查询结果超过此参数设置的大小，则不进行缓存
thread_stack	每个连接创建时分配的内存
net_buffer_length	服务器和客户机之间通信使用的缓冲区大小
read_buffer_size	对数据表进行顺序读取时分配的 MySQL 读入缓冲区的大小
slow_query_log	是否开启慢查询，为 1 表示开启
long_query_time	若超过此值，则认为是慢查询，记录到慢查询日志中

◎小贴士：不同版本 MySQL 的配置文件参数及使用方法略有不同，具体可参考官方网站帮助文档。如果选项配置错误，MySQL 将不能启动。

5. MySQL 的客户端

RHEL9 中 MySQL 客户端程序使用 mysql。

mysql 是一个简单的 SQL shell，具有输入行编辑功能。它支持交互式和非交互式使用。当以交互方式使用时，查询结果以 ASCII 表的格式显示。当以非交互方式使用时（例如，作为过滤器），结果以制表符分隔的格式显示。

【命令】mysql［选项］［数据库名］

【选项】--user= 账户名，-u 账户名：指明登录 MySQL 服务器的账户名，"-u" 和 "账户名" 之间没有空格

　　　　--password= 密码，-p[密码]：指明登录 MySQL 服务器的账户密码，"-p" 和 "密码" 之间没有空格

　　　　--host= 主机名，-h 主机名：指明登录的远程 MySQL 服务器的名字

【说明】当成功执行 mysql 命令后，即进入 mysql 交互界面，如图 7-20 所示。

如果在 mysql 命令中给出数据库名，则在 mysql 的交互界面直接使用该数据库。数据库名可以省略，此时可以使用 SQL 语句 "use 数据库名" 来选择使用某个数据库。

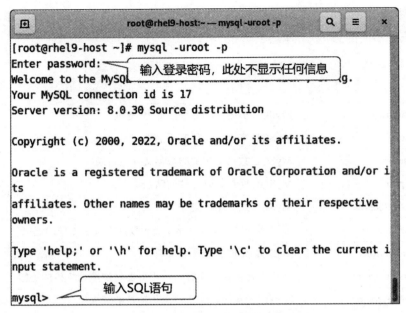

图 7-20　mysql 交互界面

6. MySQL 日志管理

MySQL 服务提供了多种日志，用于记录数据的各种操作，通过日志可以追踪 MySQL 服务器的运行状态，及时发现服务运行中的各种问题。MySQL 服务支持的日志有二进制日志、错误日志、访问日志和慢查询日志。

1) 二进制日志

二进制日志通常被称为 binlog，记录了数据库表的所有 DDL 和 DML 操作的数据库更新语句，但并不包括数据查询语句等没有修改任何数据的语句。

二进制日志的功能包括两个方面：

(1) 数据恢复。如果 MySQL 数据库意外坏掉了，可以利用 binlog 进行数据恢复，因为该日志记录了所有数据库的所有变更，保证数据的安全性。

(2) 数据复制。利用一定的机制将主节点 MySQL 的日志数据传递给从节点，实现数据的一致性以及架构的高可用和高性能。

如果要启动二进制日志，可以通过在配置文件中添加"log-bin=<filename>"选项指定二进制文件存放的位置 (相对路径或绝对路径均可)。

binlog 以二进制方式存储，如需查看其内容，可通过 MySQL 提供的工具 mysqlbinlog 查看。

2) 错误日志

MySQL 的错误日志记录了 MySQL 启动、运行至停止过程中的相关信息，服务器在运行过程中发生的故障和异常情况等，在 MySQL 故障定位方面有着重要的作用。

该日志可以通过在配置文件中设置"log-error=<filename>"指定错误日志存放的位置，若没有设置，则默认为 /var/log/mysql/mysql.log。

在 MySQL 数据库中，错误日志功能是默认开启的，而且无法被禁止。

3) 访问日志

MySQL 的访问日志记录了所有关于客户端发起的连接、查询和更新语句，由于其记录了所有操作，因此在相对繁忙的系统中建议将此设置关闭。

该日志可以通过在配置文件中设置"general_log=1|0"开启或关闭，"general_log_file=

<filename>"指定访问日志存放的位置，也可以在登录 MySQL 实例后通过设置变量来启用。

4) 慢查询日志

MySQL 的慢查询日志是记录了执行时间超过参数 long_query_time(单位是秒) 所设定的值的 SQL 语句日志，对于 SQL 审核和开发者发现性能问题以便及时进行应用程序的优化具有重要意义。

如需启用该日志，可以在配置文件中设置"slow_query_log=1"开启慢查询，"log_slow_queries=<filename>"定义慢查询日志路径。同时，MySQL 提供了慢查询日志分析工具 mysqldumpslow，可以按时间或出现次数统计慢查询的情况。

7. 备份和恢复 MySQL 数据库

1) 备份数据库

在 RHEL9 中，备份 MySQL 数据库有两个主要方法，即逻辑备份和物理备份。

逻辑备份由未来恢复数据所需的 SQL 语句组成。这种类型的备份以纯文本文件的形式导出信息和记录。

与物理备份相比，逻辑备份的主要优势在于可移植性和灵活性。数据可以在其他硬件配置、MySQL 版本或数据库管理系统 (DBMS) 上恢复。即使 mysqld 服务正在运行也可以执行逻辑备份。逻辑备份不包括日志和配置文件。

物理备份由保存内容的文件和目录副本组成。与逻辑备份相比，物理备份具有以下优点：

(1) 输出更为紧凑。

(2) 备份的大小会较小。

(3) 备份和恢复速度更快。

(4) 备份包括日志和配置文件。

请注意，当 mysqld 服务没有运行或数据库中的所有表被锁住时，才能执行物理备份，以防止在备份过程中数据有更改使导出的数据出现不一致的情况。

可以使用以下方法从 MySQL 数据库备份数据：

(1) 使用 mysqldump 进行逻辑备份。

(2) 使用文件系统的复制进行物理备份。

(3) 作为网络整体备份解决方案的一部分进行相关备份。

2) 使用 mysqldump 执行逻辑备份

mysqldump 是一个备份工具，能够导出数据库或数据库集合，从而为数据库备份或向其他数据库服务器传输数据库提供支持。使用 mysqldump 生成的备份文件通常包括重新创建表结构的 SQL 语句或者填充表中数据的 SQL 语句，有时候两种 SQL 语句都包含。mysqldump 也可以生成其他格式的文件，例如 XML 和 CSV 等格式。

使用 mysqldump 执行的备份操作可以采用以下三种方式之一：

(1) 备份所选择的一个或多个数据库。

(2) 备份所有数据库。

(3) 从一个数据库中备份部分表。

【命令】 mysqldump [选项] [db_name...] [tbl_name ...] > backup-file.sql

【说明】 db_name 代表要备份的数据库名，tbl_name 代表要备份的表名，backup-file 代表备份文件名。

【选项】常用选项如表 7-5 所示。

表 7-5　mysqldump 备份操作常用选项

选　项	功　能
--all-databases，-A	导出所有数据库
--databases，-B	导出多个数据库。不使用该选项时，mysqldump 把第一个参数作为数据库名，后面的作为表名；使用该选项时，则把每个参数都当作数据库名
--default-character-set	指定默认字符集，不指定默认为 UTF-8
--no-data，-d	只导出表结构，不导出数据
--tables	覆盖 --databases 或 -B 选项，后面所跟参数都被当作表名
--tab = 目录，-T 目录	对于导出的每个表生成一个包含 create table 语句的名为 "表名 .sql" 的文件和一个包含表中数据的名为 "表名 .txt" 的文件，两个文件均存放在指定目录下
--user = 账户名，-u 账户名	登录数据库的账户名
--password = 密码，-p 密码	登录数据库的账户密码
--where = '条件'，-w '条件'	指定导出的条件
--xml，-X	导出为 xml 文件
--events，-E	导出事件调度器
--routines，-R	导出存储过程和函数
--triggers	导出触发器
--bind-address = IP 地址	如果客户端有多个 IP 地址，指定使用哪个 IP 连接 MySQL 服务器
--host = 主机名，-h 主机名	指定 MySQL 服务器，默认是 localhost(本机)
--add-drop-database	在每个 CREATE DATABASE 语句之前写一个 DROP DATABASE 语句 (效果体现在恢复备份数据库时先删除原有数据库再新建数据库)，该选项一般和 --databases、--all-databases 共同使用，因为只有使用这两个选项时在备份文件中才有可能包含 CREATE DATABASE 语句
--single-transaction	导出开始前先执行 start transaction 命令，仅支持 InnoDB 存储引擎，导出时不锁表，需要确保导出时无 DDL 操作，能够保证导出时数据库的一致性状态
--lock-tables，-l	导出过程中依次锁住每个数据库中的所有表 (只能保证各数据库中的表导出的一致性,不能保证数据库之间的表的逻辑一致性)，被锁的表只能读，MyISAM 存储引擎常用
--lock-all-tables，-x	导出过程中锁住所有数据库中的所有表，避免 --lock-tables 参数无法保证所有数据库表导出的一致性的问题，但是所有表都变为只读

3) 恢复数据库

当数据库被误删除或者新建了一个数据库服务器，可以将备份的数据库文件导入数据库以重建数据库。恢复数据库使用 MySQL 的命令行客户端 mysql 程序。

要恢复一个或多个完整数据库，使用如下命令：

【命令】mysql < 数据库备份文件

要恢复一个数据库的若干个表，使用如下命令：

【命令】mysql 数据库名 < 数据库表备份文件

MySQL 服务器的
安装及安全配置

▼ 任务实施

1. 安装 MySQL 数据库

(1) 安装 MySQL 软件包。RHEL9 中的 AppStream 仓库已经包含了 MySQL8.0 软件包，可以使用 yum 直接安装。部分安装过程如图 7-21 和图 7-22 所示。

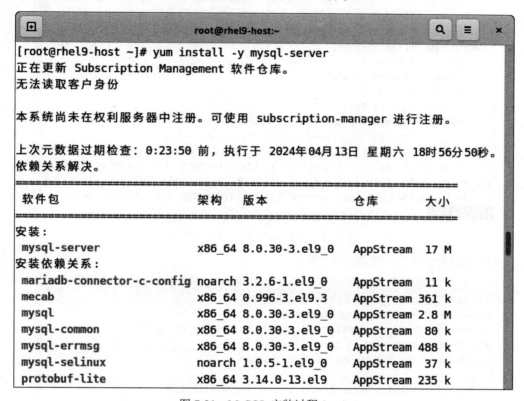

图 7-21　MySQL 安装过程（一）

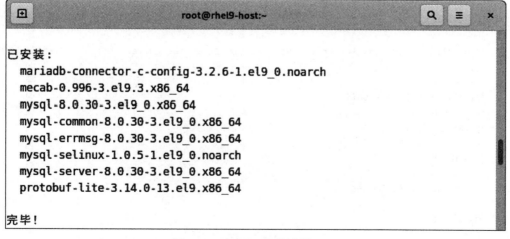

图 7-22　MySQL 安装过程（二）

(2) 启动 MySQL 服务。命令如下：

[root@rhel9-host ~]# systemctl start mysqld

(3) 查看 MySQL 运行状态。命令如下：

[root@rhel9-host ~]# systemctl status mysqld

命令运行结果如图 7-23 所示。

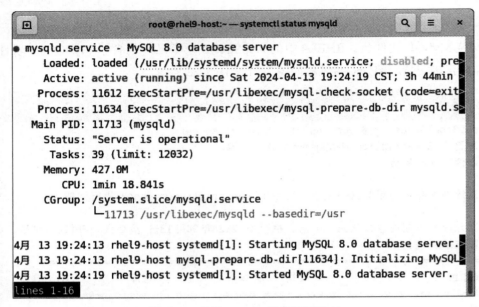

图 7-23　查看 MySQL 服务运行状态

(4) 使用 MySQL 服务，如图 7-24 所示。

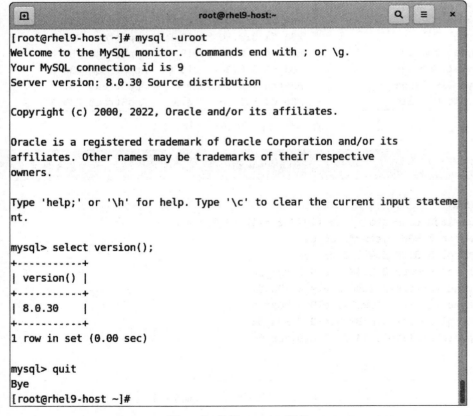

图 7-24　使用 MySQL 服务

2. MySQL 数据库安全配置

使用 mysql_secure_installation 命令启动一个完全交互的脚本，进行 MySQL 服务器的相关安全配置，如图 7-25～图 7-28 所示。

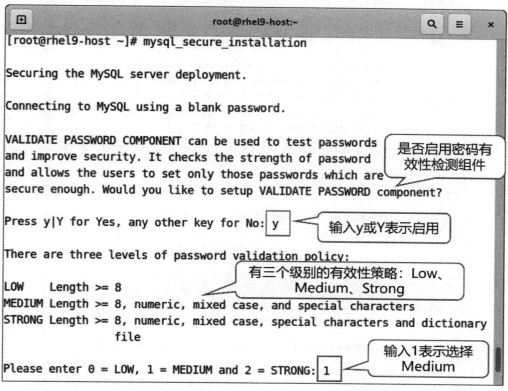

图 7-25　MySQL 安全配置（一）

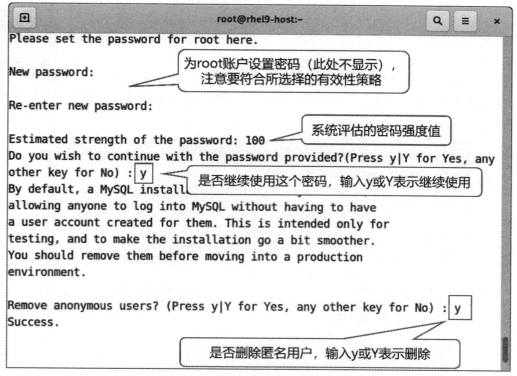

图 7-26　MySQL 安全配置（二）

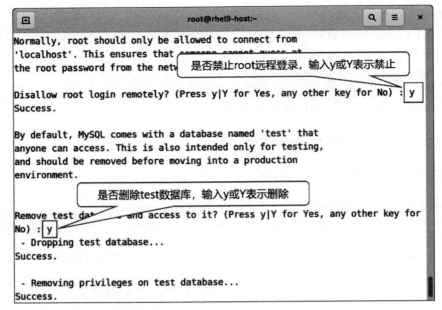

图 7-27　MySQL 安全配置（三）

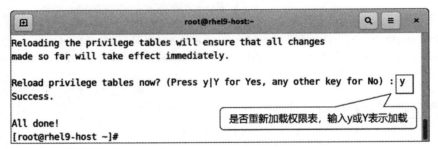

图 7-28　MySQL 安全配置（四）

3. 查看数据库日志

1) 查看二进制日志

(1) 默认情况下，二进制日志已经被开启，进入 MySQL 数据库，通过命令 "show variables like "log_bin%";" 可以查看二进制日志的设置情况，如图 7-29 所示。

查看 MySQL 服务器的日志

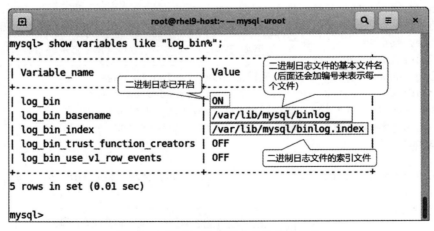

图 7-29　查看二进制日志文件相关信息

(2) 使用 mysqlbinlog 程序查看二进制日志文件内容，如图 7-30 所示。

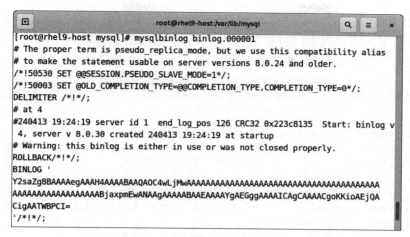

图 7-30　查看二进制日志文件

(3) 通过修改 MySQL 配置文件来修改二进制日志文件名和日志存活时间。命令如下：

[root@rhel9-host ~]# vim /etc/my.cnf.d/mysql-server.cnf

配置文件内容如图 7-31 所示。

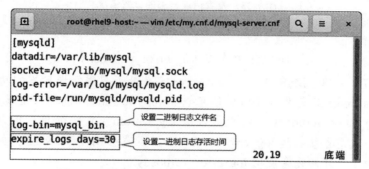

图 7-31　设置二进制日志文件名和日志存活时间

重启服务。命令如下：

[root@rhel9-host ~]# systemctl restart mysqld

此时再查看二进制日志文件的信息，会看到文件名和存活时间都被修改了，如图 7-32 所示。

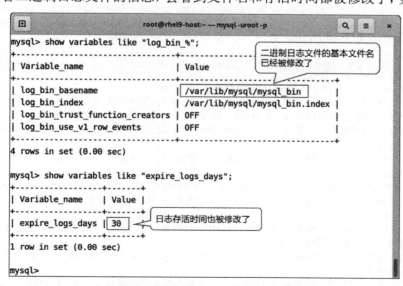

图 7-32　被修改后的二进制日志文件设置

◎小贴士：修改过配置文件后需要重启 mysql 服务才能使配置生效。

2) 查看错误日志

(1) 默认情况下，错误日志已经被开启，进入 MySQL 数据库，通过命令"show variables like "log_error%";"可以查看错误日志的设置情况，如图 7-33 所示。

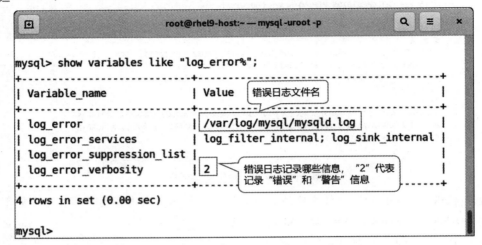

图 7-33　查看错误日志的设置情况

 知识链接

MySQL 新参数 log_error_verbosity

在 MySQL 5.7.2 之前，MySQL 中的 log_error 定义是否启用错误日志的功能和错误日志的存储位置，log_warnings 定义是否将告警信息 (warning messages) 也写入错误日志。从 MySQL 5.7.2 开始使用 log_error_verbosity 系统变量代替 log_warnings 系统变量，但是 log_warnings 系统变量依然存在，只是系统首选 log_error_verbosity。但是从 MySQL 8.0.3 开始 log_warnings 系统变量已经被移除了，开始完全使用 log_error_verbosity。

新参数 log_error_verbosity 更简单，它有三个可选值：

"1"代表错误日志仅记录错误信息；"2"代表错误日志记录错误信息和告警信息；"3"代表错误日志记录错误信息、告警信息和通知信息。

(2) 查看错误日志。命令如下：

[root@rhel9-host ~]# cat /var/log/mysql/mysqld.log

命令运行结果如图 7-34 所示。

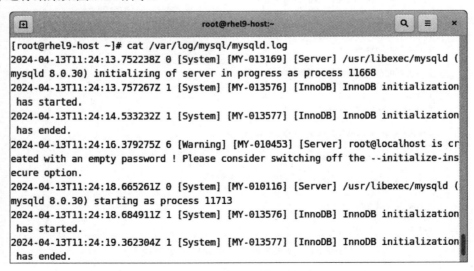

图 7-34　查看错误日志

3) 查看访问日志

(1) 默认情况下，访问日志未被开启，进入 MySQL 数据库，通过命令"show variables like "general_log%";"可以查看访问日志的设置情况，如图 7-35 所示。

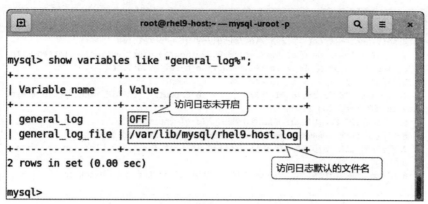

图 7-35　查看访问日志设置

(2) 要开启访问日志，可以在 MySQL 数据库中执行命令"set global general_log=on"，如图 7-36 所示。

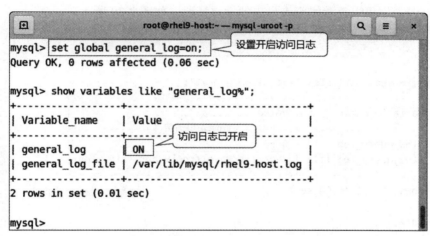

图 7-36　在 MySQL 中设置开启访问日志

也可以修改配置文件，如图 7-37 所示。

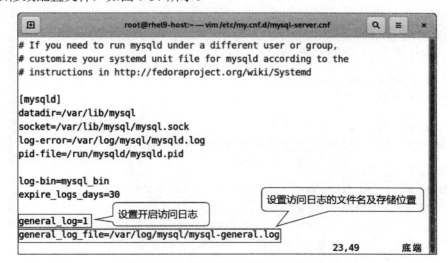

图 7-37　在配置文件中设置开启访问日志

(3) 查看访问日志。命令如下：

[root@rhel9-host ~]# cat -n /var/log/mysql/mysql-general.log

部分日志内容如图 7-38 所示。

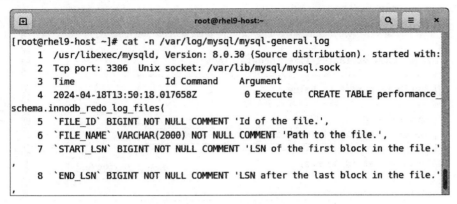

图 7-38　查看访问日志

4) 查看慢查询日志

(1) 默认情况下，慢查询日志未被开启，进入 MySQL 数据库，通过命令 "show variables like "slow_query%";" 可以查看慢查询日志的设置情况，如图 7-39 所示。

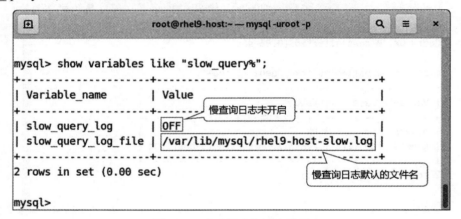

图 7-39　查看慢查询日志设置

(2) 要开启慢查询日志，可以修改配置文件，如图 7-40 所示。

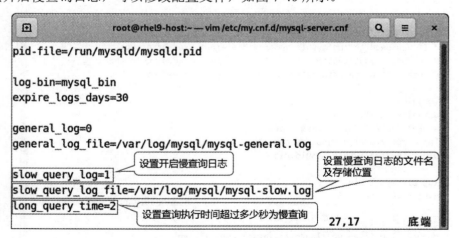

图 7-40　在配置文件中设置开启慢查询日志

(3) 在数据库中执行一个查询 "select sleep(2);" 使查询时间持续 2 秒，如图 7-41 所示。

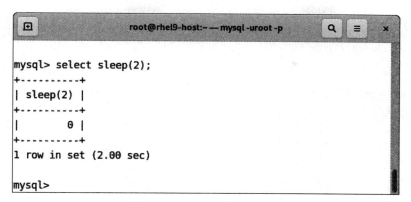

图 7-41 执行一个慢查询操作

(4) 查看慢查询日志。命令如下：

[root@rhel9-host ~]# cat /var/log/mysql/mysql-slow.log

运行结果如图 7-42 所示。

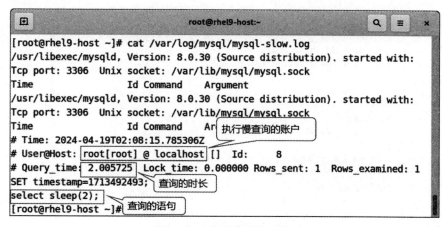

图 7-42 查看慢查询日志

可以使用 MySQL 自带的 mysqldumpslow 工具来分析慢查询日志。命令如下：

[root@rhel9-host ~]# mysqldumpslow -s t /var/log/mysql/mysql-slow.log

命令运行结果如图 7-43 所示。

图 7-43 使用 mysqldumpslow 工具分析慢查询日志

4. 备份和恢复 MySQL 数据库

(1) 创建数据库 db1，在其中创建表 tb1、tb2，并添加相应数据。创建数据库 db2，在其中创建表 tb3，并添加数据。SQL 代码如下：

create database db1;

use db1;

备份和恢复
MySQL 数据库

```
create table tb1(id int);
insert into tb1() values(1),(2),(3);
create table tb2(id int);
insert into tb2() values(4),(5),(6);
create database db2;
use db2;
create table tb3(id int);
insert into tb3() values(7),(8),(9);
```

(2) 备份 db2 数据库。

```
[root@rhel9-host ~]# mysqldump -uroot -pZzrvtc@2024 --databases db2>/tmp/mysql-db2.sql
```

(3) 备份 db1 数据库的 tb1 表。

```
[root@rhel9-host ~]# mysqldump -uroot -pZzrvtc@2024 db1 tb1>/tmp/mysql-db1-tb1.sql
```

(4) 删除 db2 数据库，如图 7-44 所示。

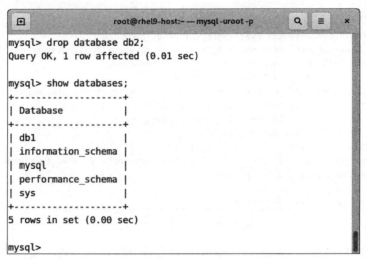

图 7-44　删除数据库

(5) 恢复 db2 数据库。命令如下：

```
[root@rhel9-host ~]# mysql -uroot -p< /tmp/mysql-db2.sql
```

(6) 查看恢复数据库的结果，如图 7-45 所示。

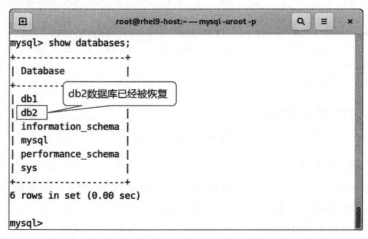

图 7-45　查看恢复数据库的结果

（7）删除 db1 数据库的 tb1 表，如图 7-46 所示。

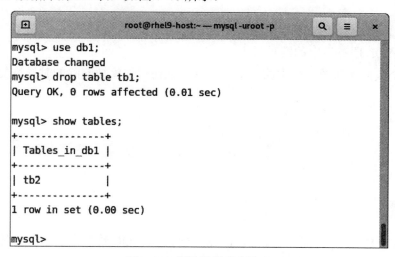

图 7-46　删除数据库中的表

（8）恢复 tb1 表。命令如下：

```
[root@rhel9-host ~]# mysql -uroot -p db1</tmp/mysql-db1-tb1.sql
```

（9）查看恢复 tb1 表的结果，如图 7-47 所示。

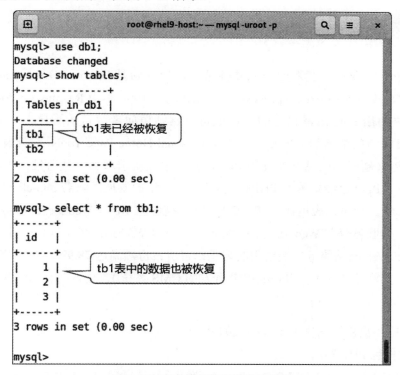

图 7-47　查看恢复数据库表的结果

▼ 任务总结

本次任务我们学习了如何在 RHEL9 中搭建 MySQL 服务器，并对服务器进行安全配置。作为一个系统管理员，不一定需要深入了解 MySQL 数据库的使用，但是一定要掌握在服务器出问题时如何去查看日志发现问题，从而协助数据库管理员解决问题。同时，也要掌握数据库备份和恢复的方法，从而确保数据库的数据安全。

▼ 同步训练

(1) 搭建自己的 MySQL 服务器并进行安全配置。

(2) 查看 MySQL 服务器上的四种日志。

(3) 备份一个数据库和数据库中的一个表，并尝试在数据库被删除的时候恢复它们。

任务三　配置与管理 PHP 程序解释器

▼ 任务提出

公司网站是由 PHP 语言编写而成的，数据库使用 MySQL 数据库。本次任务是配置与管理 Linux 服务器使之能够支持公司网站的运行。主要内容包括：

(1) 安装 PHP 相关软件包。

(2) 配置 Apache 服务器支持 PHP。

▼ 任务分析

1. PHP 简介

PHP 是一个拥有众多开发者的开源软件项目，最开始是 Personal Home Page 的缩写，已经正式更名为 "PHP: Hypertext Preprocessor"。PHP 是在 1994 年由 Rasmus Lerdorf 创建的，最初只是一个简单的用 Perl 语言编写的统计他自己网站访问者数量的程序。后来重新用 C 语言编写，同时可以访问数据库。1995 年，PHP(Personal Home Page Tools) 对外发表第一个版本 PHP1。此后，越来越多的网站开始使用 PHP，并且强烈要求增加一些特性，如循环语句和数组变量等。如今，PHP 已经发展到 PHP8，经过二十多年的发展，随着 php-cli 相关组件的快速发展和完善，PHP 已经可以应用在 TCP/UDP 服务、高性能 Web、WebSocket 服务、物联网、实时通信、游戏、微服务等非 Web 领域的系统研发。根据 W3Techs 在 × 年 × 月 × 号发布的统计数据，PHP 在 Web 网站服务器端使用的编程语言所占份额高达 78.9%。在内容管理系统的网站中，有 58.7% 的网站使用 WordPress(PHP 开发的 CMS 系统)，这占所有网站的 25.0%。

2. RHEL9 对 PHP 的支持

在 RHEL9 中，提供以两种版本和格式的 PHP：

(1) RPM 软件包 PHP 8.0。

(2) 模块流 PHP 8.1。在 RHEL9 中，Apache 服务器可以将 PHP 作为 FastCGI 进程服务器运行。FastCGI Process Manager(FPM) 是一种替代 PHP FastCGI 的守护进程，它允许网站管理高负载。默认情况下，PHP 在 RHEL9 中使用 FastCGI Process Manager。

▼ 任务实施

1. 安装 PHP 相关软件包

需要安装的 PHP 相关软件包包括 PHP 语言解释器 php、MySQL 驱动程

配置与管理 PHP
程序解释器

序 php-mysqlnd 和 FastCGI 模块 php-fpm。部分安装过程如图 7-48 和图 7-49 所示。

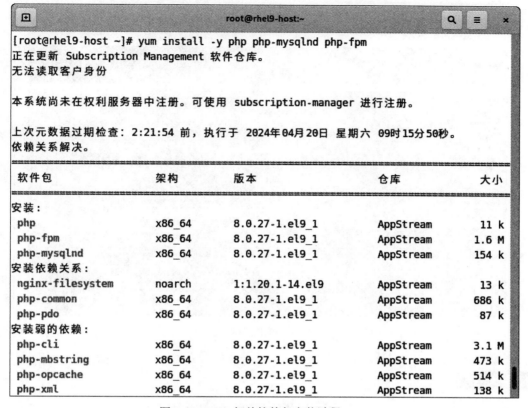

图 7-48　PHP 相关软件包安装过程 (一)

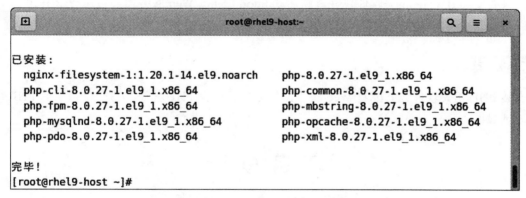

图 7-49　PHP 相关软件包安装过程 (二)

2. 配置 Apache 服务器使之支持 PHP

(1) 重启 httpd 服务。命令如下：

```
[root@rhel9-host ~]# systemctl restart httpd
```

(2) 启动 php-fpm 服务。命令如下：

```
[root@rhel9-host ~]# systemctl start php-fpm
```

(3) 创建测试主页。命令如下：

```
[root@rhel9-host ~]# echo "<?php phpinfo(); ?>">/var/www/html/index.php
```

(4) 在浏览器中访问测试主页，看到如图 7-50 的界面，说明 Web 服务器已经支持 PHP 程序了。

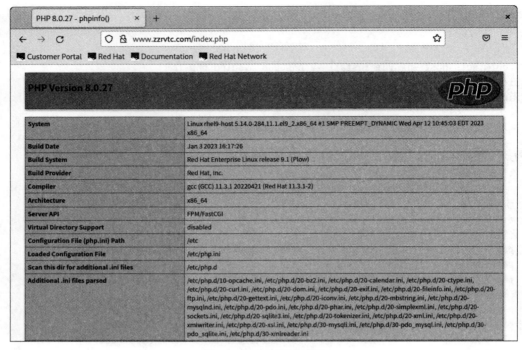

图 7-50　PHP 测试页面

▼ **任务总结**

本次任务我们学习了如何安装 PHP 相关软件包并配置 Web 服务器使之支持 PHP 程序。事实上，只要安装好 PHP 相关软件包并重新启动 httpd 服务，Web 服务器即可运行 PHP 程序，同时也能支持 MySQL 服务。

▼ **同步训练**

安装 PHP 相关软件包并配置 Web 服务器使之能够运行 PHP 程序。写一个自己的 PHP 程序进行测试验证。

项 目 总 结

本项目中我们学习了配置和管理基于 RHEL9 系统的 Web 服务器、MySQL 服务器和 PHP 服务器。Web 服务器最流行的软件是 Apache。我们使用 Apache 软件配置了基本的 Web 服务器，并配置了虚拟主机、虚拟目录以及安全选项。MySQL 服务器是目前最流行的关系型数据库之一，我们学习了 MySQL 服务器的安装、安全管理、日志管理和数据库备份的方法。PHP 是目前最流行的 Web 开发语言，在 RHEL9 中也有相关软件包支持 PHP 程序的运行。

通过本项目，我们对 LAMP 服务器的配置和管理有了一个更深刻的认识。

项 目 训 练

一、选择题

1. WWW 服务默认的端口号是 _____。

A. 80　　　　　　　　　　　　　B. 8080

C. 8000　　　　　　　　　　　　D. 8008

2. Apache 服务器配置文件中设置网站文件根目录的选项是 _____。

A. ServerRoot　　　　　　　　　B. DocumentRoot

C. ServerName　　　　　　　　　D. DirectoryIndex

3. Apache 服务器区分不同的虚拟主机不可以基于 _____。

A. IP 地址　　　　　　　　　　　B. 主机名

C. 端口号　　　　　　　　　　　D. 主目录

4. Apache 服务器配置文件中的目录浏览功能是 option 选项的 _____。

A. Indexes　　　　　　　　　　　B. Multiviews

C. FollowSymLinks　　　　　　　D. IncludesIndex

5. RHEL9 中的 MySQL 客户端程序是 _____。

A. mysql　　　　　　　　　　　　B. mysqldump

C. mysqld　　　　　　　　　　　D. mysqladmin

6. MySQL 日志中能够记录所有操作的日志是 _____。

A. 二进制日志　　　　　　　　　B. 错误日志

C. 访问日志　　　　　　　　　　D. 慢查询日志

二、填空题

1. HTTP 协议的中文名称是 _____。

2. Apache 服务器的主配置文件是 _____，其他的子配置文件存放在目录中，并在主配置文件末尾用 _____ 将所有的子配置文件包含进来。

3. 要仅允许 192.168.1.0 网段的主机访问 Web 网站的配置是 _____。

4. 开启对某目录的身份验证模式的配置项是 _____。

5. 能够对 MySQL 数据库进行安全配置的命令是 _____。

6. RHEL9 中安装的用来与 Apache 集成的 PHP 软件包是 _____。

三、实践操作题

1. 某公司要创建自己的 Web 网站，试按如下要求进行配置：

(1) 网站域名为：www.myweb.com，IP 地址为 192.168.0.1。

(2) 网站主页为 index.htm，存放在 /myweb 目录下，用户通过虚拟目录名 /virweb 进行访问。

(3) 网站禁止主机 192.168.1.101 访问。

2. 配置 Web 服务器的基于域名的虚拟主机，其中域名 www.zhangsan.com 主机的主页文件放在 /var/www/zhangsan 目录下，主页内容为："This is zhangsan's home page！"(zhangsan 代表自己名字的全拼)，域名 www.zs.com 主机的主页文件放在 /var/www/zs 目录下，主页内容为："This is zs's homepage！"(zs 代表自己名字拼音的首字母)。

3. 搭建 MySQL 服务器，进行安全配置，并尝试备份和恢复数据库。

4. 安装 PHP 相关软件，尝试与 Apache 服务器、MySQL 服务器集成，搭建一个动态网站测试其效果。

项目 8

LNMP 服务器配置与管理

项目描述

公司为方便对外发布信息，需要搭建一个 Web 网站，其中 Web 服务使用 Nginx，数据库使用 MySQL，Web 程序使用 PHP 语言。同时，为方便对服务器的自动化管理，需要安装 Python 环境。

本项目中我们来完成该服务器的配置与管理任务。

学习目标

(1) 掌握 Nginx 服务器的安装和配置。
(2) 掌握集成 LNMP 架构服务器的方法。
(3) 掌握 Python 解释器环境的安装方法。

思政目标

学习贯彻习近平总书记关于网络强国的重要思想，朝着建设网络强国的目标不懈努力。

预备知识　认识 LNMP 服务器

Web 服务除了常见的 LAMP 架构外，还有一种应用比较广泛的架构，就是 LNMP。L 指 Linux，N 指 Nginx，M 一般指 MySQL，也可以指 MariaDB，P 一般指 PHP，也可以指 Perl 或 Python。

Nginx 是一个高性能、轻量级的 HTTP 和反向代理 Web 服务器，同时也提供了 IMAP/POP3/SMTP 服务。它是由伊戈尔·赛索耶夫为俄罗斯访问量第二的 Rambler.ru 站点开发的，可以在大多数 Linux 操作系统上编译运行，并有 Windows 移植版。

Nginx 具有占用内存少、并发能力强的特点，已经成为全世界最流行的 Web 服务器之一。

Nginx 与 Apache 的对比如表 8-1 所示。

表 8-1　Nginx 与 Apache 的对比

	Nginx	Apache
性能	基于事件的 Web 服务器	基于流程的 Web 服务器
	避免子进程	基于子进程
	在内存消耗和连接方面更好	在内存消耗和连接方面一般
	性能和可伸缩性不依赖于硬件	依赖于 CPU 和内存等硬件
	支持热部署	不支持热部署
	对于静态文件处理具有更高效率	对于静态文件处理相对一般
	在反向代理场景具有明显优势	在反向代理场景应用相对一般
优点	(1) 轻量级，同样是 Web 服务，比 Apache 占用更少的内存及资源 (2) 高并发，Nginx 处理请求是异步非塞的，而 Apache 则是阻塞型的，在高并发下 Nginx 能保持低资源低消耗高性能 (3) 高度模块化的设计，编写模块相对简单 (4) 社区活跃，各种高性能模块出品迅速	(1) 比 Nginx 的重写功能强大 (2) 模块非常多，常见应用都可以找到 (3) 可靠性高，比 Nginx 的 bug 少 (4) 系统稳定性高
适用场景	性能要求比较高的 Web 服务，处理动态请求是弱项；只适合静态页面和反向代理	稳定性要求比较高的 Web 服务，动态请求页面比较多的网站

课程思政

　　1987 年 9 月 20 日，一封内容为 "Across the Great Wall we can reach every corner in the world (越过长城，走向世界)" 的电子邮件从北京计算机应用技术研究所发往卡尔斯鲁厄大学计算机中心。这是从我国发往国外的第一封电子邮件，预示着互联网时代悄然叩响了中国的大门。三十多年来，我国互联网和信息化工作取得了显著的发展成就，网络走入千家万户，网民数量世界第一，我国已成为网络大国。但是，我们在自主创新方面还相对落后，区域和城乡差异比较明显，国内互联网发展瓶颈仍然较为突出。为此，国家提出实施网络强国战略。习近平总书记就建设网络强国提出了 "六个加快"：加快推进网络信息技术自主创新，加快数字经济对经济发展的推动，加快提高网络管理水平，加快增强网络空间安全防御能力，加快用网络信息技术推进社会治理，加快提升我国对网络空间的国际话语权和规则制定权，朝着建设网络强国目标不懈努力。建设网络强国，需要所有科技人才的共同努力。大家一起加油！

任务一　配置与管理 Nginx 服务器

任务提出

Nginx 服务器是 LNMP 架构的基础。本次任务主要安装和配置 Nginx 服务器，主要内容包括：

1. 安装 Nginx 软件包

查看 Nginx 所需要的软件包是否安装，如果没有则安装相关软件包。

2. 配置基本 Web 服务

公司 Web 服务器端口为 80，域名为 www.zzrvtc.com，首页采用 index.html 文件，所有网

站资源都存放在 /var/www/html 目录下，请配置服务器实现上述要求。

3. 配置虚拟主机

公司申请了两个域名：www.zzrvtc.com 和 www.abc.com，需要建立两个不同的 Web 网站。出于对资金预算的考虑，需要将这两个网站放在同一台硬件服务器上运行。试配置虚拟主机，实现在同一个服务器平台上运行多个 Web 站点的功能。

4. 设置反向代理

公司申请了两个域名：www.zzrvtc.com 和 www.abc.com，计划建设两个不同的 Web 网站，但由于目前基于 www.abc.com 域名的网站还未建成，因此希望所有访问 www.abc.com 的请求都转向 www.zzrvtc.com 网站。试配置服务器的反向代理功能实现此需求。

▼ 任务分析

1. Nginx 的安装

在 RHEL9 中，Application Streams 提供了不同版本的 Nginx。通过使用默认配置，Nginx 可以在端口 80 上作为 Web 服务器运行，并提供 /usr/share/nginx/html/ 目录中的内容。

2. Nginx 的配置文件

Nginx 服务器的配置信息主要集中在 /etc/nginx/nginx.conf 这个配置文件中，该文件由三个模块组成：全局模块、events 模块、http 模块，http 模块还包含若干 server 子模块和 location 子模块。除全局模块外，每个模块或子模块都以模块名开头，模块内容以"{}"来分隔，每一行配置都以";"结尾，例如：

```
http {                                        # http 模块开始
    include  mime.types;
    default_type  application/octet-stream;
    access_log  logs/access.log  main;
    log_format  main  xxx;
    ......
server {                                       # server 子模块开始
        listen 80;
        server_name  localhost;
        location / {                           # location 子模块开始
            root   html;
            index  index.html index.htm;
        }                                      # location 子模块结束
        error_page   500 502 503 504  /50x.html;
    }                                          # server 子模块结束
}                                              # http 模块结束
```

1) 全局模块

全局模块是配置文件从开始到 events 模块之间的内容，主要设置 Nginx 整体运行的配置指令，这些指令的作用域是全局。常见配置选项包括：

(1) user：指定 Nginx worker 进程运行用户以及用户组。

(2) worker_processes：指定 Nginx 要开启的子进程数量，根据硬件调整，通常等于 CPU 内核数量的整数倍。

(3) error_log：定义错误日志文件的位置及输出级别（包括 debug、info、notice、warn、error、

crit 等)。

(4) pid：用来指定进程 PID 文件存放位置。

2) events 模块

events 模块主要影响 Nginx 服务器和用户的网络连接，对性能影响较大。常见配置选项包括：

(1) worker_connections：每个 worker_processes 的最大连接数量。

(2) use：指定了线程轮询的方法，Linux 2.6 以上的系统使用 epoll，BSD 系列如 Mac 使用 Kqueue。

(3) accept_mutex：是否开启网络连接的序列化 (防止多个进程对连接的争抢)，on 表示开启。

(4) multi_accept：是否允许同时接收多个网络连接 (默认不允许)，on 表示允许，工作进程都有能力同时接收多个新到达的网络连接。

3) http 模块

http 模块是 Nginx 最核心的一个模块，是 Nginx 服务器配置中的重要部分，代理、缓存、日志定义等很多的功能指令都可以放在 http 模块中。常见配置选项包括：

(1) log_format：定义服务日志的格式，它的语法为：

`log_format name format`

其中 name 表示定义的格式名称，format 表示定义的格式样式。

(2) access_log：配置服务日志的存放路径、日志格式、临时存放日志的内存缓存区大小。

(3) sendfile：是否允许以 sendfile 方式传输文件，也即将文件的回写过程交给数据缓冲区去完成，而不是放在应用中完成，这样有助于提升性能，on 表示允许。

(4) keepalive_timeout：连接超时时间，也即与用户建立连接会话后 Nginx 服务器保持会话的时间。

4) server 子模块

http 模块可以有多个 server 子模块，每个 server 子模块都相当于一台虚拟主机，server 子模块下又分为 server 全局子模块和 location 子模块。

server 全局子模块中常见的配置指令是本虚拟主机的监听配置和本虚拟主机的名称或者 IP 配置。主要包括：

(1) listen：设置网络监听端口，格式为 "IP: 端口号"，如果不指定 IP，则监听所有 IP。

(2) server_name：指定虚拟主机名或 IP 地址。

(3) root：指定虚拟主机的根目录，也就是当前主机中 Web 网站的根目录。

(4) index：指定网站的默认主页。

(5) error_page：设置网站的错误页面。

5) location 子模块

location 子模块的主要作用是基于 Nginx 服务器收到的请求字符串 (如 server_name/uri-string)，对除虚拟主机名称外的字符串进行匹配，对特定的请求进行处理，提供的功能包括地址定向、数据缓存、应答控制、第三方模块等。

3. Nginx 的反向代理

所谓代理，就是代表被代理人去完成相应的任务。通常情况下，是被代理人提出任务，由代理去代为完成。例如在互联网还没有全面普及的年代，许多单位只有一台能接入互联网的电脑，就会将这台电脑设置为代理服务器，单位其他电脑若想访问互联网的资源，都将访问请求发送至代理服务器，由代理服务器转向互联网，而互联网上的反馈的信息也由代理服务器转发给请求的客户。这种代理被称为是正向代理，其特点是代理服务器将用户的访问需求未经任务加工直接转发。

而反向代理与正向代理的思路正好相反，它出于某种原因，将用户的需求进行加工处理后再转发。例如访问量比较大的网站会有多台服务器同时运行，用户并不知道要选择哪台服务器，只知道要访问该网站，此时就由反向代理根据当时各服务器的负载情况决定将用户的访问转发到哪台服务器。又例如，网站的某些网页不能对外公开，反向代理可以将用户对这些网页的访问请求转到网站能对外公布的网页，这样既增强了用户的使用体验，又满足了网站内容保密的要求。

Nginx 在配置文件中使用 http 模块的 server 子模块中的 location 子模块来实现反向代理，格式为：

```
location 客户需要访问的目录 {
    proxy_pass 被转到的网页地址;
}
```

任务实施

配置与管理 Nginx 服务器

1. 安装 Nginx 软件包

使用以下命令安装 Nginx 软件包：

```
[root@RHEL9 ~]# yum install -y nginx
```

部分安装过程如图 8-1 和图 8-2 所示。

```
root@rhel9-host:~
[root@rhel9-host ~]# yum install -y nginx
正在更新 Subscription Management 软件仓库。
无法读取客户身份

本系统尚未在权利服务器中注册。可使用 subscription-manager 进行注册。

上次元数据过期检查：9:52:09 前，执行于 2024年04月20日 星期六 12时18分18
秒。
依赖关系解决。
================================================================================
 软件包          架构          版本                      仓库              大小
================================================================================
安装：
 nginx           x86_64        1:1.20.1-14.el9           AppStream         43 k
安装依赖关系：
 nginx-core      x86_64        1:1.20.1-14.el9           AppStream        576 k
```

图 8-1　Nginx 软件包安装过程（一）

```
root@rhel9-host:~
运行事务
  准备中   ：                                                             1/1
  安装     ：nginx-core-1:1.20.1-14.el9.x86_64                            1/2
  安装     ：nginx-1:1.20.1-14.el9.x86_64                                 2/2
  运行脚本：nginx-1:1.20.1-14.el9.x86_64                                  2/2
  验证     ：nginx-1:1.20.1-14.el9.x86_64                                 1/2
  验证     ：nginx-core-1:1.20.1-14.el9.x86_64                            2/2
已更新安装的产品。

已安装：
  nginx-1:1.20.1-14.el9.x86_64     nginx-core-1:1.20.1-14.el9.x86_64

完毕！
[root@rhel9-host ~]#
```

图 8-2　Nginx 软件包安装过程（二）

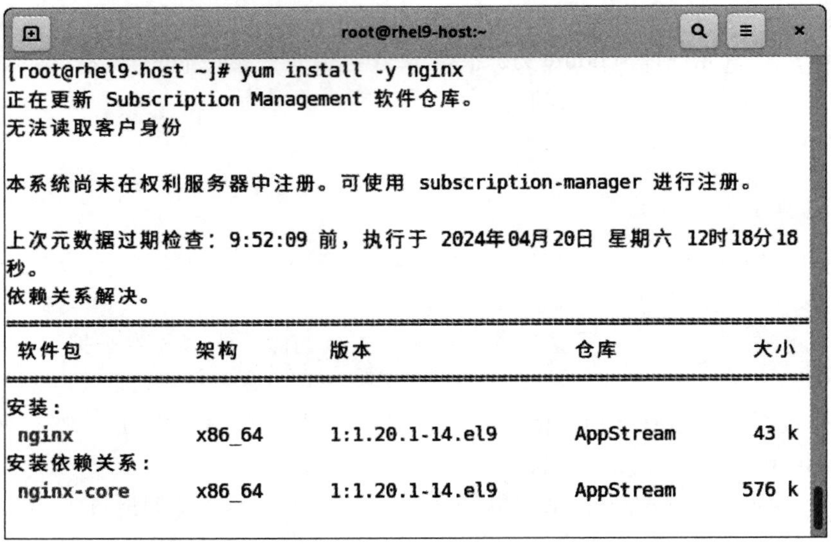

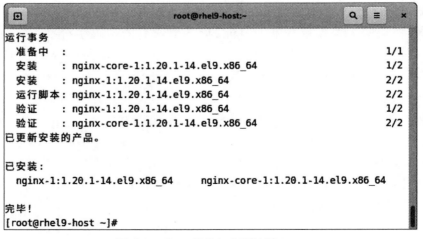

2. Nginx 基本配置

（1）修改配置文件 /etc/nginx/nginx.conf。命令如下：

[root@RHEL9 ~]# vim /etc/nginx/nginx.conf

部分配置文件内容如图 8-3 所示。

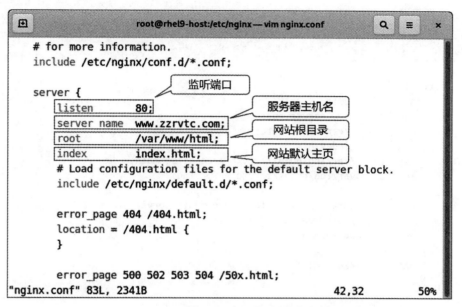

图 8-3 Nginx 基本配置

（2）启动服务。命令如下：

[root@rhel9-host ~]# systemctl start nginx

（3）测试服务器功能。在 /var/www/html 目录下创建主页文件 index.html，并写入"Welcome to Nginx Server."命令如下：

[root@ rhel9-host ~]# cd /var/www/html

[root@ rhel9-host html]# echo "Welcome to Nginx Server.">>index.html

打开浏览器访问网站，可以看到主页的测试内容，如图 8-4 所示。

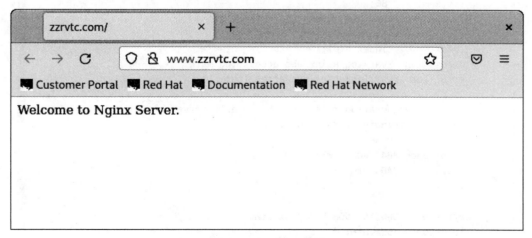

图 8-4 访问网站主页

◎小贴士：如果在本服务器上已经运行过 Apache 服务器，且 Apache 服务器的监听端口也是 80 端口，则需要先把 httpd 服务停止后再启动 nginx 服务，否则会导致服务启动失败。

3. 配置虚拟主机

(1) 配置 DNS 服务器，使其能将域名 www.zzrvtc.com 和 www.abc.com 均解析到 IP 地址 192.168.1.100。配置步骤可参考项目 6 中的任务四"配置被转发服务器"的相关内容。

(2) 修改配置文件，在前面服务器基本配置的基础上再增加两个 server 子模块，并修改三个 server 子模块的内容，如图 8-5 至图 8-7 所示。

```
root@rhel9-host:/etc/nginx — vim nginx.conf

server {
    listen        80;
    server_name   www.zzrvtc.com;
    root          /var/www/zzrvtc;
    index         index.html;
    access_log    /var/log/nginx/zzrvtc-access.log main;
    error_log     /var/log/nginx/zzrvtc-error.log;

    # Load configuration files for the default server block.
    include /etc/nginx/default.d/*.conf;
    error_page 404 /404.html;

    location = /404.html {
    }

    error_page 500 502 503 504 /50x.html;
    location = /50x.html {
    }
}
                                                    42,1          42%
```

图 8-5　www.zzrvtc.com 虚拟主机 server 子模块相关配置

```
root@rhel9-host:/etc/nginx — vim nginx.conf

server {
    listen        80;
    server_name   www.abc.com;
    root          /var/www/abc;
    index         index.html;
    access_log    /var/log/nginx/abc-access.log main;
    error_log     /var/log/nginx/abc-error.log;

    # Load configuration files for the default server block.
    include /etc/nginx/default.d/*.conf;

    error_page 404 /404.html;
    location = /404.html {
    }

    error_page 500 502 503 504 /50x.html;
    location = /50x.html {
    }
}
                                                    62,5          64%
```

图 8-6　www.abc.com 虚拟主机 server 子模块相关配置

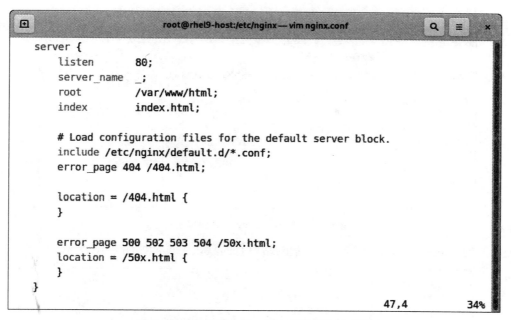

图 8-7　其他虚拟主机 server 子模块相关配置

(3) 重启服务。命令如下：

```
[root@rhel9-host ~]# systemctl restart nginx
```

(4) 测试服务。

根据虚拟主机配置文件，在 /var/www 目录下创建 zzrvtc 目录，并在 /var/www/zzrvtc 目录中创建主页文件 index.html，文件中写入 "This is zzrvtc's web." 作为测试内容。命令如下：

```
[root@rhel9-host ~]# mkdir /var/www/zzrvtc
[root@rhel9-host ~]# echo "This is zzrvtc's web.">>/var/www/zzrvtc/index.html
```

在 /var/www 目录下创建 abc 目录，并在 /var/www/abc 目录中创建主页文件 index.html，文件中写入 "This is abc's web." 作为测试内容。命令如下：

```
[root@rhel9-host ~]# mkdir    /var/www/abc
[root@rhel9-host ~]# echo    "This is abc's web.">>/var/www/abc/index.html
```

打开浏览器，使用域名访问两个虚拟主机，可以看到不同虚拟主机的主页内容，如图 8-8 和图 8-9 所示。

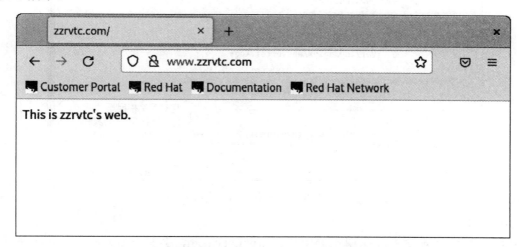

图 8-8　访问 www.zzrvtc.com 虚拟主机

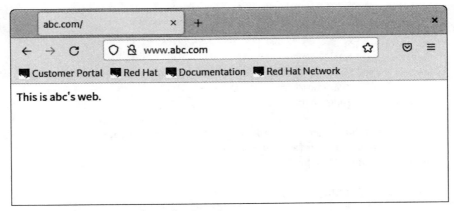

图 8-9　访问 www.abc.com 虚拟主机

使用其他方式访问 Web 网站，则显示网站原有的默认主页，如图 8-10 所示。

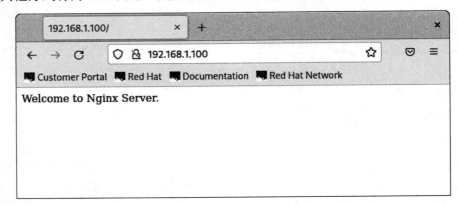

图 8-10　以其他方式访问网站

4. 设置反向代理

(1) 修改配置文件中关于 www.abc.com 虚拟机的 server 子模块，将网站根目录和默认主页的选项加上注释或删除，并添加 location 子模块，如图 8-11 所示。

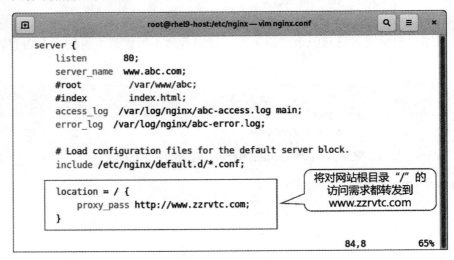

图 8-11　配置反向代理

(2) 重启服务。

(3) 测试反向代理功能。在浏览器中访问 www.abc.com，会打开 www.zzrvtc.com 的主页，如图 8-12 所示。

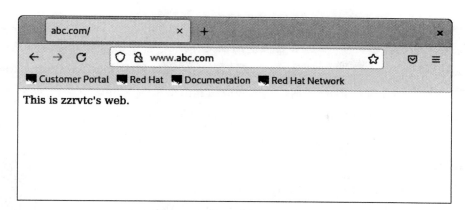

图 8-12 测试反向代理功能

任务总结

本次任务主要完成了 Nginx 服务器的安装和配置。Nginx 以其高性能、轻量级的优点，在当前的 Web 服务器应用中占有一席之地，因此，对于 Nginx 服务器的配置与管理也是系统管理员需要掌握的技能。

同步训练

(1) 公司部门内部搭建一台 Web 服务器，采用的 IP 地址和端口为 192.168.0.100:80，首页采用 index.htm 文件，所有网站资源都存放在 /tmp/nginx 目录下。试配置 Nginx 服务器实现上述功能，并进行测试。

(2) Web 服务器上同时运行两个虚拟主机，域名分别为 www.sunny.com 和 www.rainy.com，两个虚拟主机的主页分别存放在 /tmp/nginx/sunny 目录和 /tmp/nginx/rainy 目录中，主页内容分别为 "It's sunny today." 和 "It's raining outside."。试配置 Nginx 服务器实现上述功能。

(3) 将用户对 www.rainy.com 的访问请求转发给 www.sunny.com。

任务二 集成测试 LNMP 服务器

任务提出

公司服务器已经初步搭建成 LNMP 架构，Web 服务器采用 Nginx，数据库服务器采用 MySQL，程序解释器使用 PHP。请运行网站程序对 LNMP 服务器的功能进行测试。

任务分析

Nginx 与 PHP 常见的集成方式有两种：一是通过 spawn-fcgi，另一种是通过 php-fpm。两种集成方式类似，并无太大区别。本节主要使用 php-fpm。Nginx 与 php-fpm 相结合的流程如图 8-13 所示。

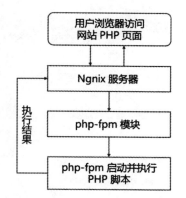

图 8-13 Nginx 与 php-fpm 结合流程图

（1）Nginx 接收来自客户端的 HTTP 请求。

（2）如果请求的是静态文件，Nginx 直接返回该文件。

（3）如果请求的是 PHP 文件，Nginx 将请求转发给 php-fpm(PHP FastCGI Process Manager)。

（4）PHP-FPM启动并执行 PHP 脚本，处理完成后返回结果给 Nginx。

（5）Nginx 接收 php-fpm 返回的结果，并将其返回给客户端。

▼ 任务实施

集成测试 LNMP
服务器

（1）安装并启动 MySQL 服务器，安装过程见项目 7 任务二。

（2）安装 PHP 相关软件包，包括 PHP 语言解释器 php、MySQL 驱动程序 php-mysqlnd 和 FastCGI 模块 php-fpm。安装过程见项目 7 任务三的任务实施。

（3）重启 Nginx 服务。命令如下：

```
[root@rhel9-host ~]# systemctl restart nginx
```

（4）启动 php-fpm 服务。命令如下：

```
[root@rhel9-host ~]# systemctl start php-fpm
```

（5）创建测试主页。命令如下：

```
[root@rhel9-host~]# echo "<?php phpinfo(); ?>">/var/www/html/index.php
```

（6）在浏览器中访问测试主页，看到如图 8-14 的界面，说明 Web 服务器已经支持 PHP 程序了。

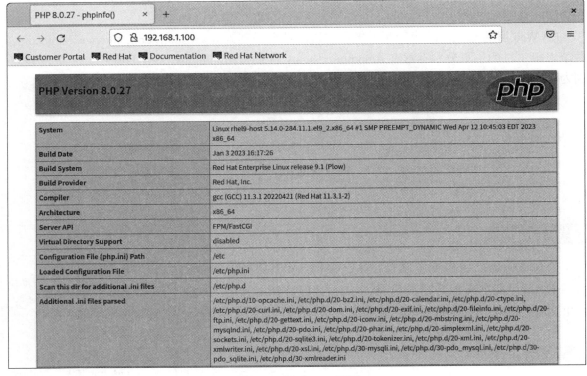

图 8-14　测试 PHP 页面

（7）创建数据库 users，并在其中创建表 admin-user，添加两条数据，SQL 语句代码如下：

```
create database users;

use users;
```

create table admin_user(username varchar(30), password varchar(30)) ;

insert into admin_user() values('admin', 'admin'),('zhangsan','password');

查看数据表如图 8-15 所示。

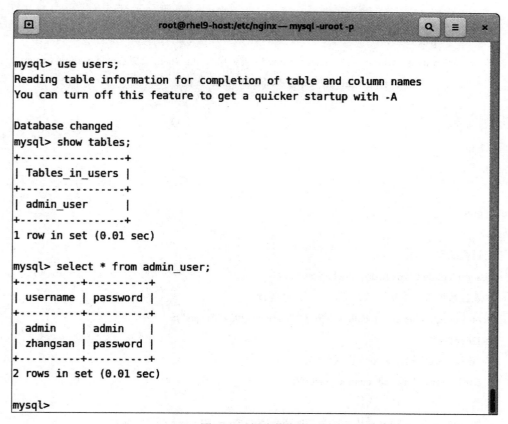

图 8-15　创建数据库

(8) 根据任务一中对 Nginx 服务器的配置，在 /var/www/html 目录下创建 login.html 和 login. php 文件，模拟一个"教务管理系统后台"的登录页面，代码如下：

```
//login.html
<!DOCTYPE HTML>
<html>
    <head>
        <meta charset="utf-8">
        <title></title>
    </head>
    <body style="background-color: #00aeae">
        <h2 align="center" style="color: white"> 教务管理系统后台登录 </h2>
        <form align="center" action="login.php" method="post">
            <p style="width: 100%;height: 30px;display: block;line-height: 200px;text-align: center;color:white;
font-size:16px;">
                账号：
                <input type="text" name="username" value="" max="10">
            </p>
```

```
            <p style="width: 100%;height: 30px;display: block;line-height: 200px;text-align: center;color:white;
font-size:16px;">
                  密码：
                  <input type="password" name="password" value="" min="6" max="16">
            </p>
            <p style="width: 100%;height: 30px;display: block;line-height: 200px;text-align: center;">
                  <input type="submit" name="submit" value=" 登录 ">
            </p>
         </form>
      </body>
</html>


//login.php
<?php
    // 设置编码
    header("content-type:text/html;charset=utf-8");
    // 连接数据库，主机，用户名，密码，数据库
    $con=mysqli_connect("localhost","root","Zzrvtc@2024","users");
    if(!$con)
    {// 连接失败会输出 error+ 错误代码
        die("error:".mysqli_connect_error());
    }
    // 把用户在 index.html 输入的账号和密码保存在 $user 和 $pass 两个变量中
    $user=$_POST['username'];
    $pass=$_POST['password'];
    // 数据库查询语句
    $sql="select * from admin_user where username='$user' and password='$pass'";
    // 查询结果保存在 $res 对象中
    $res=mysqli_query($con,$sql);
    // 把 $res 转换成索引数组以便输出到页面
    $row=mysqli_fetch_array($res,MYSQLI_NUM);
    // 如果数组不为空就遍历数组到页面
    if(!is_null($row))
    {
        echo "Welcome!"."Administrator：".$row[0];
    }
    else
    {
        echo "Login failed!";
    }
?>
```

(9) 在浏览器中输入服务器 IP 地址和 html 页面文件名，打开测试页面如图 8-16 所示。输入正确的用户名和密码，点击【登录】按钮，会打开如图 8-17 所示的页面。

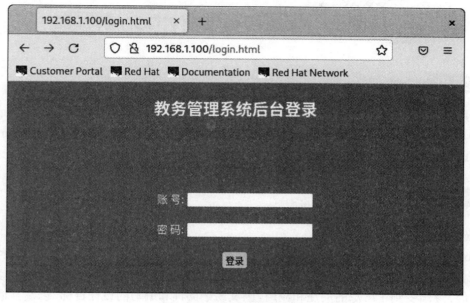

图 8-16　测试网站登录界面

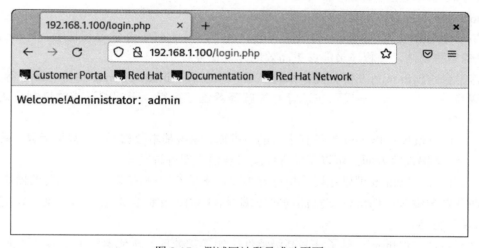

图 8-17　测试网站登录成功页面

▼ 任务总结

在此任务中，我们通过一个具体的案例测试了 LNMP 架构的功能。本次任务的实施用到了项目 7 中关于 MySQL 服务器和 PHP 服务器的配置。LNMP 架构与 LAMP 架构的不同之处就在于 Web 服务器，因此在项目 7 中所学的内容仍然可以用到本项目中，同时也能够训练读者对知识的融会贯通能力。

▼ 同步训练

再部署一个网站，通过网页实现数据库信息的查询、修改和删除等功能，测试 LNMP 架构的功能。

任务三　配置与管理 Python 解释器

▼ 任务提出

在使用 RHEL9 时，系统中安装的许多软件包（如提供系统工具、数据分析工具或 Web 应用程序的软件包）都使用 Python 语言编写。要使用这些软件包，就必须安装 Python 解释器。本次任务请安装和配置 Python 解释器环境。

▼ 任务分析

1. Python 简介

Python 是一种流行的高级编程语言，于 20 世纪 80 年代后期由当时在荷兰国家数学和计算机科学研究院的 Guido van Rossum 开发。1991 年，Python 的第一个公开版本发布，其后随着多年的发展，逐渐受到了广泛的关注和应用，因其易于阅读和编写的设计目标，以及其他的特点，Python 逐渐成为风靡全球的程序语言之一。

Python 具备的主要特点有：

(1) 易于学习和使用：Python 的语法清晰、灵活，易于初学者学习和使用。Python 代码通常比其他语言更简洁，使程序员能够更高效地完成任务。

(2) 跨平台：Python 可在多种操作系统上运行，包括 Windows、macOS 和 Linux 等。

(3) 解释型语言：Python 代码在运行时被解释器逐行执行，无须编译成二进制代码，这降低了开发周期。

(4) 丰富的标准库：Python 提供有丰富的标准库，涵盖基本数据类型、数学运算、系统管理、文件操作、网络编程等方面，可以帮助程序员快速地实现各种功能。

(5) 可扩展性：Python 可以通过模块进行扩展，支持 C/C++ 和其他语言编写的模块。

(6) 面向对象编程：Python 支持面向对象编程 (OOP)，允许自定义类和对象，并支持继承、多态和封装等特性。

(7) 高级特性：Python 提供了许多高级特性，如异常处理、迭代器和生成器、装饰器等。

(8) 广泛的应用：Python 在数据科学、机器学习、网络开发、自动化、游戏开发等多个领域都有广泛应用。

(9) 强大的社区支持：Python 拥有一个庞大的开发者社区，提供大量的教程、文档和第三方库。

 知识链接

Python 名字的由来

Python 命名及 Python 的 logo 来源于其创始人 Guido van Rossum 喜欢的英国喜剧团体 "Monty Python"。Guido van Rossum 希望他的编程语言能具有类似于 "Monty Python" 喜剧团体一样的幽默和实用性，因此将其命名为 "Python"。

Python 的 logo 经过演变，现在是一个由两条交织在一起的蟒蛇组成的图案，如图 8-18 所示，它具有很多的代表意义，最主要是象征着 Python 语言的主要特性：简洁 (plain)、灵活性 (flexibility)、多样性 (versatility) 和可扩展性 (extensibility)。

图 8-18　Python 的 logo

2. RHEL9 对 Python 的支持

在 RHEL9 中，默认支持 Python 3.9。Python 3.9 作为非模块化的 RPM 包放在 BaseOS 软件仓库中并在 RHEL9 中默认安装。Python 3.9 将在 RHEL9 的整个生命周期中支持。其他版本的 Python 3 作为非模块化的 RPM 软件包发布，且在 RHEL9 次版本中通过 AppStream 软件仓库提供较短的生命周期，可以与 Python 3.9 并行安装这些额外的 Python 3 版本。从 RHEL 9.2 开始提供 Python 3.11 作为 Python 软件包套件。

与 RHEL8 相比，RHEL9 中 Python 生态系统中的主要变化有如下两个方面：

(1) 未指定版本的 Python 命令。Python 命令的未指定版本形式 (/usr/bin/python) 在 python-unversioned-command 软件包中提供。在某些系统中，默认情况下不安装此软件包，需要手动安装。

在 RHEL9 中，Python 命令的未指定版本形式指向默认的 Python 3.9 版本，它相当于 Python 3 和 Python 3.9 命令。在 RHEL9 中，不能配置未指定版本的命令指向 Python 3.9 外的其他版本。

在生产环境中使用 Python 命令时建议明确是 Python 3、Python 3.9 或 Python 3.11。

(2) 特定架构的 Python wheels 包。在 RHEL9 上构建的特定架构 Python 包 (wheels) 现在遵循上游架构命名，这允许客户在 RHEL9 上构建他们的 Python 包，并将其安装在非 RHEL 系统上。在以前的 RHEL 版本上构建的 Python wheel 包与后续版本兼容，并且可以在 RHEL9 上安装。请注意，这仅影响包含针对每种架构构建的 Python 扩展的包，而并非包含纯 Python 代码的 Python 包，后者并不特定于任何架构。

配置与管理
Python 解释器

▼ 任务实施

(1) 默认情况下，RHEL9 中已经安装了 Python 3.9，可以查看安装情况。命令如下：

```
[root@rhel9-host ~]# rpm -qa|grep python
```

命令运行部分结果如图 8-19 所示。

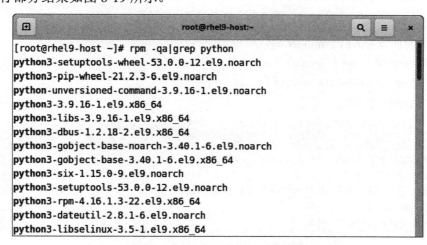

图 8-19　部分已安装的 Python 软件包

(2) 如果需要 Python3.11，也可以使用 yum 安装。命令如下：

[root@rhel9-host ~]# yum install -y python3.11

命令运行部分结果如图 8-20 和图 8-21 所示。

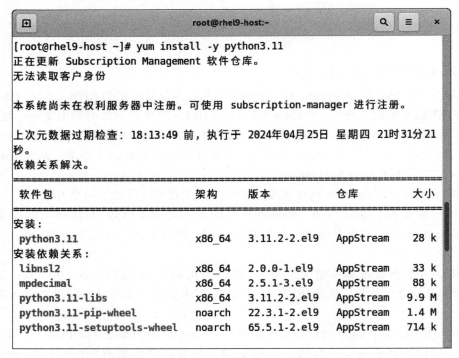

图 8-20　Python 3.11 软件包安装过程（一）

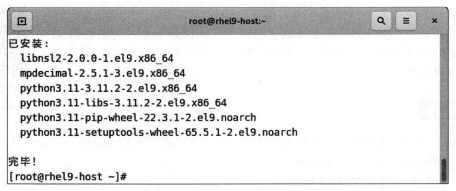

图 8-21　Python 3.11 软件包安装过程（二）

(3) 查看目前所安装的 Python 版本。命令如下：

[root@rhel9-host ~]# python3 --version

[root@rhel9-host ~]# python3.11 --version

命令运行结果如图 8-22 所示。

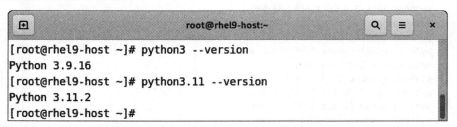

图 8-22　查看安装的 Python 版本

(4) 运行一个 Python 程序测试 Python 解释器的功能，程序代码如下：

```
#！/usr/bin/python
nm=input("Please input your name:")
print("Hello,",nm)
```

程序运行结果如图 8-23 所示。

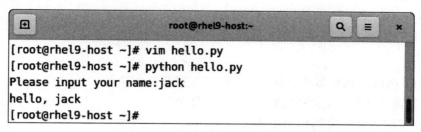

图 8-23 测试 Python 解释器环境

▼ 任务总结

本次任务我们配置了 Python 解释器环境。Python 是一种功能强大、易学易用的语言，许多应用程序都是由 Python 语言编写。因此，提供一个能够运行 Python 语言的环境也是操作系统必备的要求之一。好在 RHEL9 中已经默认安装了 Python 3.9 的版本，如果对 Python 要求不高的场合已经足够用。如果需要其他 Python 版本，可以自行安装。

▼ 同步训练

尝试安装其他版本的 Python 解释器，并运行一个简单的 Python 程序测试解释器的功能。

项 目 总 结

本项目中我们学习了 LNMP 架构服务器的配置与管理。LNMP 架构相对于 LAMP 架构更加简单、轻便，适用于中小型网站应用场景，其中最关键的组件就是 Web 服务器 Nginx，MySQL 和 PHP 的安装和使用两者并无太大区别。

项 目 训 练

一、选择题

1. Nginx 是一个 _____ 软件。

A. Web 服务器   B. 数据库管理系统

C. 操作系统   D. 邮件服务器

2. 下列 _____ 不是 Nginx 可以提供的功能。

A. 负载均衡   B. 缓存代理

C. 邮件传输   D. 反向代理

3. Nginx 默认情况下监听的端口号是 _____。

A. 21   B. 22

C. 80   D. 443

4. Nginx 的配置文件是 _____。

A. nginx.conf   B. nginx.cfg

C. nginx.ini   D. nginx.xml

5. 在 Nginx 中，实现基于名称的虚拟主机的配置项是 _____。

A. server_name

B. virtual_host

C. named_based_config

D. Nginx 不支持基于名称的虚拟主机配置

二、填空题

1. 若要查看 Python 解释器的当前版本，可以在解释器中输入 _____。

2. Nginx 配置文件的主文件通常位于 _____ 目录下。

3. RHEL9 中默认安装的 Python 版本是 _____。

4. Nginx 可以通过编辑 _____ 文件来支持 PHP 应用程序。

三、实践操作题

作为一名系统管理员，公司要求你在一台运行 Linux 操作系统的服务器上搭建一个 LNMP (Linux，Nginx，MySQL/MariaDB，PHP) 环境。该环境将用于托管一个小型的 PHP 网站。请完成以下配置：

(1) 安装 Nginx 作为 Web 服务器。

(2) 安装 MySQL 作为数据库服务器。

(3) 安装 PHP 及其必要的扩展。

(4) 配置 Nginx 以服务一个基本的 PHP 信息页面，验证 LNMP 架构的功能。

项目 9

容器配置与管理

项目描述

由于公司服务器的功能越来越丰富，服务器上的许多服务会相互影响，从而出现运行混乱的问题。为此，公司决定采用容器的方式对服务器重新进行管理，将 LNMP 架构使用容器的方式来实现。

本项目就来完成容器的配置与管理。

学习目标

(1) 理解容器的相关概念。
(2) 掌握 Podman 的安装和基本操作。
(3) 掌握利用容器实现 LNMP 架构的方法。

思政目标

培养爱岗敬业的精神。

预备知识　认识容器

1. 容器的概念

容器是实现操作系统虚拟化的一种新途径。它基于 Linux 的命名空间 (namespace) 和控制组 (cgroup) 等技术将程序运行所需要的代码、配置和依赖项打包成一个个的独立空间，以使不同的程序运行在各自独立的环境中，彼此之间实现资源隔离和单独控制。

容器最核心的技术就是命名空间和控制组。

命名空间是 Linux 内核提供的一种机制，用于将全局系统资源隔离成一个个的独立空间。每个命名空间都有自己的进程、网络、文件系统等资源，因此不同的命名空间可以相互隔离，使得不同的进程或者容器运行在不同的环境中。

控制组是 Linux 内核提供的另一种机制，用于对进程或者进程组进行资源限制、优先级控制和统计等操作。它可以将一组进程或者容器的资源使用情况限制在一个范围内，从而实现隔离和管理。

基于这两种机制，容器技术可以通过创建独立的命名空间和控制组，将应用程序及其依赖的资源 (如进程、文件系统、网络等) 隔离开来，并限制其资源使用，从而实现应用程序的打包、分发和运行，避免了传统虚拟化技术的性能损失和资源浪费。容器技术还可以通过多个容器共享一个内核，从而减少系统资源开销，提高资源利用率。

2. 容器技术与传统虚拟化技术的区别

容器技术与传统虚拟化技术相比，主要有以下几点不同。

(1) 资源隔离方式：传统虚拟化技术生成的虚拟机提供了完整的操作系统，包括独立的内核、文件系统、网络栈等，因此在虚拟机中可以运行不同的操作系统；而容器技术则是共享宿主机的操作系统内核，不需要完整的操作系统，因此容器的启动速度更快，资源利用率更高。

(2) 资源消耗：传统虚拟化技术生成的虚拟机需要启动独立的操作系统内核，因此会消耗更多的资源，包括内存、CPU、存储空间等；而容器技术则共享宿主机的操作系统内核，因此消耗的资源更少。

(3) 可移植性：传统虚拟化技术生成的虚拟机可以在不同的硬件和操作系统之间移植，因为它提供了完整的操作系统虚拟化；而容器技术则更适合在同种操作系统上移植，因为它们共享操作系统内核。

(4) 安全性：传统虚拟化技术生成的虚拟机的隔离性更高，因为每个虚拟机都有自己的操作系统内核，可以提供更好的安全隔离；而容器技术则共享宿主机的操作系统内核，需要依靠一些安全机制来保证容器之间的隔离性，如使用不同的命名空间和控制组。

传统虚拟机架构与容器架构对比如图 9-1 所示。总的来说，传统虚拟机适合于需要完整的操作系统虚拟化，或者需要在不同硬件和操作系统之间移植的场景，而容器则更适合于轻量级的应用部署，以及需要高度可扩展性和可移植性的场景。

图 9-1　传统虚拟机架构与容器架构对比

3. 容器的国际标准

2015 年 6 月，Linux 基金会联合 Google、Redhat、Docker 等厂商成立了 OCI(Open Container Initiative，开放容器标准)，着力解决容器的构建、分发和运行问题。

OCI 主要推出了以下两个规范。

(1) OCI Runtime(容器运行时) 规范：定义了容器的生命周期管理，包括创建、启动、停止和销毁容器的操作，以及容器与宿主机的交互。

(2) OCI Image(容器镜像格式) 规范：定义了容器镜像的结构和内容，以及容器镜像与容器运行时之间的关联。

OCI 的标准化工作受到了业界的广泛支持，许多容器运行时和容器镜像工具已经遵循了 OCI 的规范，这使得用户可以在不同的容器中实现轻松迁移和部署容器应用程序，极大地促进了容器生态系统的开放性和互通性。

4. 容器的主流产品

目前比较流行的容器产品包括 Docker、Podman、Kubernetes(K8s)、CRI-O 等。

1) Docker

Docker 是容器领域的领军者，于 2013 年发布，通过简化容器的构建、部署和管理，推动了容器技术的广泛应用。

Docker 提供了一个完整的容器解决方案，包括强大的镜像管理、容器编排和资源管理功能。它的优势在于广泛的生态系统和大量的第三方工具支持，使得应用的打包、分发和部署变得简单快捷。它以容器的方式打包应用程序及其所有依赖项，使其可以在任何环境中运行，保证了应用程序的一致性和可移植性。

在以前，应用程序的部署和运行依赖于主机操作系统的配置和环境设置，这往往导致了环境差异和依赖冲突的问题。而 Docker 的出现解决了这些问题，使得应用程序可以在独立、隔离的容器中运行，与底层操作系统和硬件解耦，实现了更高的可移植性和灵活性。

2) Podman

Podman 是 RedHat 公司开发的一个无守护程序的开源 Linux 原生容器引擎，用于构建、运行和管理基于 Linux OCI 标准的容器与容器镜像。尽管 Podman 提供了一个类似于 Docker 的命令行界面，但它们的操作方式并不相同。

Docker 和 Podman 的一个显著区别是：Docker 通过一个持久的、自给自足的运行时来管理其对象或称为 dockerd 的守护进程；而 Podman 并不依赖守护进程来工作，Podman 将容器作为子进程启动，还直接与注册表和使用运行时进程的 Linux 内核进行交互。也正因如此，Podman 被称为无守护进程的容器技术。无守护进程提高了 Podman 作为容器引擎的灵活性，消除了对单个进程的依赖。Podman 与 Docker 的另一大不同就是它不需要 root 权限。这一特点提供了一个额外的安全缓冲区，限制了某些可能操纵关键系统设置并使容器和包含的应用程序易受攻击的潜在危险进程。此外，Podman 可以运行 pod(包含一个或多个容器的集合)，作为一个单一实体管理，并利用共享的资源池。这项功能与以负载均衡优势著称的 Kubernetes(K8s) 相似。

3) Kubernetes(K8s)

Kubernetes(K8s) 是 Google 开源的一个容器编排引擎，它支持自动化部署、大规模可伸缩、应用容器化管理。在生产环境中部署一个应用程序时，通常要部署该应用的多个实例，以便对应用请求进行负载均衡。在 Kubernetes 中，我们可以创建多个容器，每个容器里面运行一个应用实例，然后通过内置的负载均衡策略实现对这一组应用实例的管理、发现、访问，而这些细节都不需要运维人员去进行复杂的手工配置和处理。

4) CRI-O

CRI-O 是一个专为 Kubernetes 容器编排系统设计的容器运行时。它与传统容器引擎不同，采用了一种轻量、高性能、无守护进程的架构，以满足 Kubernetes 集群的需求。CRI-O 的核心思想在于将容器运行时与 Kubernetes 深度整合。它完全符合 Kubernetes CRI 规范，使 Kubernetes 集群可以无缝与 CRI-O 进行通信。这种集成性质非常有利于容器的快速启动、停止和销毁，使 Kubernetes 集群管理容器工作负载变得更加高效。CRI-O 还遵循了 OCI 标准，这意味着它支持通用的容器规范，包括容器镜像格式和运行时规范。这使得 CRI-O 与其他遵循相同标准的容器工具和注册表的操作系统能够良好地协同工作，确保容器的可移植性和互操作性。CRI-O 的另一个重要特点是其轻量级的架构，它不需要运行守护进程，而是直接与 Linux 内核交互来管理容器的生命周期。这降低了系统资源的消耗，提高了容器的安全性。因此，CRI-O 适用于多租户环境。

 课程思政

容器的概念体现了各司其职、专心做好自己本职工作的理念。在现实生活中，我们作为社会主义建设者和接班人，更需要这种脚踏实地、专心做好本职工作的精神，这也是爱岗敬业精神的一种体现。

实现中华民族伟大复兴是中华民族近代以来最伟大的梦想。这一伟大梦想的实现，需要全体中国人的共同努力和不懈奋斗。而作为新时代的青年，我们唯有在岗位上兢兢业业、勇于创新、精益求精，将个人奋斗融入国家建设洪流中，实现强国梦才具有现实可行性。因此，我们应该坚定职业选择、锚定职业信仰，让敬业成为自己自觉、自愿、自主的行动选择，以主人翁姿态"把国事当家事、把自己当主角"，在个人职业与民族复兴伟业的互通升华中贯通敬业理想与人生信仰，将对人民的真挚情怀和对中华民族的时代责任转化为舍我其谁的担当意识和主动作为的实践品质，提升对社会和国家的贡献度，做出经得起历史和人民检验的成绩。

任务一　安装 Podman

任务提出

公司服务器需要使用容器技术来实现特定应用的部署，根据目前操作系统的环境，决定使用 RHEL9 自带的 Podman 对容器进行管理。本次任务是安装 Podman 相关软件。

任务分析

1. Podman 简介

Podman 是一个由 RedHat 公司推出的基于 Linux 系统的无守护进程的容器引擎，可以用来开发、管理和运行基于 OCI 标准的容器。

与 Docker 容器相比，Podman 有如下优势：

(1) Podman 是无守护进程的 (deamonless)，而 Docker 在运行时必须依赖后台的守护进程 (docker deamon)。

(2) Podman 不需要使用 root 权限就可以运行，提高了系统的安全性。

(3) Podman 可以创建 pod，一个 pod 包含多个容器，实现多个容器之间的资源共享和负载均衡。

(4) Podman 可以把镜像和容器存储在不同的地方，而 Docker 必须存储在 docker 引擎的本地。

(5) Podman 是传统的 fork-exec 模式，而 Docker 是 Clinet-Server 架构。

更多的关于 Podman 的介绍可以访问官方网站：https://podman.io/。

2. RHEL9 对容器的支持

1) RHEL9 的容器技术

RHEL9 使用以下核心技术实现 Linux 容器。

(1) 控制组 (cgroups)：用于资源管理。

(2) 命名空间 (namespace)：用于进程隔离。

(3) SELinux：用于安全性。

(4) 安全多租户：用于隔离运行在同一个硬件上的不同用户或组织的资源。

这些技术降低了安全漏洞的可能性，并提供了生成和运行企业级容器的环境。

2) RHEL9 的容器工具

RHEL9 提供了一组命令行工具，无须容器引擎即可操作。它们是：

(1) Podman：用于直接管理 pod 和容器镜像。

(2) Buildah：用于构建、推送和签名容器镜像。

(3) Skopeo：用于复制、检查、删除和签名容器镜像。

(4) Runc：为 Podman 和 Buildah 提供容器运行和构建功能。

(5) Crun：可选运行时，为 rootless 容器提供更大的灵活性、控制和安全性。

由于这些工具与 OCI 标准兼容，因此它们也可用于管理由 Docker 和其他兼容 OCI 的容器引擎生成和管理的 Linux 容器。它们特别适用于 Red Hat Enterprise Linux 中的单节点用例。

3) Podman、Skopeo 和 Buildah 工具的优点

Podman、Skopeo 和 Buildah 工具被用来取代 Docker 命令功能。每个工具都是轻量级的，并专注于功能的子集。

Podman、Skopeo 和 Buildah 工具的优点有：

(1) 以无需 root 权限的模式 (rootless 模式) 运行。rootless 模式使得容器更安全，因为它们在运行时不需要添加任何特权。

(2) 不需要守护进程。这些工具在空闲时对资源的要求要低得多，因为如果没有运行容器，Podman 就不会运行。相反，Docker 需要一个始终运行的守护进程。

(3) 原生 systemd 集成。Podman 允许创建 systemd 单元文件，并将容器作为系统服务运行。

任务实施

(1) 查看系统中是否已经安装 Podman、Buildah 和 Skopeo 软件包。命令如下：

安装 Podman

```
[root@rhel9-host ~]# rpm -qa|grep podman
[root@rhel9-host ~]# rpm -qa|grep buildah
[root@rhel9-host ~]# rpm -qa|grep skopeo
```

默认情况下，Podman 和 Buildah 软件包应该已经安装，Skopeo 没有安装，如图 9-2 所示。

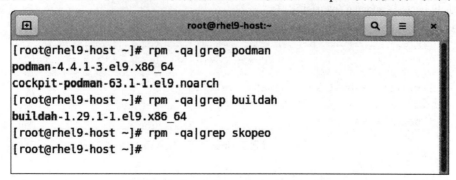

图 9-2　查看系统安装的容器工具

(2) 安装 Skopeo 软件包。命令如下：

```
[root@rhel9-host ~]# yum install -y skopeo
```

部分安装过程如图 9-3 和图 9-4 所示。

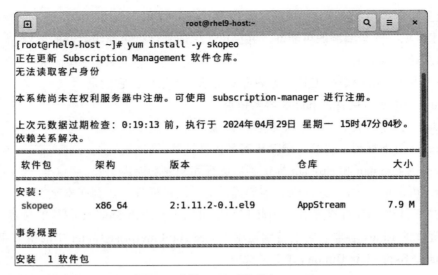

图 9-3　安装 Skopeo 软件包 (一)

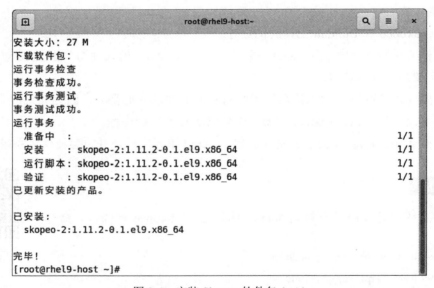

图 9-4　安装 Skopeo 软件包 (二)

(3) 查看 Podman 的版本信息，验证 Podman 是否可用。使用以下命令：

[root@rhel9-host ~]# podman --version

如果能够显示如图 9-5 所示的 Podman 的版本信息，则表示 Podman 可以正常使用。

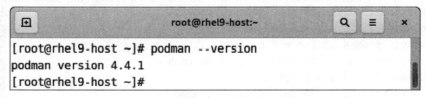

图 9-5　查看 Podman 的版本信息

▼ 任务总结

　　本次任务主要了解了容器的相关概念，以及 Podman 相关软件与流行的容器软件 Docker 的区别。由于系统在默认情况下已经安装了 Podman 和 Buildah 软件，可以不必安装。如果系统没有安装相关软件，可以参考本教材中其他软件的安装过程进行安装。

▼ 同步训练

(1) 检查当前系统中是否安装了 Podman 的软件包，如果没有，试安装此软件包。

(2) 查看 Podman 的版本信息，验证 Podman 软件的运行情况。

任务二　使用 Podman 管理容器

▼ 任务提出

为了测试 Linux 服务器的容器功能，计划使用容器搭建一台 Apache 服务器。本次任务的主要内容包括：

1. 搜索镜像

查看镜像仓库中有哪些有关 httpd 的可用镜像。

2. 拉取镜像

从镜像仓库中将 httpd 镜像下载到本地。

3. 查看镜像

查看当前系统中可用的镜像。

4. 运行容器，包括：

(1) 在后台运行容器。

(2) 查看容器运行的情况。

(3) 测试容器的功能。

(4) 进入正在运行的容器，对网页进行维护。

5. 停止容器

停止正在运行的容器。

6. 删除容器

删除目前系统中的容器。

7. 将宿主机的目录作为容器存储的一部分

将 /tmp/www 目录作为 Apache 容器的主目录。

8. 删除镜像

删除系统中的 httpd 镜像。

▼ 任务分析

1. 镜像和容器的概念

镜像和容器是容器技术中的两个基本概念，它们在性质、用途和生命周期方面有所不同。

镜像通常是静态的，只读的，包含操作系统、代码和文件系统。创建镜像后，镜像就可以被保存、共享和部署到不同的环境中。镜像可以看作是应用程序或服务环境的模板，是构建和运行窗口的基础。

容器则是动态的，并且是可读的，每个容器都是从镜像创建的，但它提供了一个隔离的环境，可以在其中运行应用程序。容器可以启动、停止、删除或复制，但它所依赖的镜像保持不变。

✎ 容器在运行时可以对上层进行读写操作，这意味着容器可以执行应用程序并保存其状态，而不会影响原始镜像。

简而言之，镜像定义了应用程序的运行环境，而容器则是这个环境的实例，可以在其中运行应用程序并与之交互。

2. Podman 的镜像仓库配置文件和命令

1) 镜像仓库配置文件

Podman 的镜像仓库配置文件为 /etc/containers/registries.conf 文件，主要配置项如下：

(1) nqualified-search-registries：在拉取镜像时，如果没有明确指明具体的镜像仓库，则按该配置项所列出的仓库顺序去获取。

(2) registry：自定义镜像仓库。

(3) profix：匹配的镜像仓库。

(4) location：自定义的镜像仓库地址。

2) podman 命令

【命令】podman 命令格式如下：

【选项】podman [command] [镜像名 | 容器名]

常用的 command 选项包括以下几个。

(1) exec：在运行的容器里执行一个进程。

(2) image：管理镜像。

(3) images：列出本地存储的镜像。

(4) ps：列出当前的容器。

(5) pull：从仓库中拉取一个镜像。

(6) port：列出端口映射。

(7) rm：删除一个或多个容器。

(8) rmi：从本地存储中删除一个或多个镜像。

(9) run：在一个新的容器中运行一个命令。

(10) restart：重新启动容器。

(11) search：从镜像仓库中搜索镜像。

(12) stop：停止一个或多个容器。

(13) version：显示 Podman 的版本信息。

(14) cp：在容器和本地系统之间复制文件。

【说明】对于每个 command，还有更详细的选项，例如 podman run 的选项主要包括以下几个。

(1) -d，--detach：让容器在后台运行并输出容器的 ID。

(2) -h，--hostname <hostname>：设置容器的主机名。

(3) -i，--interactive：保持与容器的交互。

(4) --name <name>：给容器设置一个名字。

(5) --rm：退出容器时删除容器。

(6) -p，--publish <ports>：向主机发布容器的端口或端口范围。

其他 command 的选项可以通过"--help"查看。

▼ 任务实施

1. 搜索镜像

使用以下命令搜索镜像：

```
[root@rhel9-host ~]# podman search httpd
```

使用 Podman
管理容器镜像

可以看到镜像仓库里所有与 httpd 有关的镜像，部分内容如图 9-6 所示。

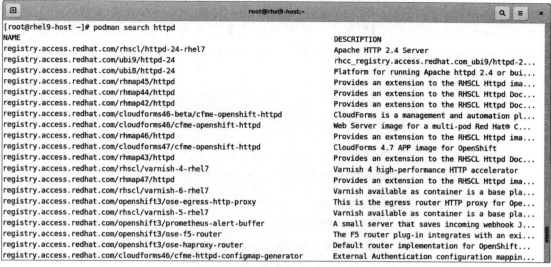

图 9-6 查看镜像仓库中的镜像

使虚拟机连接互联网

由于镜像仓库在互联网上，Podman 在搜索和拉取镜像时需要连接互联网。如果宿主机运行在 VMware Workstation 虚拟机中，则必须依赖物理机才可以连接互联网。连接方法如下：

(1) 选择 VMware Workstation【虚拟机】菜单的【设置】菜单项，打开【虚拟机设置】对话框。在【硬件】选项卡中选择【网络适配器】选项，在右边的【网络连接】栏中选择【NAT 模式】，如图 9-7 所示。

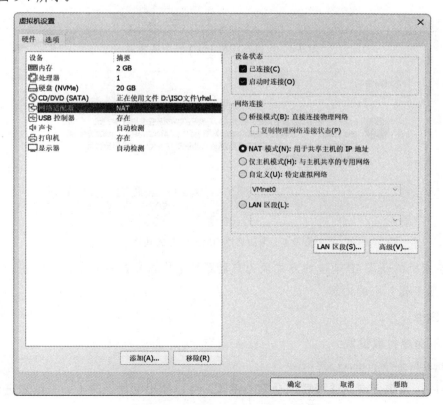

图 9-7 设置网络连接模式

(2) 打开物理机上能够连接互联网的网络连接（本例中是无线网 WLAN) 的【属性】对话框，选择【共享】选项卡，在【Internet 连接共享】栏中勾选【允许其他网络用户通过此计算机的 Internet 连接来连接】，在【家庭网络连接】栏中选择【VMware Network Adapter VMnet8】，如图 9-8 所示。此时，系统会弹出如图 9-9 所示的对话框以确认是否启用 Internet 连接共享，单击【是】按钮即可。

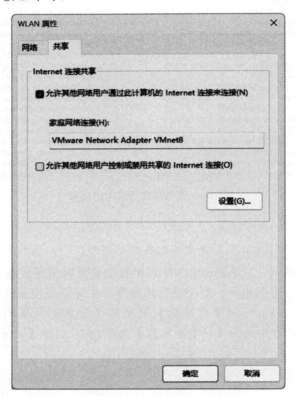

图 9-8　设置物理机 Internet 连接共享

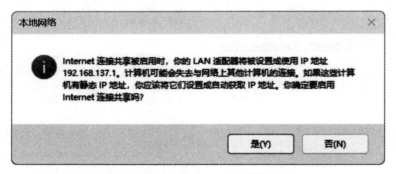

图 9-9　确认启用 Internet 连接共享

(3) 将虚拟机的获取 IP 地址的方式改为自动获取（具体设置参考项目 3 任务三 "在客户端测试 DHCP 服务器" 中的内容。

2. 拉取镜像

使用以下命令拉取镜像：

```
[root@rhel9-host ~]# podman pull httpd
```

运行该命令后，系统会询问选择哪个仓库的镜像，可以使用键盘上的 ↑、↓ 键来进行选择，使用 Enter 键进行确认，如图 9-10 和图 9-11 所示。

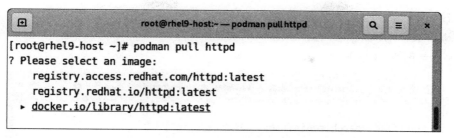

图 9-10　选择镜像仓库

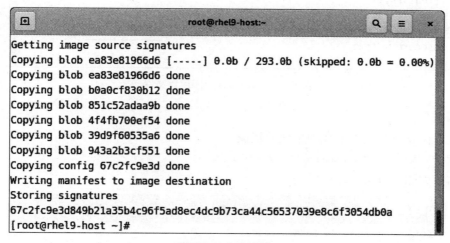

图 9-11　拉取镜像

◎小贴士：在拉取镜像时，如果不指定镜像的版本，则默认拉取最新的版本 (latest)。

 知识链接

使用镜像加速器

由于默认的镜像仓库在国外的网站上，在国内访问会比较慢。为加快访问速度，可以使用国内的镜像加速器。许多国内网站都提供镜像加速功能，这里以阿里云为例，具体方法如下：

(1) 获取镜像加速器地址。登录阿里云工作台 https://cr.console.aliyun.com，在左侧【容器镜像服务】菜单中选择【镜像工具】中的【镜像加速器】，在中间页面中即可看到加速器地址，其中第一部分是每个账号唯一的 ID，这里我们用"私有 ID"来表示，如图 9-12 所示。

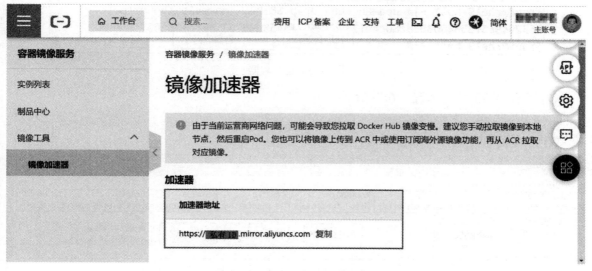

图 9-12　获取镜像加速器地址

(2) 修改 Podman 的镜像仓库配置文件。命令如下：

```
[root@rhel9-host ~]# vim /etc/containers/registries.conf
```

配置文件内容如图 9-13 所示。

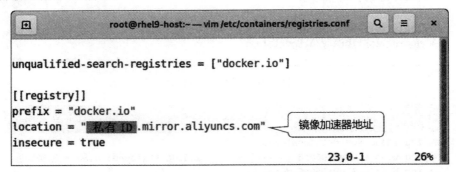

图 9-13　修改镜像仓库配置文件

3. 查看镜像

使用以下命令查看已经下载到本地的镜像：

```
[root@rhel9-host ~]# podman images
```

命令运行结果如图 9-14 所示。

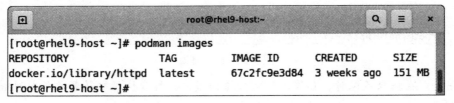

图 9-14　查看本机当前可用的镜像

4. 运行容器

(1) 在后台运行容器。命令如下：

```
[root@rhel9-host ~]# podman run -d -p 80:80 --name=Apache httpd
```

命令运行结果如图 9-15 所示。

使用 Podman
管理容器

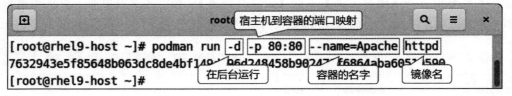

图 9-15　运行容器

(2) 查看容器的运行情况。命令如下：

```
[root@rhel9-host ~]# podman ps -a
```

命令运行结果如图 9-16 所示。

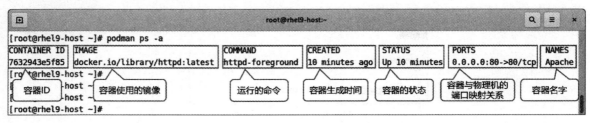

图 9-16　查看容器的运行状态

(3) 测试容器。

在浏览器中输入宿主机的 IP 地址，如果出现如图 9-17 所示的页面，则说明 Apache 容器正常工作。

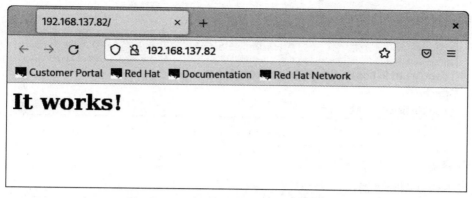

图 9-17　Apache 容器正常工作的测试页面

(4) 进入正在运行的容器，对网页进行维护，将网页内容修改为 "Welcome to Apache Server"。命令如下：

```
[root@rhel9-host ~]# podman exec -it Apache /bin/bash
```

命令运行结果如图 9-18 所示。

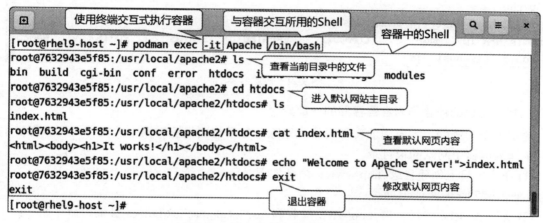

图 9-18　进入容器，维护网页内容

◎小贴士：容器中只提供必要的资源，对不需要的资源都进行精简，因此我们会发现 Apache 容器中甚至无法使用 vim。

此时在浏览器中访问网站，可以看到更新后的网页，如图 9-19 所示。

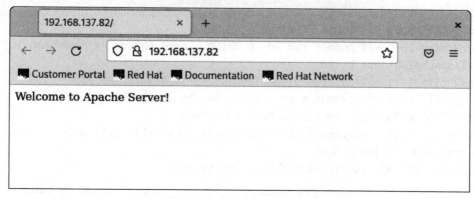

图 9-19　查看更新后的网页

5. 停止容器

使用以下命令停止容器:

```
[root@rhel9-host ~]# podman stop Apache
```

命令运行结果如图 9-20 所示。

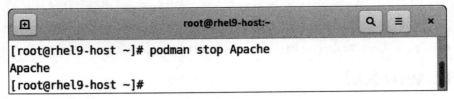

图 9-20　停止容器

6. 删除容器

使用以下命令删除容器:

```
[root@rhel9-host ~]# podman rm Apache
```

此时再查看容器的状态,就会发现容器已经不存在了,如图 9-21 所示。

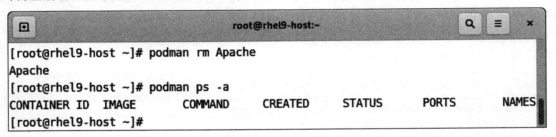

图 9-21　删除容器

7. 将宿主机的目录作为容器存储的一部分

随着容器的删除,容器中的文件也将被删除,如果想要保留容器中的文件,可以将宿主机的目录作为容器中网站的根目录。

(1) 在宿主机上创建目录 /tmp/www。命令如下:

```
[root@rhel9-host ~]# mkdir /tmp/www
```

(2) 运行 Apache 容器,将 /tmp/www 挂载到 /usr/local/apache2/htdocs 目录。命令如下:

```
[root@rhel9-host ~]# podman run -d -p 80:80 --name Apache -v /tmp/www:/usr/local/apache2/htdocs httpd
```

(3) 进入容器,在 /usr/local/apache2/htdocs 目录中创建主页文件 index.html,并在主页中写入 "This file will be stored in /tmp/www.",如图 9-22 所示。

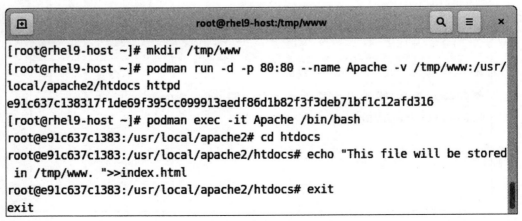

图 9-22　创建主页内容

(4) 访问网站主页，可以看到网页的内容，如图 9-23 所示。

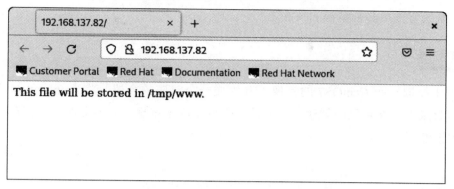

图 9-23　访问新创建的主页

(5) 退出并删除容器，再查看宿主机 /tmp/www 目录，可以看到主页文件 index.html 依然存在，如图 9-24 所示。

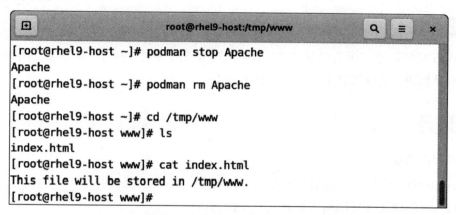

图 9-24　删除容器后存储在物理主机的文件依然存在

8. 删除镜像

使用以下命令删除 httpd 镜像：

```
[root@rhel9-host ~]# podman rmi httpd
```

命令运行结果如图 9-25 所示。

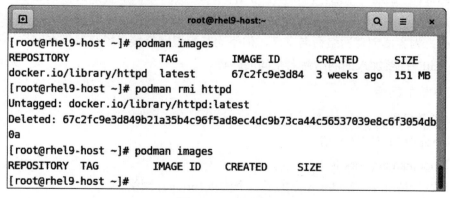

图 9-25　删除镜像

▼ 任务总结

本次任务我们学习了如何使用 Podman 来管理容器。容器具有资源隔离的特性，能够节约系统资源、方便系统管理，已经成为现代 Linux 系统管理的常见形式，因此，对于容器的管理也是 Linux 系统管理员必须掌握的技能之一。

▼ 同步训练

从仓库中拉取一个 CentOS7 的镜像，并生成一个对应的容器；将 /tmp/centos 目录挂载到容器中的根目录下；在目录中创建一个文件，查看在容器被删除后该文件是否存在；最后删除 CentOS7 的镜像。

任务三　利用容器搭建 LNMP 服务

▼ 任务提出

公司 Web 网站需要使用 LNMP 架构，即 Web 服务器使用 Nginx，数据库使用 MySQL，程序解释器使用 PHP。请使用容器技术来完成此任务。

▼ 任务分析

1. 容器间的通信

Podman 中有以下几种不同的网络模式。

(1) bridge：在默认网桥网络上创建另一个网络。

(2) container:<id>：使用与容器相同的网络 id。

(3) host：使用宿主机网络堆栈。

(4) network-id：使用一个用户定义的、由 podman network create 命令创建的网络。

(5) private：为容器创建一个新网络。

(6) slirp4nets：创建一个用户网络堆栈 slirp4netns，即 rootless 容器的默认选项。

(7) pasta：对 iwl4netns 的高性能替换。从 Podman v4.4.1 开始使用 pasta。

(8) None：为容器创建网络命名空间，但不为其配置网络接口。容器没有网络连接。

(9) ns:<path>：要加入的网络命名空间的路径。

2. 管理容器的网络

1) 列出容器网络

使用以下命令列出容器网络：

【命令】podman network ls

【说明】默认情况下，Podman 提供了一个桥接 (bridge) 网络。

2) 检查 Podman 的默认网络

使用以下命令检查 Podman 的默认网络：

【命令】podman network inspect podman

【说明】Podman 的网络设置如图 9-26 所示。Podman 会为每个容器分配 10.88.0.0 网段的一

个 IP 地址，而宿主机作为这些容器的网关，会生成一个名为 podman0 的网络接口，并且其 IP
地址为 10.88.0.1。宿主机可以同每个容器进行通信，容器之间也可以使用 10.88.0.0 网段的 IP
相互通信，如图 9-27 所示。

```
[root@rhel9-host ~]# podman network inspect podman
[
    {
        "name": "podman",
        "id": "2f259bab93aaaaa2542ba43ef33eb990d0999ee1b9924b5
57b7be53c0b7a1bb9",
        "driver": "bridge",                    网络接口名
        "network interface": "podman0",
        "created": "2024-05-04T21:44:38.052566298+08:00",
        "subnets": [
            {
                "subnet": "10.88.0.0/16",       子网络信息
                "gateway": "10.88.0.1"
            }
        ],
        "ipv6_enabled": false,
        "internal": false,
        "dns_enabled": false,
        "ipam_options": {
            "driver": "host-local"
        }
    }
]
[root@rhel9-host ~]#
```

图 9-26　Podman 的网络设置

```
[root@rhel9-host ~]# ip addr
1: lo: <LOOPBACK,UP,LOWER_UP> mtu 65536 qdisc noqueue state UNKNOWN group defa
ult qlen 1000
    link/loopback 00:00:00:00:00:00 brd 00:00:00:00:00:00
    inet 127.0.0.1/8 scope host lo
        valid_lft forever preferred_lft forever
    inet6 ::1/128 scope host
        valid_lft forever preferred_lft forever
2: ens160: <BROADCAST,MULTICAST,UP,LOWER_UP> mtu 1500 qdisc fq_codel state UP
group default qlen 1000
    link/ether 00:0c:29:35:27:e2 brd ff:ff:ff:ff:ff:ff
    altname enp3s0                     宿主机IP
    inet 192.168.137.82/24 brd ...55 scope global dynamic noprefixro
ute ens160
        valid_lft 584694sec preferred_lft 584694sec
    inet6 fe80::20c:29ff:fe35:27e2/64 scope link noprefixroute
        valid_lft forever preferred_lft forever
34: podman0: <BROADCAST,MULTICAST,UP,LOWER_UP> mtu 1500 qdisc noqueue state UP
 group default qlen 1000
    link/ether 26:15:dc:78...ff:ff:ff:ff:ff:ff    宿主机
    inet 10.88.0.1/16 brd ... scope global podman0   Podman IP
        valid_lft forever preferred_lft forever
    inet6 fe80::9cfc:97ff:fe5a:742d/64 scope link
        valid_lft forever preferred_lft forever
```

图 9-27　宿主机网络设置

3) 设置容器网络模式

使用以下命令设置容器网络模式：

【命令】podman run --network=\<netwok_mode\> -d --name=\< 容器名 \>　\< 镜像名 \>

4) 检查容器的网络设置

(1) 显示容器的 IP 地址。命令如下：

【命令】podman inspect --format='{{.NetworkSettings.IPAddress}}' \< 容器名 \>

(2) 显示容器连接到的所有网络。命令如下：

【命令】podman inspect --format='{{.NetworkSettings.Networks}}' \< 容器名 \>

(3) 显示端口映射。命令如下：

【命令】podman inspect --format='{{.NetworkSettings.Ports}}' \< 容器名 \>

5) 设置容器的 IP 地址

使用以下命令设置容器的 IP 地址：

【命令】podman run -d --name=\< 容器名 \>--ip=\<IP 地址 \>　\< 镜像名 \>

利用容器搭建
LNMP 服务

任务实施

1. 拉取所需要的镜像

(1) 拉取 Nginx 镜像。命令如下：

```
[root@rhel9-host ~]# podman pull nginx
```

命令运行结果如图 9-28 所示。

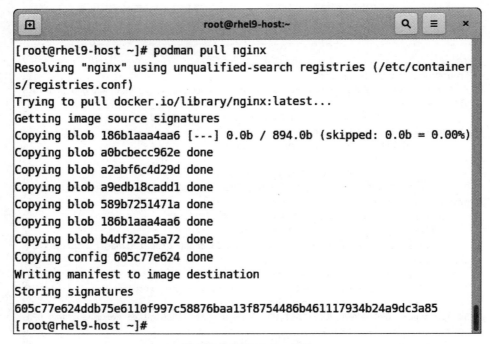

图 9-28　拉取 Nginx 镜像

(2) 拉取 PHP 镜像。命令如下：

```
[root@rhel9-host ~]# podman pull php:8.0-fpm
```

命令运行结果如图 9-29 所示。

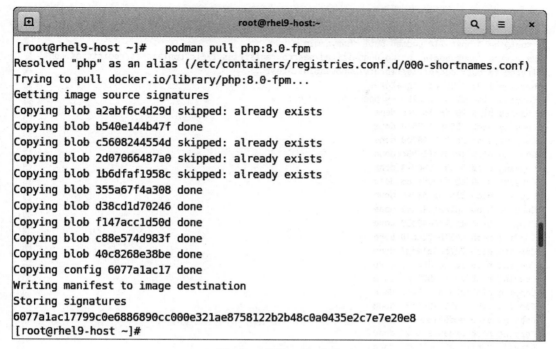

图 9-29　拉取 PHP 镜像

(3) 拉取 MySQL 镜像。命令如下：

[root@rhel9-host ~]# podman pull mysql

命令运行结果如图 9-30 所示。

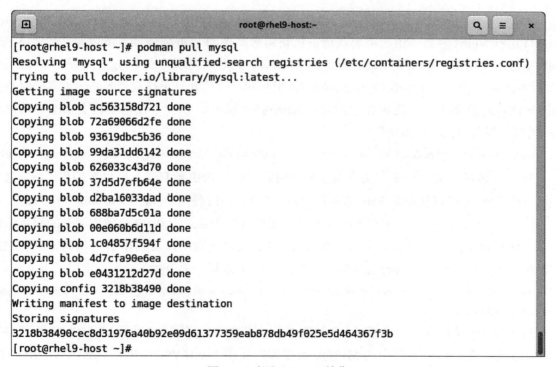

图 9-30　拉取 MySQL 镜像

(4) 拉取 phpMyAdmin 镜像。命令如下：

[root@rhel9-host ~]# podman pull phpmyadmin

命令运行结果如图 9-31 所示。

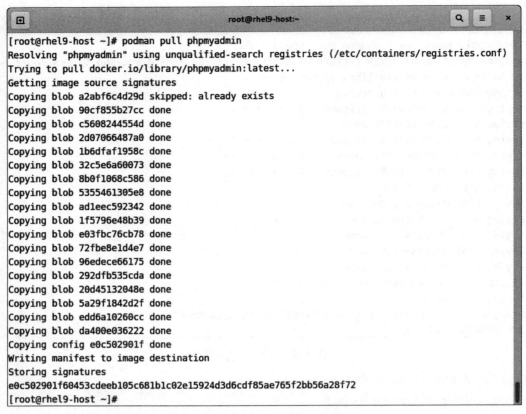

```
[root@rhel9-host ~]# podman pull phpmyadmin
Resolving "phpmyadmin" using unqualified-search registries (/etc/containers/registries.conf)
Trying to pull docker.io/library/phpmyadmin:latest...
Getting image source signatures
Copying blob a2abf6c4d29d skipped: already exists
Copying blob 90cf855b27cc done
Copying blob c5608244554d done
Copying blob 2d07066487a0 done
Copying blob 1b6dfaf1958c done
Copying blob 32c5e6a60073 done
Copying blob 8b0f1068c586 done
Copying blob 5355461305e8 done
Copying blob ad1eec592342 done
Copying blob 1f5796e48b39 done
Copying blob e03fbc76cb78 done
Copying blob 72fbe8e1d4e7 done
Copying blob 96edece66175 done
Copying blob 292dfb535cda done
Copying blob 20d45132048e done
Copying blob 5a29f1842d2f done
Copying blob edd6a10260cc done
Copying blob da400e036222 done
Copying config e0c502901f done
Writing manifest to image destination
Storing signatures
e0c502901f60453cdeeb105c681b1c02e15924d3d6cdf85ae765f2bb56a28f72
[root@rhel9-host ~]#
```

图 9-31 拉取 phpMyAdmin 镜像

2. 运行容器

(1) 运行 Nginx 容器。由于需要在宿主机访问容器中的 Web 服务器，所以要使用"-p"选项将宿主机的 80 端口映射到 Nginx 容器的 80 端口。同时借用项目 8 中 Nginx 服务器的网站根目录"/var/www/html"作为宿主机存放网站的根目录，并将此目录挂载到 Nginx 容器的网站根目录下 (Nginx 容器中网站的根目录为 /usr/share/nginx/html)，以便于在宿主机上修改网站中网页的内容，以及 Nginx 容器访问。

[root@rhel9-host ~]# podman run -d -p 80:80 -v /var/www/html:/usr/share/nginx/html --name=nginx nginx

(2) 运行 PHP 容器。由于需要在宿主机访问容器中的 PHP 解释器，所以要使用"-p"选项将宿主机的 9000 端口映射到 PHP 容器的 9000 端口。同时使用"/var/www/html"作为宿主机存放网站的根目录，并将此目录挂载到 PHP 容器的网站根目录下 (PHP 容器中网站的根目录也为 /var/www/html)，以便于在宿主机上修改网站中网页的内容，以及 PHP 容器访问。由于 PHP 容器要被 Nginx 容器访问，因此使用"--ip"指定其 IP 地址。命令如下：

[root@rhel9-host ~]#podman run -d -v /var/www/html:/var/www/html --name=php-fpm-8.0 -p 9000:9000 --ip= 10.88.0.20 php:8.0-fpm

(3) 运行 MySQL 容器。使用"-p"选项将宿主机的 3306 端口映射到 MySQL 容器的 3306 端口以方便宿主机访问容器中的 MySQL 数据库。使用"-e MYSQL_ROOT_PASSWORD"指定 root 用户登录 MySQL 数据库的密码。使用"--ip"选项指定 MySQL 容器的 IP，以便于 phpmyadmin 容器访问。命令如下：

[root@rhel9-host ~]# podman run -d -p 3306:3306 --name=mysql -eMYSQL_ROOT_PASSWORD=123456 --ip=10.88.0.38 mysql

(4) 运行 phpMyAdmin 容器。由于宿主机的 80 端口已经映射到 Nginx 服务器，因此只能另选一个端口映射给 phpMyAdmin 容器，此处使用 8088 端口。PMA_ARBITRARY 参数为 1 时，phpMyAdmin 服务将不再限制只能连接本地 MySQL 服务器，而是可以连接到任何指定的 MySQL 服务器。命令如下：

```
[root@rhel9-host html]# podman run -d -p 8088:80 -e PMA_ARBITRARY=1 --name=phpmyadmin phpMyAdmin
```

3. 配置 Nginx 容器

由于 Nginx 容器中没有安装 vim 软件，无法编辑配置文件，因此需要将配置文件复制到宿主机修改后再复制回容器中。

(1) 将 Nginx 容器的配置文件复制到宿主机中。命令如下：

```
[root@rhel9-host ~]# podman cp nginx:/etc/nginx/conf.d/default.conf /root
```

(2) 修改 Nginx 配置文件。命令如下：

```
[root@rhel9-host ~]# vim default.conf
```

配置文件的主要内容如图 9-32 所示。

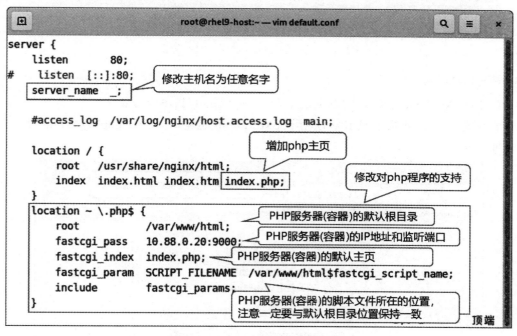

图 9-32　Nginx 容器的配置文件

(3) 将配置文件复制到 Nginx 容器。命令如下：

```
[root@rhel9-host ~]# podman cp default.conf nginx:/etc/nginx/conf.d/default.conf
```

(4) 重启 Nginx 容器。命令如下：

```
[root@rhel9-host ~]# podman restart nginx
```

(5) 测试 Nginx 容器对 PHP 程序的支持。在 /var/www/html 目录下创建一个 index.php 文件，并写入测试内容，查看运行效果。

```
[root@rhel9-host ~]# echo "<?php phpinfo(); ?>">>/var/www/html/index.php
```

在宿主机上打开浏览器，访问测试页面，若看到如图 9-33 所示的页面，则表示 Nginx 容器与 PHP 容器已经能够配合执行 PHP 程序了。注意，此处的 IP 地址是宿主机的 IP 地址，而非 Nginx 容器或 PHP 容器的 IP 地址。

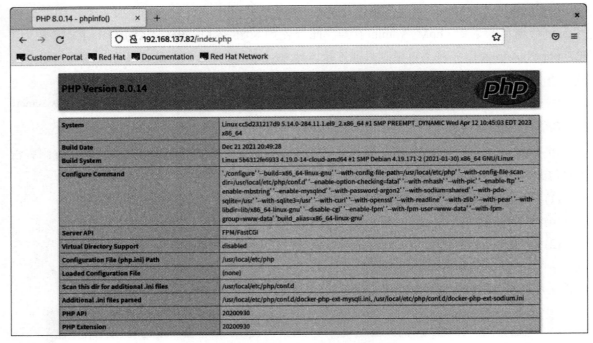

图 9-33　测试 Nginx 容器和 PHP 容器

4. 测试 LNMP 架构

1) 使用 phpMyAdmin 容器对 MySQL 容器的 MySQL 数据库进行管理

(1) 在浏览器中输入宿主机 IP 和映射 phpMyAdmin 的端口，打开 phpMyAdmin 登录页面，如图 9-34 所示。

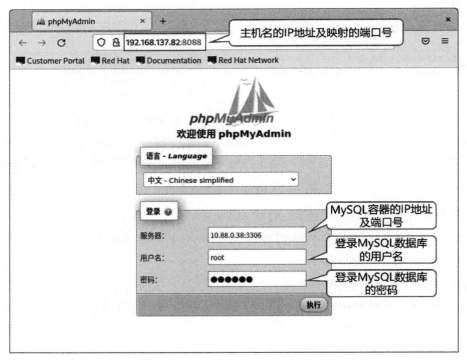

图 9-34　phpMyAdmin 登录页面

(2) 在图 9-34 所示的登录页面中输入 MySQL 容器的 IP 地址和端口号、登录 MySQL 数据库的用户名和密码，然后点击【执行】按钮，即可登录到 MySQL 数据库，如图 9-35 所示。

图 9-35 phpMyAdmin 管理界面

(3) 在图 9-35 所示的界面中点击左侧数据库结构树最上方的【新建】按钮,在右侧打开的【新建数据库】界面中输入数据库的名字,然后点击【创建】按钮,即可创建一个数据库,如图 9-36 所示。

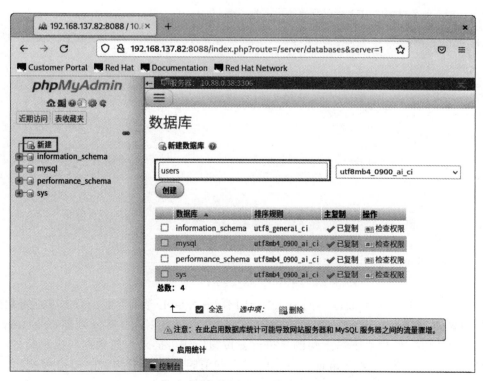

图 9-36 新建数据库

(4) 进入如图 9-37 所示的【新建数据表】界面，输入数据表的名字，并选择字段数量，然后点击【执行】按钮，即可创建一个数据表。

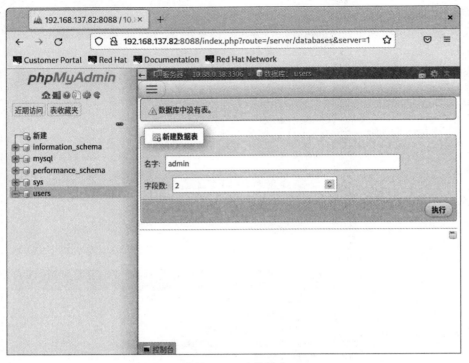

图 9-37　新建数据表

(5) 进入如图 9-38 所示的设计表的字段的界面，主要输入每个字段的名字、类型和长度，其他内容可以不填，最后点击【保存】按钮。

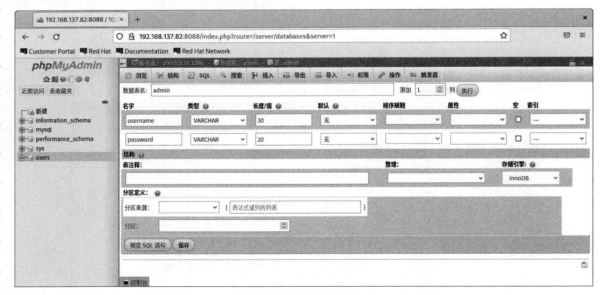

图 9-38　设计表的字段

(6) 在如图 9-39 所示的界面，点击【SQL】选项卡，进入 SQL 查询界面。点击下方的【INSERT】选项，会自动生成 Insert 语句，将其中的 "value-1" "value-2" 的值分别修改为 username 和 password 字段的值，然后点击右下角的【执行】按钮，即可插入一条数据。按照此方法可以插入多条数据。注意，在修改 "value-1" "value-2" 的值时，不要把两边的单引号删除，否则可能会导致 Insert 语句因语法错误而执行失败，无法正确插入数据。

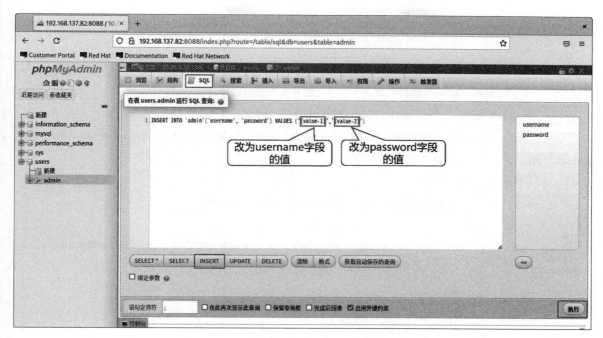

图 9-39　在表中插入数据

(7) 所有数据插入完成后，单击【浏览】选项卡，可以看到插入表中的数据，如图 9-40 所示。

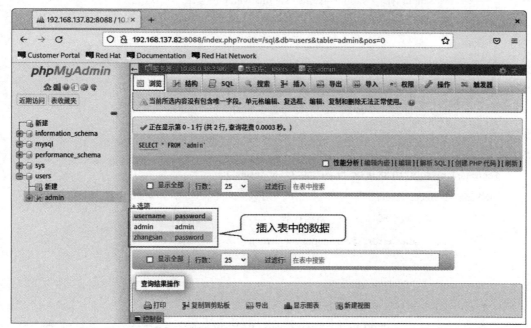

图 9-40　浏览表中的数据

2) 编写测试网页

在 /var/www/html 目录下创建 login.html 和 login.php 文件，模拟一个"教务管理系统后台"的登录页面，代码如下：

```
//login.html
<!DOCTYPE HTML>
<html>
    <head>
        <meta charset="utf-8">
```

```
                    <title></title>
            </head>
    <body style="background-color: #00aeae">
            <h2 align="center" style="color: white"> 教务管理系统后台登录 </h2>
            <form align="center" action="login.php" method="post">
                    <p style="width: 100%;height: 30px;display: block;line-height: 200px;text-align: center;color:white;
font-size:16px;">
                            账号：
                            <input type="text" name="username" value="" max="10">
                    </p>
                    <p style="width: 100%;height: 30px;display: block;line-height: 200px;text-align: center;color:white;
font-size:16px;">
                            密码：
                            <input type="password" name="password" value="" min="6" max="16">
                    </p>
                    <p style="width: 100%;height: 30px;display: block;line-height: 200px;text-align: center;">
                            <input type="submit" name="submit" value=" 登录 ">
                    </p>
            </form>
    </body>
</html>


//login.php
<?php
    $con=new mysqli("10.88.0.38","root","123456","users");
      if($con->connect_error)
              {// 连接失败会输出 error+ 错误代码
                      die("error:".$con->connect_error);
      }
      $username=$_POST['username'];
      $password=$_POST['password'];
      $sql=$con->prepare("SELECT * FROM admin WHERE username = ? AND password = ?");
      if ($sql === false) {
      die("Error: " . $con->error);
  }
      $sql->bind_param("ss",$username,$password);
      $sql->execute();
      $res=$sql->get_result();
        if($res->num_rows>0)
        {
```

```
                echo "Welcome!";
        }
        else
        {
                echo "Login failed!";
        }
?>
```

3) 配置 PHP 容器支持 mysqli

(1) 进入 PHP 容器的交互界面。命令如下：

```
[root@rhel9-host ~]# podman exec -it php-fpm-8.0 /bin/bash
```

(2) 安装 mysqli 插件。命令如下：

```
root@cc5d231217d9:/var/www/html#docker-php-ext-install mysqli
```

(3) 将 PHP 配置文件复制到本地并修改。命令如下：

```
[root@rhel9-host ~]# podman cp  php-fpm-8.0: /usr/local/etc/php/php.ini-development /root
[root@rhel9-host ~]#vim php.ini-development
```

部分配置文件内容如图 9-41 所示。

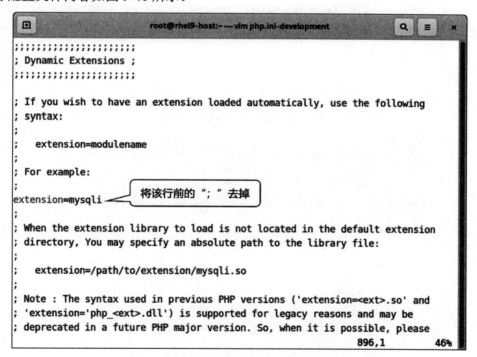

图 9-41　修改 php.ini-development 文件

(4) 将主机的 PHP 配置文件复制回容器。命令如下：

```
[root@rhel9-host ~]# podman cp php.ini-development php-fpm-8.0: /usr/local/etc/php/php.ini-development
```

(5) 重启 PHP 服务。命令如下：

```
[root@rhel9-host ~]# podman restart php-fpm-8.0
```

4) 运行测试页面

在浏览器中输入宿主机 IP 地址和 html 页面文件名，打开测试页面，如图 9-42 所示。输入正确的用户名和密码，然后点击【登录】按钮，会打开如图 9-43 所示的页面。输入错误的用户名和密码，然后点击【登录】按钮，会打开如图 9-44 所示的页面。

图 9-42　测试网站登录界面

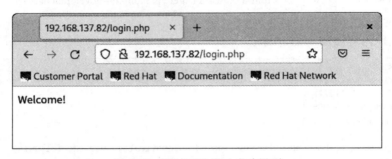

图 9-43　测试网站登录成功界面

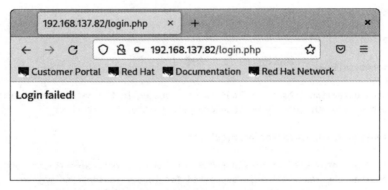

图 9-44　测试网站登录失败界面

▼ 任务总结

　　本次任务中，我们使用容器搭建了 LNMP 的架构服务器。由于每个容器各司其职，使整个架构更加清晰，从镜像仓库中拉取的镜像已经将每种服务的基本配置设置完成，使用这种镜像生成的容器也更加便于使用和管理，因此容器也是方便系统管理员对系统管理的重要手段之一。

▼ 同步训练

(1) 尝试利用容器搭建 LAMP 架构的服务器。
(2) 在镜像仓库中还有 Nginx 和 PHP 集成的镜像，尝试使用该镜像优化 LNMP 架构配置。

项 目 总 结

　　本项目中我们学习了容器的使用。当前流行的容器有 Docker、Podman、Kubernetes(K8s) 等。而 Podman 及其配套的 buildah、skopeo 等完美地将 Docker 和 Kubernetes(K8s) 集成在一起，更便于使用和管理，将成为容器领域的主流产品。

项 目 训 练

一、选择题

1. Podman 是 _____ 工具。

A. 文本编辑器　　　　　　　　　B. 容器管理工具

C. 数据库管理系统　　　　　　　D. 操作系统

2. 下列命令中，可以用来拉取 (pull) 一个镜像的命令是 _____。

A. podman pull　　　　　　　　B. docker pull

C. kubectl pull　　　　　　　　D. podman push

3. 在 Podman 中，用于查看当前正在运行的容器的命令是 _____。

A. podman ps　　　　　　　　　B. podman images

C. podman top　　　　　　　　　D. podman logs

4. 使用 Podman 时，删除一个已停止的容器的命令是 _____。

A. podman delete <container_id>　　B. podman rm <container_name>

C. podman stop <container_id>　　　D. podman start <container_id>

5. 在 Podman 中，用于列出所有容器 (包括未运行的) 的命令是 _____。

A. podman system df　　　　　　B. podman images

C. podman volume ls　　　　　　D. podman ps -a

6. 在 Podman 中，将数据卷挂载到容器中的命令是 _____。

A. podman run -v /host/path:/container/path image_name

B. podman run --volume /host/path:/container/path image_name

C. podman volume create data; podman run -v data:/container/path image_name

D. docker run -v /host/path:/container/path image_name

二、填空题

1. Podman 是一个用于管理 _____(填入 "容器" 或 "虚拟机") 的工具。

2. 在 Podman 中，用来创建新容器的命令是 _____。

3. 要删除一个已停止的 Podman 容器，首先需要使用 _____ 命令将其停止。

4. 在 Podman 中，可以使用 _____ 命令来查看特定容器的详细信息。

5. 要检查 Podman 是否在系统上安装正确，可以运行 podman --version 命令, 这将显示 _____。

6. 在执行容器时，若要以前台模式运行容器，可以使用 podman run -it，其中 -it 表示 _____。

三、实践操作题

1. 安装 Podman，并查看其版本信息。

2. 从镜像仓库中拉取 Apache、MySQL 和 PHP 镜像。

3. 运行 Apache、MySQL 和 PHP 容器。

4. 编写一个网站测试 Apache、MySQL 和 PHP 容器的功能。

项目 10

防火墙配置与管理

项目描述

为了保证公司服务器的安全，需要在公司服务器上安装和运行防火墙。
本项目中我们完成防火墙的配置与管理任务。

学习目标

(1) 了解防火墙的工作原理。
(2) 掌握 Linux 防火墙的基本架构。
(3) 掌握 Firewalld 的基本使用。
(4) 理解 SELinux 的重要作用。
(5) 掌握 SELinux 的用户管理、角色管理、布尔值管理。
(6) 掌握 SELinux 在文件上下文、端口上下文中的应用。

思政目标

增强文化自信，为国产品牌防火墙产品取得的成就而自豪。

预备知识　认识防火墙

1. 什么是防火墙

防火墙 (Firewall) 是位于两个 (或多个) 网络之间，实施网络之间访问控制的一组组件集合，是目前最重要的一种网络防护设备。防火墙这个名字借鉴了古代用于防火的防火墙的喻义，是设置在被保护网络和外部网络之间的一道屏障，实现网络的安全保护，以防止发生不可预测的、潜在的破坏性侵入。

防火墙通常具有以下三个特点。

(1) 位置特点：内部网络和外部网络之间的所有网络数据流都必须经过防火墙。只有当防火墙成为内、外网络之间通信的唯一通道时，才可以全面、有效地保护企业内部网络不受侵害。

(2) 功能特点：只有符合安全策略的数据流才能通过防火墙。根据企业的安全策略 (允许、拒绝、监测) 控制出入网络的信息流，确保网络流量的合法性，并在此前提下将网络流量快速地从一条链路转发到其他链路上。

(3) 性能特点：防火墙自身应具有非常强的抗攻击免疫力。防火墙处于网络边缘，就像一个边界卫士一样，每时每刻都要面对黑客的入侵，这就要求防火墙自身具有非常强的抗攻击的本领。

2. 防火墙的种类

目前市场上的防火墙种类繁多，从不同的角度，可以进行不同的分类。在此，我们从技术的角度，将防火墙分为包过滤型防火墙、应用代理型防火墙和状态检测型防火墙。

1) 包过滤型防火墙

包过滤是最早使用的一种防火墙技术，它的第一代模型是静态包过滤，工作在 OSI 模型的网络层上，之后发展出来的动态包过滤则是工作在 OSI 模型的传输层上。包过滤型防火墙工作的地方就是各种基于 TCP/IP 协议的数据报文进出的通道，它把网络层和传输层作为数据监控的对象，对每个数据包的协议、地址、端口、类型等信息进行分析，并与预先设定好的防火墙过滤规则进行核对，一旦发现某个包的某个或多个部分与过滤规则匹配并且条件为"阻止"的时候，这个包就会被丢弃。

基于包过滤技术的防火墙的优点是对于小型的、不太复杂的站点比较容易实现，同时其缺点也是很显著的。首先面对大型的、复杂的站点，包过滤的规则表很快会变得很大而且复杂，规则很难测试。随着表的增大和复杂性的增加，规则结构出现漏洞的可能性也会增加。其次是这种防火墙依赖于一个单一的部件来保护系统。如果这个部件出现了问题，或者外部用户被允许访问内部主机，则这个外部用户就可以访问内部网上的任何主机，形成很大的安全隐患。

2) 应用代理型防火墙

应用代理型防火墙实际上就是一台小型的带有数据检测过滤功能的透明代理服务器。但是它并不是单纯地在一个代理设备中嵌入包过滤技术，而是一种被称为应用协议分析的新技术。应用代理型防火墙能够对各层的数据进行主动的、实时的监测，能够有效地判断出各层中的非法侵入。这种防火墙一般还带有分布式探测器，能够检测来自网络外部的攻击，同时对来自内部的恶意破坏也有极强的防范作用。

应用代理型防火墙基于代理技术，通过防火墙的每个连接都必须建立在为之创建的代理进程上，而代理进程自身是要消耗一定时间的，于是数据在通过代理防火墙时就不可避免地发生迟滞现象。应用代理型防火墙以牺牲速度为代价换取了比包过滤型防火墙更高的安全性能。

3) 状态检测型防火墙

状态检测型防火墙通过一种被称为"状态监视"的模块，在不影响网络安全正常工作的前提下采用抽取相关数据的方法对网络通信的各个层次实行监测，并根据各种过滤规则作出安全决策。状态监视可以对包内容进行分析，从而摆脱了传统防火墙仅局限于几个包头部信息的检测弱点，而且这种防火墙不必开放过多端口，进一步杜绝了可能因为开放端口过多而带来的安全隐患。

3. RHEL9 中的防火墙

Linux 内核提供的防火墙功能通过 Netfilter 框架实现，并提供 iptables、Nftables、Firewalld 等工具配置和修改防火墙的规则。

Linux 内核包含一个强大的网络过滤子系统 Netfilter。Netfilter 子系统允许内核模块对遍历系统的每个数据包进行检查。这表示任何传入、传出或转发的网络数据包在到达用户空间中的组件之前，都可以通过编程方式被检查、修改、丢弃或拒绝。尽管系统管理员可以编写自己的内核模块与 Netfilter 交互，但通常大家都不会这么做，而是使用其他程序与 Netfilter 交互。这些程序中，最常见和最知名的是 Iptables。在 RHEL 7 之前的版本中，iptables 是与 Netfilter 交互的主要方法。

iptables 命令是一个低级工具，使用该工具正确管理防火墙可能具有挑战性。此外，它仅能调整 IPv4 防火墙规则。为保证更完整的防火墙覆盖率，需要使用其他实用程序，如用于 IPv6 的 ip6tables 和用于软件桥的 ebtables。

从 RHEL 7 开始引入了一种与 Netfilter 交互的新方法：Firewalld。Firewalld 是一个可以配置和监控系统防火墙规则的系统守护进程。该守护进程不仅涵盖 IPv4 和 IPv6，还可以涵盖 ebtables 设置。

为了克服 Iptables 的一些限制和不足，从 RHEL8 开始引入了 nftables。与 iptables 相比，nftables 主要有以下几个变化：

(1) iptables 大部分工作在内核态完成，如果要添加新功能，只能重新编译内核；nftables 大部分工作是在用户态完成，添加新功能不需要改内核。

(2) nftables 在设计上更为现代化和模块化，它提供了一种更灵活的方式来处理复杂的规则，同时减少了内核中的代码冗余。

(3) iptables 的规则结构由表、链和规则组成，其中规则包含 match（匹配）和 target（目标）。而 nftables 引入了更为高级的"元数据"概念，允许用户自定义数据结构，使得规则管理更加灵活和强大。

(4) Nftables 的语法和命令结构与 iptables 有所不同，它提供了一种新的声明式配置语言，这种语言更接近于现代编程语言，使得规则集的编写更加直观和易于维护。

从 RHEL9 开始，nftables 成为默认的防火墙后端配置工具。

课程思政

除了 Linux 内嵌的防火墙之外，目前市场上还有很多独立的防火墙产品。在这些产品中绝大多数都是我国具有自主知识产权的国产品牌产品，如华为、华三、深信服、天融信、山石等。我国的网络安全产品从无到有、从低级到高级，越来越强大，逐渐引领世界科技发展潮流。党的二十大报告指出，必须坚持科技是第一生产力、人才是第一资源、创新是第一动力。相信在以习近平同志为核心的党中央的正确领导下，我国能够研发出更多更好的网络安全产品，民族品牌的网络安全产品将为全球的网络安全发展贡献中国智慧、中国力量。

任务一　配置和使用 Firewalld

▼ 任务提出

公司内部搭建的服务器安装了防火墙并使用 Firewalld 进行配置，现要完成以下任务：

(1) 查看当前系统中的所有区域和所有支持的服务。

(2) 查看当前的活动区域及其接口信息。

(3) 查看当前区域所有已配置的接口、源、服务和端口信息。

(4) 添加一个新的接口，将该接口关联到 internal 区域，此修改为永久修改。

(5) 向 public 区域添加一条规则，允许访问 http 服务。

(6) 向 public 区域添加一条规则，允许访问 8080/tcp 端口。

(7) 将 http 服务和 8080 端口从 public 区域中移除。

▼ **任务分析**

1. Firewalld 的基本概念

Firewalld是一个防火墙服务守护进程，其提供一个带有 D-Bus 接口的、动态可定制的、基于主机的防火墙。由于它是动态的，因此可以在创建、更改和删除规则时不需要每次都重新启动防火墙守护进程。

Firewalld 使用区域 (Zone) 和服务 (Service) 的概念来简化流量管理。区域是预定义的规则集。网络接口和源可以分配给区域。允许的流量取决于被防护计算机所连接的网络以及该网络所分配的安全级别。防火墙服务是预定义的规则，覆盖了允许特定服务进入流量的所有必要设置，它在一个区域的范围内应用。根据数据包源 IP 地址或传入网络接口等条件，流量将转入相应区域的防火墙规则，如图 10-1 所示。每个区域都有自己要打开或关闭的端口和服务列表。

服务使用一个或多个端口或地址进行网络通信。防火墙基于端口对通信进行过滤。为了允许一个服务的网络流量，它的端口必须开放。防火墙会屏蔽未明确设置为开放的端口上的所有流量。有些区域，如 trusted 区域，默认允许所有流量。

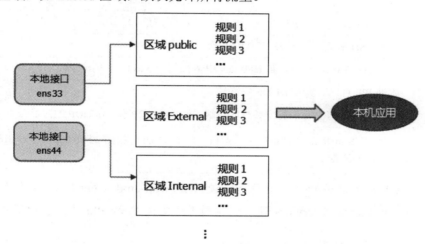

图 10-1　防火墙区域示意图

Firewalld 有一些预定义区域，适应于多种用途。表 10-1 列出了在系统安装时这些区域的默认配置，管理员也可以对这些区域进行自定义配置。默认区域为 public，如果不进行任何更改，将为除 lo 接口外的其他接口分配 public 区域，而 lo 接口被分配到 trusted 区域。默认情况下，如果传入流量属于系统启动通信的一部分，则所有区域都允许这些传入流量和所有传出流量。无论处于哪个区域，防火墙都不会拒绝由本机主动发起的网络连接，也就是说本地发起的数据包(包含对方响应或返回的数据包)将通过任何区域。

表 10-1　Firewalld 区域默认配置

区域名称	默 认 配 置
trusted	允许所有传入流量
home	除非与传出流量相关，或与 ssh、mdns、ipp-client、samba-client 或 dhcpv6-client 预定义服务匹配，否则拒绝传入流量
internal	除非与传出流量相关，或与 ssh、mdns、ipp-client、samba-client 或 dhcpv6-client 预定义服务匹配，否则拒绝传入流量(一开始与 home 区域相同)
work	除非与传出流量相关，或与 ssh、ipp-client 或 dhcpv6-client 预定义服务匹配，否则拒绝传入流量

续表

区域名称	默 认 配 置
public	除非与传出流量相关，或与 ssh 或 dhcpv6-client 预定义服务匹配，否则拒绝传入流量。新添加的网络接口的默认区域
external	除非与传出流量相关，或与 ssh 预定义服务匹配，否则拒绝传入流量。通过此区域转发的 IPv4 传出流量将进行伪装，以使其看起来像是来自传出网络接口的 IPv4 地址
dmz	除非与传出流量相关，或与 ssh 预定义服务匹配，否则拒绝传入流量
block	除非与传出流量相关，否则拒绝传入流量
drop	除非与传出流量相关，否则拒绝传入流量 (甚至不产生包含 ICMP 错误的响应)

Firewalld 还有一些预定义服务。这些服务定义可用于方便地允许特定网络服务的流量通过防火墙。表 10-2 列出了防火墙区域默认配置中使用的预定义服务的配置。

表 10-2　Firewalld 预定义服务

服务名称	配 置
ssh	本地 SSH 服务器。到 22/TCP 的流量
dhcpv6-client	本地 DHCPv6 客户端。到 fe80::/64 IPv6 网络中 546/UDP 的流量
ipp-client	本地 IPP 打印。到 631/UDP 的流量
samba-client	本地 Windows 文件和打印共享客户端。到 137/UDP 和 138/UDP 的流量
mdns	多播 DNS(mDNS) 本地链路名称解析。到 5353/UDP 指向 224.0.0.251(IPv4) 或 ff02::fb(IPv6) 多播地址的流量

◎小贴士：还有许多其他预定义的服务。使用 firewall-cmd --get-services 命令可以列出这些服务。可在 /usr/lib/firewalld/services 目录中找到用于定义 Firewalld 软件包中所含预定义服务的配置文件。

2. RHEL9 对 Firewalld 的支持

Firewalld 需要的软件包是 firewalld-filesystem-*-el9.noarch 和 firewalld-*-el9.noarch(* 代表版本号，根据 Linux 系统的版本不同会有所差别)。

由于 firewalld.service 和 iptables.service、ip6tables.service 以及 ebtables.service 服务彼此冲突，为了防止意外启动其中的一个 *tables.serivce 服务 (并擦除流程中任何正在运行的防火墙配置)，可以将 *tables.serivce 加以屏蔽。

3. Firewalld 的管理方式

Firewalld 可以通过三种方式来管理：

(1) 使用命令行工具 firewall-cmd。

(2) 使用图形工具 firewall-config。

(3) 使用 /etc/firewalld/ 中的配置文件。

在大部分情况下，不建议直接编辑配置文件。使用图形工具相对比较简单，读者可以自行操作。本任务中，我们使用 firewall-cmd 命令行工具。firewall-cmd 命令格式如下：

【命令】firewall-cmd [选项]

【选项】firewall-cmd 命令的常用选项及其功能如表 10-3 所示。

表 10-3　firewall-cmd 命令的常用选项及其功能

选　项	功　能
--get-default-zone	查询当前默认区域
--set-defualt-zone=\<ZONE\>	设置默认区域。此命令会同时更改运行时配置和永久配置
--get-zones	列出所有可用区域
--get-services	列出所有支持的服务
--get-active-zones	列出当前正在使用的所有区域 (具有关联的接口或源) 及其接口和源信息
--add-source=\<CIDR\> [--zone=\<ZONE\>]	将来自 IP 地址或网络 / 子网掩码 \<CIDR\> 的所有流量路由到指定区域。如果未提供 "--zone" 选项，则使用默认区域
--remove-source=\<CIDR\> [--zone=\<ZONE\>]	从指定区域中删除用于路由来自 IP 地址或网络 / 子网掩码 \<CIDR\> 的所有流量的规则。如果未提供 "--zone" 选项，则使用默认区域
--add-interface=\<INTERFACE\> [--zone=\<ZONE\>]	将来自 \<INTERFACE\> 的所有流量路由到指定区域。如果未提供 "--zone" 选项，则使用默认区域
--change-interface=\<INTERFACE\> [--zone=\<ZONE\>]	将接口与 \<ZONE\> 区域关联。如果未提供 "--zone" 选项，则使用默认区域
--list-all [--zone=\<ZONE\>]	列出 \<ZONE\> 的所有已配置接口、源、服务和端口。如果未提供 "--zone" 选项，则使用默认区域
--list-all-zone	列出所有区域的所有信息 (接口、源、端口、服务等)
--add-service=\<SERVICE\> [--zone=\<ZONE\>]	允许到 \<SERVICE\> 服务的流量。如果未提供 "--zone" 选项，则使用默认区域
--add-port=\<PORT/PROTOCOL\> [--zone=\<ZONE\>]	允许到 \<PORT/PROTOCOL\> 端口的流量。如果未提供 "--zone" 选项，则使用默认区域
--remove-service=\<SERVICE\> [--zone=\<ZONE\>]	从区域的允许列表中删除 \<SERVICE\> 服务。如果未提供 "--zone" 选项，则使用默认区域
--remove-port=\<PORT/PROTOCOL\> [--zone=\<ZONE\>]	从区域的允许列表中删除 \<PORT/PROTOCOL\> 端口。如果未提供 "--zone" 选项，则使用默认区域
--reload	丢弃运行时配置并应用永久配置
--permanent	将此次配置作为永久配置

◎小贴士：几乎所有的命令都作用于运行时配置，当系统重新加载或重启 Firewalld 服务后，本次配置就会失效，除非使用了 --permanent 选项。但是 --premanent 选项的配置只有在下次重启系统或重新加载 Firewalld 服务单元后才会生效。

▼ 任务实施

1. 查看系统中是否安装了 Firewalld 软件包

使用以下命令查看系统中是否安装了 Firewalld 软件包：

```
[root@rhel9-host ~]# rpm -qa|grep firewalld
```

配置和使用 Firewalld

已安装的软件包如图 10-2 所示。

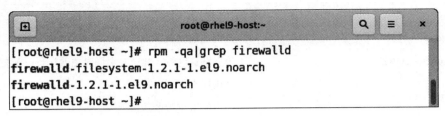

图 10-2　已安装 Firewalld 软件包

默认情况下，Firewalld 软件包应该已经安装，如果没有安装，可以参照项目 3 中的任务二使用 YUM 安装该软件包。

2. 查看当前系统中的所有区域和所有支持服务

使用以下命令查看当前系统中的所有区域和所有支持服务：

[root@rhel9-host ~]# firewall-cmd --get-zones

[root@rhel9-host ~]# firewall-cmd --get-services

命令运行结果如图 10-3 所示。

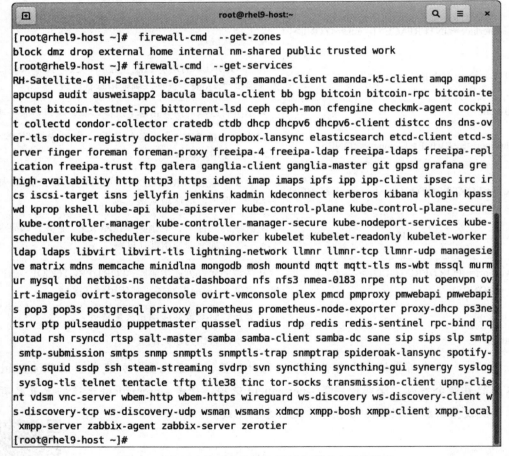

图 10-3　查看当前系统中所有区域和所有支持的服务

3. 查看当前的活动区域及其接口信息

使用以下命令查看当前的活动区域及其接口信息：

[root@rhel9-host ~]# firewall-cmd --get-active-zone

命令运行结果如图 10-4 所示，默认使用 public 区域，对应接口 ens160。

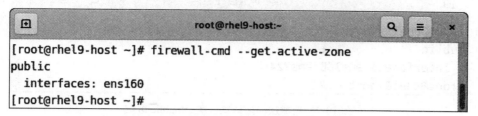

图 10-4　查看当前的活动区域及其接口信息

4. 查看当前区域所有已配置的接口、源、服务和端口信息

使用以下命令查看当前区域所有已配置的接口、源、服务和端口信息：

[root@RHEL9 ~]# firewall-cmd --list-all

命令运行结果如图 10-5 所示。

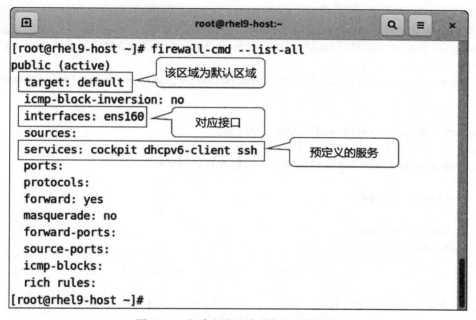

图 10-5　查看当前区域所有已配置信息

5. 添加一个新的接口，将其关联到 Internal 区域

(1) 参照项目 2 任务三添加硬盘的方法在虚拟机中再添加一块网卡（网络适配器），重新开机，并确保网卡是连接状态。会发现 Linux 系统现在有两个网络接口，如图 10-6 所示。

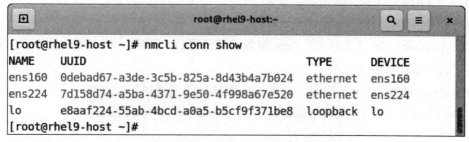

图 10-6　新增加一个网络接口

(2) 查看现有区域的网络接口，发现新增加的网络接口默认属于 public 区域，如图 10-7 所示。

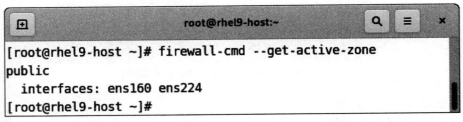

图 10-7　新增加的接口默认属于 public 区域

(3) 将新增加接口关联到 internel 区域。命令如下：

[root@rhel9-host ~]# firewall-cmd --change-interface=ens224 --zone=internal --permanent

[root@rhel9-host ~]# firewall-cmd --reload

再次查看当前的活动区域，会发现多了一个 internal 区域，其关联的接口是 ens224。如图 10-8 所示。

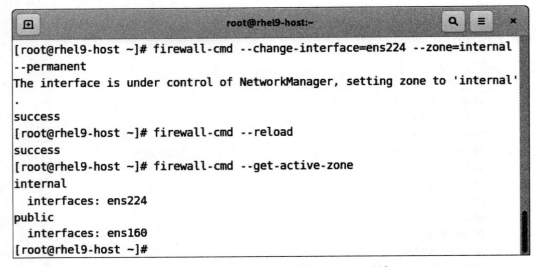

图 10-8　将新增加的接口关联到 internal 区域

6. 向 public 区域添加一条规则，允许访问本机的 http 服务

(1) 禁用 Firewalld 服务。命令如下：

[root@rhel9-host ~]# systemctl stop firewalld

(2) 根据项目 7 任务一所学的内容，在本机上配置好 httpd 服务，确保客户端浏览器可以访问该服务。

(3) 将本机 Firewalld 服务激活。命令如下：

[root@rhel9-host html]# systemctl start firewalld

由于默认的 public 区域没有允许 http 服务的流量通过，因此，客户端浏览器再次访问本机 http 服务，发现无法访问。

(4) 向 public 区域添加一条规则，允许 http 服务的流量通过。命令如下：

[root@rhel9-host ~]# firewall-cmd --add-service=http --zone=public --permanent

[root@rhel9-host ~]# firewall-cmd --reload

查看 public 区域的配置信息，会发现多了 http 服务，如图 10-9 所示。命令如下：

[root@rhel9-host ~]# firewall-cmd --list-all --zone=public

使用客户端浏览器再次访问本机 http 服务，发现可以访问。

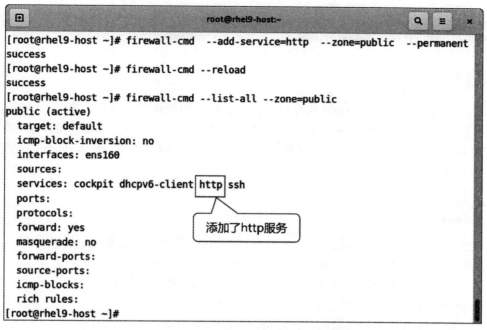

图 10-9　在 public 区域添加 http 服务

7. 向 public 区域添加一条规则，允许访问 8080/tcp 端口

使用以下命令向 public 区域添加一条规则，允许访问 8080/tcp 端口：

```
[root@rhel9-host ~]# firewall-cmd --add-port=8080/tcp --zone=public --permanent
[root@rhel9-host ~]# firewall-cmd --reload
```

查看 public 区域的配置信息，会发现多了 8080/tcp 端口，如图 10-10 所示。

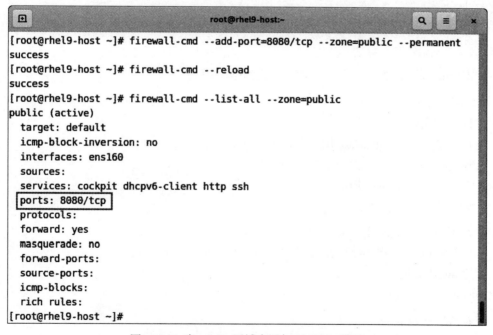

图 10-10　在 public 区域中添加 8080/tcp 端口

8. 将 http 服务和 8080 端口从 public 区域中移除

使用以下命令将 http 服务和 8080 端口从 public 区域中移除：

```
[root@rhel9-host ~]# firewall-cmd --remove-service=http --zone=public --permanent
```

```
[root@rhel9-host ~]#firewall-cmd --remove-port=8080/tcp  --zone=public   --permanent
[root@rhel9-host ~]# firewall-cmd --reload
```

▼ 任务总结

　　本次任务首先确认了 Firewalld 软件能够正常运行，为配置防火墙做好准备。然后查看了区域的配置情况，并将端口与区域关联。接着向区域中添加了相应的服务和端口，最后删除了相应的服务和端口。只有添加到区域中的服务和端口，用户的流量才能通过，因此，在配置区域的时候一定要慎重。

▼ 同步训练

　　(1) 检查当前系统中是否安装了 Firewalld 的软件包，如果没有，则安装此软件包。
　　(2) 查看当前区域所有已配置的接口、源、服务和端口信息。
　　(3) 添加一个新的接口，将该接口关联到 home 区域，此修改为永久修改。
　　(4) 向 public 区域添加一条规则，允许访问 FTP 服务。
　　(5) 向 public 区域添加一条规则，允许访问 8000/tcp 端口。

任务二　配置和使用 SELinux

▼ 任务提出

　　为了确保系统的安全性，服务器启用了 SELinux。本次任务需要完成以下内容：

1. 设置 SELinux 工作模式

查看 SELinux 当前的工作模式并将其修改为强制模式。

2. 管理 Linux 用户上下文

(1) 查看当前用户的上下文。
(2) 查看登录用户与 SELinux 用户的映射关系。
(3) 限制用户 user001 不能使用"su"命令。
(4) 删除对用户 user001 使用"su"命令的限制。

3. 管理 SELinux 用户角色

(1) 查看当前 SELinux 用户及其对应的角色。
(2) 添加 SELinux 用户 swift_u，使其拥有 staff_r 和 sysadm_r 角色。
(3) 删除 swift_u 用户。

4. 管理 SELinux 权限

(1) 查看 SELinux 的布尔值。
(2) 禁止 user001 用户在 /home 和 /tmp 目录下运行可执行文件。

5. 管理 SELinux 文件上下文

(1) 查看系统中所有文件的默认上下文。
(2) 新创建 /web 目录，并查看其上下文。

(3) 为 /web 目录添加 httpd_sys_content_t 的上下文。

(4) 参考 /var/www 目录的上下文设置 /web 目录的默认上下文。

6. 管理 SELinux 的端口上下文

修改 SELinux 端口上下文使得 httpd 服务能够监听 12345 端口。

🔻 任务分析

1. SELinux 简介

Linux 系统的访问控制分为两个层次。一种是自主访问控制 (Discretionary Access Control，DAC)，它是根据主体 (如用户、进程或 I/O 设备等) 的身份和他所属的组限制对客体的访问。所谓的自主，是因为拥有访问权限的主体，可以直接 (或间接) 地将访问权限赋予其他主体 (除非受到强制访问控制的限制)。例如对于文件的访问权限设置就属于 DAC 访问控制。另一种是强制访问控制 (Mandatory Access Control，MAC)，是指一种由操作系统约束的访问控制，目标是限制主体访问对象或对对象执行某种操作的能力。在实践中，主体通常是一个进程或线程，对象可能是文件、目录、TCP/UDP 端口、共享内存段、I/O 设备等。主体和对象各自具有一组安全属性。每当主体尝试访问对象时，都会由操作系统内核强制施行授权规则——检查安全属性并决定是否可进行访问。任何主体对任何对象的任何操作都将根据一组授权规则 (也称策略) 进行测试，决定操作是否允许。

SELinux(Security Enhanced Linux) 是 Linux 实现强制访问控制的措施。SELinux 由美国国家安全局发起，许多研究机构一起参与的操作系统强制性安全审查机制。该系统最初是作为一款通用访问软件发布于 2000 年 12 月，并在 Linux 内核 2.6 版本以后直接整合进入 SELinux，搭建在 Linux Security Module 基础上，目前已经成为最受欢迎、使用最广泛的安全方案。SELinux 作为 Linux 的内核模块，也是 Linux 的一个安全子系统，其主要作用就是最大限度地减小系统中服务进程可访问的资源。

2. SELinux 的工作原理

SELinux 与 Linux 系统整体架构的关系如图 10-11 所示。

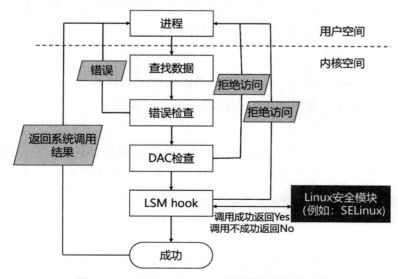

图 10-11　SELinux 与 Linux 系统整体架构的关系

当一个用户空间的进程通过系统调用访问系统资源进入内核后，首先进行错误检查，如果出现访问错误则返回进程所在用户空间；如果没有错误，进行 DAC 访问控制检查，如果 DAC 不允许其访问相关资源，也将返回进程的用户空间；最后调用基于 LSM 的 hook，对接到 SELinux 模块的 hook 进行访问控制检查。如果 SELinux 不允许访问，同样返回进程的用户空间，如果通过访问控制检查，则允许进程访问相关资源。

SELinux 模块的内部结构及与其他 hook 的关系如图 10-12 所示。

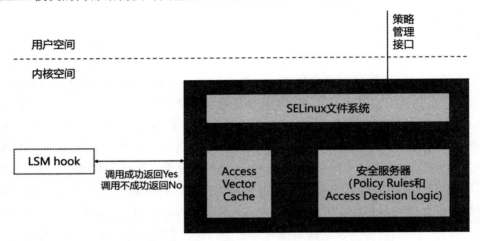

图 10-12　SELinux 模块的内部结构及与其他 hook 的关系

SELinux 是一个内置在 Linux 内核中的 Linux 安全模块 (LSM)。内核中的 SELinux 子系统由安全策略驱动，该策略由管理员控制并在引导时载入。系统中所有与安全性相关的、内核级别的访问操作都会被 SELinux 截取，并在加载的安全策略上下文中检查。如果载入的策略允许操作，它将继续进行。否则，操作会被阻断，进程会收到一个错误。

SELinux 决策 (如允许或禁止访问) 会被缓存。这个缓存被称为 Access Vector Cache(AVC)。通过使用这些缓存的决策，可以较少对 SELinux 策略规则的检查，这会提高系统性能。当然，如果 DAC 规则已经禁止了相关操作，那么 SELinux 将不会起作用。

在 RHEL 9 中，系统服务由 systemd 守护进程控制；systemd 启动和停止所有服务，用户和进程使用 systemctl 实用程序与 systemd 通信。systemd 守护进程可以参考 SELinux 策略，检查调用进程标签以及调用者试图管理的单元文件标签，然后询问 SELinux 是否允许调用者的访问。这个方法可控制对关键系统功能的访问控制，其中包括启动和停止系统服务。

3. SELinux 的工作模式

SELinux 可使用三种模式运行：Enforcing(强制)、Permissive(宽容) 或 Disabled(禁用)。

Enforcing 模式是默认操作模式，在 Enforcing 模式下 SELinux 可以正常运行，并在整个系统中强制实施载入的安全策略。

在 Permissive 模式中，系统会像 Enforcing 模式一样加载安全策略，包括标记对象并在日志中记录访问拒绝条目，但它并不会拒绝任何操作。不建议在生产环境系统中使用 Permissive 模式，但 Permissive 模式对 SELinux 策略开发和调试很有帮助。

1) 查看 SELinux 的工作模式

【命令】getenforce

【说明】命令返回 Enforcing、Permissive 或 Disabled

【命令】sestatus

【说明】命令返回 SELinux 状态以及正在使用的 SELinux 策略。

2) 临时修改 SELinux 的工作模式

【命令】setenforce <enforcing | permissive | 1 | 0>

【说明】参数"1"代表 enforcing 模式，参数"0"代表 permissive 模式。

3) 永久修改 SELinux 的工作模式

修改配置文件 /etc/selinux/config，将 SELinux 选项设置为 disabled、enforcing 或 permissive。修改配置文件后需要重启系统。

◎小贴士：从 Enforcing 模式改为 Disabled 模式后，需要重新启动内核，此时内核会对系统中的每个对象重新设置安全策略，时间会较长。因此不建议将 SELinux 设置为 Disabled 模式。如果想要系统不受 SELinux 的影响，可以将其设置为 Permissive 模式，这样系统也不会限制任何资源访问，只会将相应访问记录在日志中。

4. SELinux 的上下文

SELinux 是典型的使用 MAC(Mandatory Access Control) 策略的模块，对系统中的每个进程和资源都生成一个特殊的安全性标签，称为 SELinux 上下文 (context) 或 SELinux 标签。SELinux 安全策略在一系列规则中使用这些上下文，它们定义进程如何相互交互以及与各种系统资源进行交互。

SELinux 上下文包括四个字段：user(用户)、role(角色)、type(类型) 和 security level(安全级别)。在 SELinux 策略中，"类型"信息是最重要的。因为最常用的、用于定义允许在进程和系统资源间进行的交互的策略规则会使用"类型"信息而不是 SELinux 的完整上下文。

1) SELinux 用户上下文管理

每个 Linux 用户都根据 SELinux 策略中的规则映射到一个 SELinux 用户。默认情况下，Red Hat Enterprise Linux 中的所有 Linux 用户 (包括管理权限的用户) 都会映射到无限制的 SELinux 用户 unconfined_u。可以通过将 Linux 用户分配给受限制的 SELinux 用户来提高系统安全性。

Linux 用户的安全上下文由 SELinux 用户、SELinux 角色、SELinux 类型和安全级别组成。形如：

```
user_u:user_r:user_t:sensitivity level
```

其中 user_u 是 SELinux 用户，user_r 是 SELinux 角色，user_t 是 SELinux 类型，sensitivity level 是安全级别。Linux 用户登录后，其 SELinux 用户不能改变。但是，其类型和角色可以改变。

查看当前用户的上下文的命令如下：

【命令】id -Z

SELinux 管理用户上下文的命令如下：

【命令】semanage login [选项] [Linux 用户名]

【选项】-a：添加 login 对象类型的记录

　　　　-d：删除 login 对象类型的一个记录

　　　　-m：修改 login 对象类型的一个记录

　　　　-l：列出 login 对象类型的记录

　　　　-D：删除所有 login 对象的本地定制

　　　　-s：指定 SELinux 用户名

2) SELinux 角色上下文管理

在 SELinux 中不同的用户对应不同的角色，不同的角色有不同的权限。SELinux 常见用户及其对应角色如表 10-4 所示。

表 10-4　SELinux 中的用户与角色对应关系

SELinux 用户	默认角色	其他角色
unconfined_u	unconfined_r	system_r
guest_u	guest_r	—
xguest_u	xguest_r	—
user_u	user_r	—
staff_u	staff_r	sysadm_runconfined_r system_r
sysadm_u	sysadm_r	—
root	staff_r	sysadm_runconfined_r system_r
system_u	system_r	

需要注意的是，system_u 是系统进程和对象的特殊用户身份，system_r 是关联的角色。管理员不得将这个 system_u 用户和 system_r 角色关联到 Linux 用户。

每个 SELinux 角色都与一个 SELinux 类型对应，并提供特定的访问权限，如表 10-5 所示。

表 10-5　SELinx 角色对应的类型与访问权限

角　色	类　型	权　　限			
		使用 X Window 系统登录	su 和 sudo	在主目录和 /tmp 中执行 (默认)	Networking
unconfined_r	unconfined_t	是	是	是	是
guest_r	guest_t	否	否	是	否
xguest_r	xguest_t	是	否	是	仅限 Web 浏览器 (Mozilla Firefox、GNOME Web)
user_r	user_t	是	否	是	是
staff_r	staff_t	是	仅 sudo	是	是
auditadm_r	auditadm_t		是	是	是
dbadm_r	dbadm_t		是	是	是
logadm_r	logadm_t		是	是	是
webadm_r	webadm_t		是	是	是
secadm_r	secadm_t		是	是	是
sysadm_r	sysadm_t	仅在 xdm_sysadm_login 布尔值为 on 时	是	是	是

由于 unconfined_u 和 root 是没有限制的用户。因此，与这些 SELinux 用户关联的角色没有包含在表 10-5 中。

管理 SELinux 角色的命令如下：

【命令】semange user [选项] [SELinux 用户名]

【选项】-C：列出 user 本地定制的记录

　　　　-a：添加 user 对象类型的记录

　　　　-d：删除 user 对象类型的一个记录

　　　　-m：修改 user 对象类型的一个记录

　　　　-l：列出 user 对象类型的记录

　　　　-D：删除所有 user 对象的本地定制记录

　　-R：指定 SELinux 角色。如果需要多个角色，要使用引号包括起来，用空格分开

3) SELinux 布尔权限管理

　　在 SELinux 中，受限制的非管理员角色为分配给他们的 Linux 用户授予执行特定任务的特定特权和权限集。通过分配单独的受限非管理员角色，可以为单个用户分配特定的权限。这在具有多个用户且每个用户具有不同授权级别的场景中很有用。

　　/sys/fs/selinux/booleans 目录中的每个文件都对应了一个 SELinux 用户角色权限，每个文件的内容包括两部分，即"权限当前值"和"权限默认值"。权限值为 1 代表该权限开启，为 0 代表该权限关闭。由于权限值是一个 boolean(布尔) 类型的值，因此有时候也直接称为该权限的"布尔值"。

　　管理布尔值的命令为：

　　【命令】semanage boolean [选项] [布尔值]

　　【选项】-C：列出 boolean 本地定制

　　　　　　-m：修改 boolean 对象类型的一个记录

　　　　　　-l：列出 boolean 对象类型的记录

　　　　　　-D：删除所有 boolean 对象的本地定制

　　　　　　-1：启用布尔值

　　　　　　-0：禁用布尔值

　　要获取某个布尔值的状态的命令为：

　　【命令】getsebool < 布尔值 >

　　修改某个布尔值的状态的命令为：

　　【命令】setsebool [选项] < 布尔值 > < on| off |1 |0>

　　【选项】-g：永久修改布尔值

4) SELinux 文件上下文管理

　　/etc/selinux/targeted/contexts/files/file_contexts 文件中定义了不同的文件所对应的 SELinux 用户、角色及类型。用户在访问某个文件时，除了按照文件权限决定是否能够访问之外，还要根据 /etc/selinux/targeted/contexts/files/file_contexts 文件中的定义决定是否有访问权限。

　　当在一个目录中创建一个新文件时，该文件会继承父目录的上下文。当将一个文件复制到一个目录中时，该文件也会继承该目录的上下文。而当将一个文件移动到一个目录中时，该文件会保留原有的上下文。

　　查看文件上下文的命令如下：

　　【命令】ls -Z [文件名]

　　【说明】如果不加文名，则默认查看当前目录的上下文

　　管理文件上下文的命令如下：

　　【命令】semanage fcontext [选项] [上下文权限]

　　【选项】-C：列出 fcontext 本地定制

　　　　　　-a：添加 fcontext 对象类型的记录

　　　　　　-d：删除 fcontext 对象类型的一个记录

　　　　　　-m：修改 fcontext 对象类型的一个记录

　　　　　　-l：列出 fcontext 对象类型的记录

　　　　　　-D：删除所有 fcontext 对象的本地定制

　　　　　　-e：参考某个模板规则

　　　　　　-u：指定 SELinux 的用户名

　　　　　　-t：指定对象的 SELinux 类型

　　要想临时修改文件的上下文使其不按 /etc/selinux/targeted/contexts/files/file_contexts 文件规

定的上下文，可以使用如下命令：

【命令】chcon [选项] < 文件名 >

【选项】-u < 用户 >：设置指定 < 用户 > 的目标安全上下文

-r < 角色 >：设置指定 < 角色 > 的目标安全上下文

-t < 类型 >：设置指定 < 类型 > 的目标安全上下文

--reference=< 参考文件 >：参考 < 参考文件 > 的上下文进行修改

-R：递归操作子目录

-v：为每个处理的文件输出诊断信息

-h：只影响符号链接，而非被引用的任何文件

如果想恢复到 /etc/selinux/targeted/contexts/files/file_contexts 文件规定的上下文，可以使用如下命令：

【命令】restorecon [选项] 文件名

【选项】-R：递归操作子目录

-v：为每个处理的文件输出诊断信息

5) SELinux 的端口上下文管理

SELinux 对于端口上下文管理的命令如下：

【命令】semanage port [选项] [端口或端口范围]

【选项】-C：列出 port 本地定制记录

-a：添加 port 对象类型的记录

-d：删除 port 对象类型的一个记录

-m：修改 port 对象类型的一个记录

-l：列出 port 对象类型的记录

-D：删除所有 port 对象的本地定制记录

-t：对象的 SELinux 类型

-p：指定端口 (tcp|udp|dccp|sctp) 的协议或指定节点 (IPv4|IPv6) 的互联网协议

▼ 任务实施

1. 设置 SELinux 工作模式

(1) 查看当前的 SELinux 工作模式。命令如下：

配置和使用 SELinux

```
[root@rhel9-host ~]# getenforce
```

(2) 如果当前的工作模式不是 Enforcing，将其设置为 Enforcing。命令如下：

```
[root@rhel9-host ~]# setenforce 1
```

2. 管理 SELinux 用户上下文

(1) 查看当前用户的上下文。命令如下：

```
[root@rhel9-host ~]# id
```

命令执行结果如图 10-13 所示。

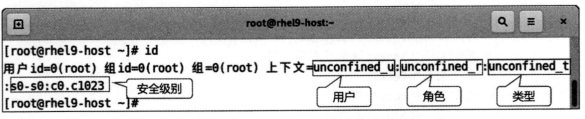

图 10-13　查看用户的上下文

(2) 查看登录用户与 SELinux 用户的映射关系。命令如下：

[root@rhel9-host ~]# semanage login -l

命令执行结果如图 10-14 所示。

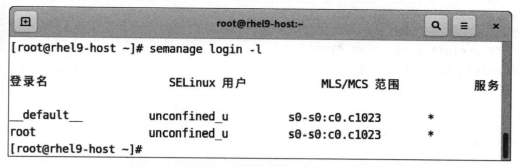

图 10-14　查看登录用户与 SELinux 用户的映射关系

默认情况下，除 root 用户外的所有用户都是"__default__"用户，其映射的 SELinux 用户为"unconfined_u"，该用户没有任何 SELinux 上下文权限限制。

(3) 添加用户 user001，并以 user001 账户登录系统查看其上下文，它的 SELinux 用户也为"unconfined_u"。命令如下：

[root@rhel9-host ~]# useradd user001

[root@rhel9-host ~]# passwd user001

[user001@rhel9-host ~]$ id

命令运行结果如图 10-15 所示。

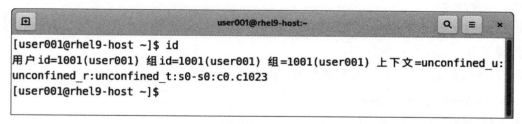

图 10-15　查看 user001 的上下文

(4) 根据表 10-4 和 10-5，要想使 user001 用户不能使用"su"命令，可以将其映射为 staff_u 用户。重新以 root 用户登录，增加 user001 用户与 SELinux 用户的 staff_u 的映射关系。命令如下：

[root@rhel9-host ~]# semanage login -a -s staff_u user001

[root@rhel9-host ~]# semanage login -l

命令运行结果如图 10-16 所示。

图 10-16　增加 user001 与 SELinux 的映射关系

(5) 再次以 user001 登录系统，查看其上下文，如图 10-17 所示。

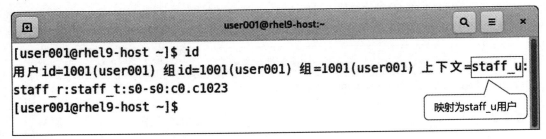

图 10-17　查看 user001 用户修改后的上下文

(6) 尝试使用"su"命令，发现无法使用，如图 10-18 所示。

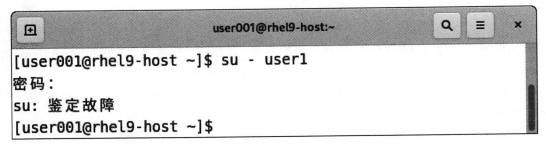

图 10-18　user001 用户无法使用"su"命令

(7) 删除 user001 与 SELinux 用户 staff_u 的映射关系，即可删除对 user001 使用"su"命令的限制。命令如下：

```
[root@rhel9-host ~]# semanage login -d user001
```

3. 管理 SELinux 用户角色

(1) 查看当前 SELinux 用户及其对应的角色。命令如下：

```
[root@rhel9-host ~]# semanage user -l
```

命令执行结果如图 10-19 所示。

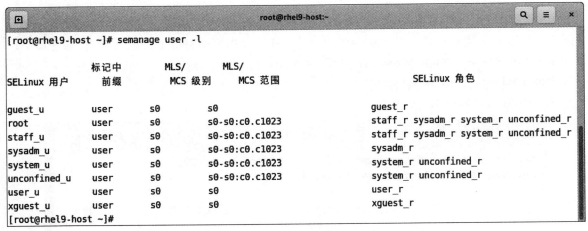

图 10-19　查看当前 SELinux 用户及其对应的角色

(2) 添加 SELinux 用户 swift_u，使其拥有 staff_r 和 sysadm_r 角色。命令如下：

```
[root@rhel9-host ~]# semanage user -a -R "staff_r sysadm_r" swift_u
[root@rhel9-host ~]# semanage user -l
```

命令执行结果如图 10-20 所示。

```
[root@rhel9-host ~]# semanage user -a -R "staff_r sysadm_r" swift_u
[root@rhel9-host ~]# semanage user -l

                标记中       MLS/         MLS/
SELinux 用户     前缀        MCS 级别     MCS 范围                        SELinux 角色

guest_u         user        s0          s0                              guest_r
root            user        s0          s0-s0:c0.c1023                  staff_r sysadm_r system_r unconfined_r
staff_u         user        s0          s0-s0:c0.c1023                  staff_r sysadm_r system_r unconfined_r
swift_u         user        s0          s0                              staff_r sysadm_r
sysadm_u        user        s0          s0-s0:c0.c1023                  sysadm_r
system_u        user        s0          s0-s0:c0.c1023                  system_r unconfined_r
unconfined_u    user        s0          s0-s0:c0.c1023                  system_r unconfined_r
user_u          user        s0          s0                              user_r
xguest_u        user        s0          s0                              xguest_r
[root@rhel9-host ~]#
```

新添加的用户及其对应的角色

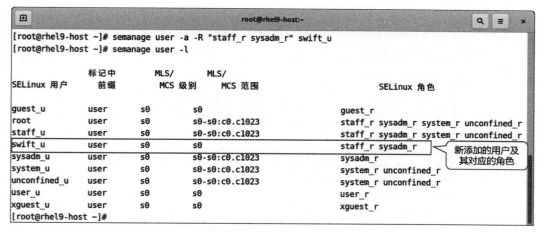

图 10-20　新添加 SELinux 用户及其对应的角色

(3) 删除 swift_u 用户。命令如下：

```
[root@rhel9-host ~]# semanage user -d swift_u
```

4. 管理 SELinux 权限

(1) 查看系统中的布尔值，找到与可执行文件有关的布尔值。命令如下：

```
[root@rhel9-host ~]# semanage boolean -l
```

命令运行结果如图 10-21 所示。

布尔值 user_exec_content 是允许 SELinux 用户 user_u 在家目录和 /tmp 目录中执行可执行文件。

```
use_ecryptfs_home_dirs       (关    ,    关)  Allow use to ecryptfs home dirs
use_fusefs_home_dirs         (关    ,    关)  Allow use to fusefs home dirs
use_lpd_server               (关    ,    关)  Allow use to lpd server
use_nfs_home_dirs            (关    ,    关)  Allow use to nfs home dirs
use_samba_home_dirs          (关    ,    关)  Allow use to samba home dirs
use_virtualbox               (开    ,    开)  Allow use to virtualbox
user_exec_content            (开    ,    开)  Allow user to exec content
varnishd_connect_any         (关    ,    关)  Allow varnishd to connect any
virt_lockd_blk_devs          (关    ,    关)  Allow virt to lockd blk devs
virt_qemu_ga_manage_ssh      (关    ,    关)  Allow virt to qemu ga manage ssh
```

当前值　默认值

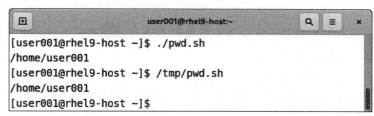

图 10-21　查找与可执行文件有关的布尔值

(2) 以 user001 用户登录系统，在家目录下创建一个可执行文件 pwd.sh，并将其复制到 /tmp 目录下。命令如下：

```
[user001@rhel9-host ~]$ echo "pwd">pwd.sh
[user001@rhel9-host ~]$ chmod 755 pwd.sh
[user001@rhel9-host ~]$ cp pwd.sh /tmp
```

(3) 执行 pwd.sh 文件，可以正常运行，如图 10-22 所示。

```
[user001@rhel9-host ~]$ ./pwd.sh
/home/user001
[user001@rhel9-host ~]$ /tmp/pwd.sh
/home/user001
[user001@rhel9-host ~]$
```

图 10-22　user001 用户可以正常执行文件

(4) 以 root 用户登录系统，将 user_exec_content 权限关闭。命令如下：

[root@rhel9-host ~]# setsebool user_exec_content off

[root@rhel9-host ~]# getsebool user_exec_content

命令运行结果如图 10-23 所示。

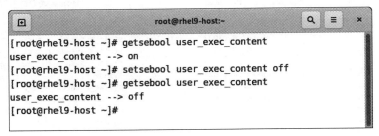

图 10-23 将 user_exec_content 权限关闭

(5) 添加一个 Linux 用户登录时与 SELinux 用户的映射关系，将 user001 用户映射到 SELinux 的 user_u 用户。命令如下：

[root@rhel9-host ~]# semanage login -a -s user_u user001

[root@rhel9-host ~]# semanage login -l

命令执行结果如图 10-24 所示。

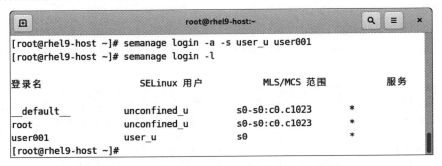

图 10-24 将 Linux 用户 user001 映射到 SELinux 用户 user_u

(6) 再次以 user001 登录，执行 pwd.sh 文件，发现没有权限。如图 10-25 所示。

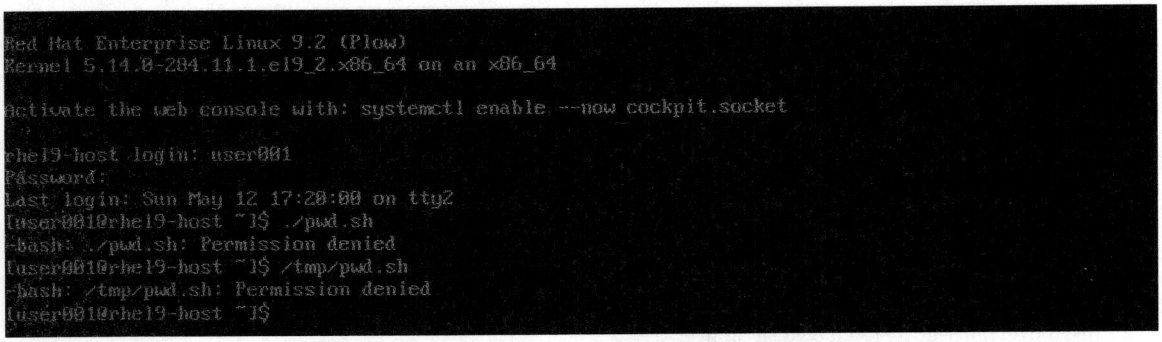

图 10-25 user001 没有执行可执行文件的权限

◎小贴士：由于 user_exec_content 还会使用户无法使用 X Window 登录，因此可以使用 Ctrl + Alt + F2 切换到纯命令行模式下登录或者使用远程登录软件（如 Xshell）远程登录。

5. 管理 SELinux 文件上下文

(1) 查看系统中所有的文件上下文。命令如下：

[root@rhel9-host ~]# semanage fcontext -l

部分执行结果如图 10-26 所示。

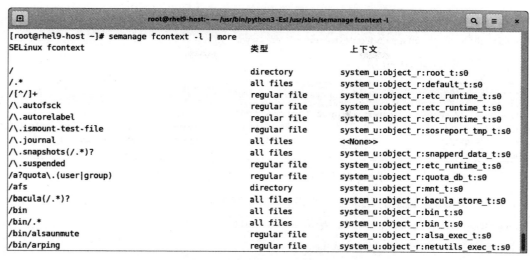

图 10-26 查看系统所有文件的上下文

(2) 新建 /web 目录，并查看其上下文。命令如下：

[root@rhel9-host ~]# mkdir /web

[root@rhel9-host ~]# ls -dZ /web

命令执行结果如图 10-27 所示。

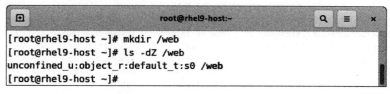

图 10-27 查看 /web 目录的上下文

(3) 修改 /web 目录上下文的类型为 httpd_sys_contenet_t。命令如下：

[root@rhel9-host ~]# chcon -R -t httpd_sys_content_t /web

[root@rhel9-host ~]# ls -dZ /web

命令执行结果如图 10-28 所示。

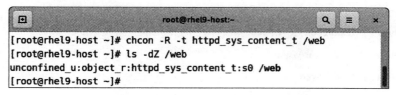

图 10-28 修改 /web 文件上下文的类型

(4) 将 /web 目录的上下文恢复默认上下文。命令如下：

[root@rhel9-host ~]# restorecon -R -v /web

[root@rhel9-host ~]# ls -dZ /web

命令运行结果如图 10-29 所示。

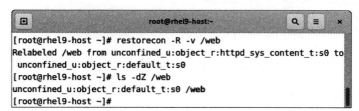

图 10-29 将 /web 目录的上下文恢复为默认上下文

（5）查看 /var/www 目录的默认上下文。命令如下：

```
[root@rhel9-host ~]# semanage fcontext -l |grep "/var/www(/.*)?"
```

命令执行结果如图 10-30 所示。

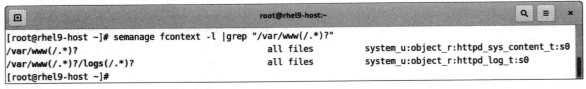

图 10-30　查看 /var/www 目录的默认上下文

（6）参考 /var/www 目录的默认上下文设置 /web 目录的默认上下文。命令如下：

```
[root@rhel9-host ~]# semanage fcontext -a -e /var/www /web
[root@rhel9-host ~]# semanage fcontext -l |grep "/web"
```

命令执行结果如图 10-31 所示。

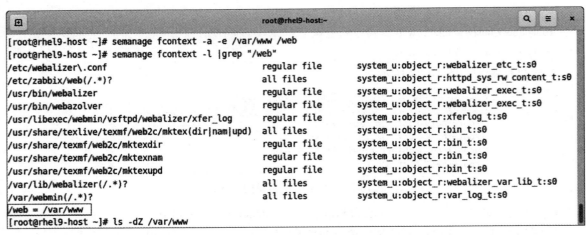

图 10-31　参考 /var/www 目录的默认上下文修改 /web 目录的默认上下文

（7）按照默认上下文恢复 /web 的上下文，对比 /var/www 目录和 /web 目录的上下文，发现二者相同。命令如下：

```
[root@rhel9-host ~]# restorecon -R -v /web
[root@rhel9-host ~]# ls -dZ /var/www
[root@rhel9-host ~]# ls -dZ /web
```

命令运行结果如图 10-32 所示。

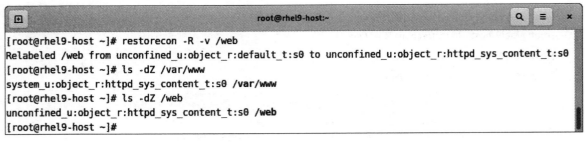

图 10-32　按照默认上下文恢复 /web 的上下文

6. 管理 SELinux 的端口上下文

（1）修改 Apache 服务器配置文件，使监听端口为 12345，如图 10-33 所示。

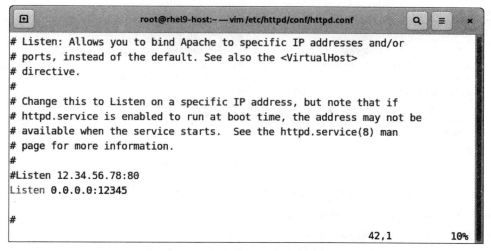

图 10-33 修改 Apache 服务器配置文件监听 12345 端口

(2) 重启 httpd 服务，发现启动失败，如图 10-34 所示。

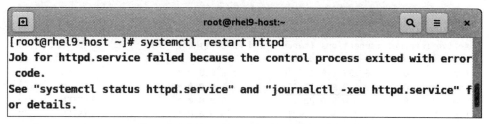

图 10-34 重启 httpd 服务失败

(3) 查看日志，发现是 SELinux 限制了 12345 端口，如图 10-35 所示。

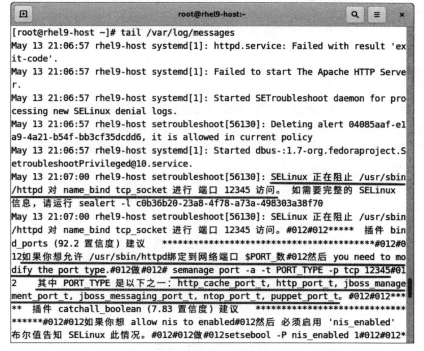

图 10-35 查看日志获取 httpd 服务启动失败信息

(4) 根据日志信息，查看 SELinux 端口策略。命令如下：

```
[root@rhel9-host ~]# semanage port -l
```

命令运行部分结果如图 10-36 所示，与 http 有关的类型均不监听 12345 端口。

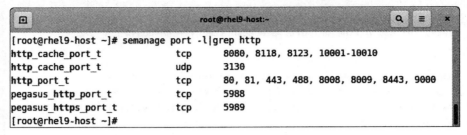

```
[root@rhel9-host ~]# semanage port -l|grep http
http_cache_port_t           tcp      8080, 8118, 8123, 10001-10010
http_cache_port_t           udp      3130
http_port_t                 tcp      80, 81, 443, 488, 8008, 8009, 8443, 9000
pegasus_http_port_t         tcp      5988
pegasus_https_port_t        tcp      5989
[root@rhel9-host ~]#
```

图 10-36　查看 SELinux 端口策略

(5) 修改 SELinux 端口策略 http_port_t，使其监听 12345 端口。命令如下：

[root@rhel9-host ~]# semanage port -a -t http_port_t -p tcp 12345

(6) 重启 httpd 服务，能够成功启动。命令如下：

root@rhel9-host ~]# systemctl restart httpd

(7) 查看监听端口，可以看到 12345 正在被监听，如图 10-37 所示。

```
[root@rhel9-host ~]# netstat -ant
Active Internet connections (servers and established)
Proto Recv-Q Send-Q Local Address           Foreign Address         State
tcp        0      0 127.0.0.1:6010          0.0.0.0:*               LISTEN
tcp        0      0 0.0.0.0:12345           0.0.0.0:*               LISTEN
tcp        0      0 0.0.0.0:22              0.0.0.0:*               LISTEN
tcp        0      0 127.0.0.1:631           0.0.0.0:*               LISTEN
tcp        0      0 192.168.1.100:22        192.168.1.1:49794       ESTABLISHED
tcp6       0      0 :::22                   :::*                    LISTEN
tcp6       0      0 ::1:631                 :::*                    LISTEN
tcp6       0      0 ::1:6010                :::*                    LISTEN
[root@rhel9-host ~]#
```

图 10-37　查看监听端口

▼ 任务总结

　　本次任务我们学习了 SELinux 的配置和基本使用方法。SELinux 是 Linux 系统权限管理后的又一道安全防护屏障，可以进一步规范那些权限管理无法触及的安全操作。出于 Linux 安全的要求，我们不应该总把 SELinux 设置为 Permissive 模式，而应该开启 Enforcing 模式，并进行相应的安全配置，以进一步提高 Linux 系统的安全性。

▼ 同步训练

(1) 确认当前系统的 SELinux 模式是否为 Enforcing 模式，如果不是，请设置为该模式。
(2) 添加用户 user002，并使其不能使用 su 和 sudo 命令。
(3) 将所有除 root 外登录的 Linux 用户都映射到 SELinux 用户 staff_u。
(4) 新建 /home1 目录，并参考 /home 目录设置上下文规则。

项 目 总 结

　　防火墙是网络安全中必不可少的工具。除了使用专门的防火墙设备，Linux 本身也自带有防火墙组件，可以保护本机服务器。在本项目中，我们了解了 Linux 防火墙的基本概念，并初步学习了它的管理工具 Firewalld 的使用。SELinux 虽然不能称为真正意义上的防火墙，但它对 Linux 系统的权限控制也起到了非常重要的作用，也是一种常用的安全防护手段。

项 目 训 练

一、选择题

1. RHEL9 中默认管理防火墙的工具是 _____。

A. iptables　　　　　　　　　B. ip6tables

C. ebtables　　　　　　　　　D. Firewalld

2. 在 Firewalld 中，新添加的网络接口默认会被关联到 _____ 区域。

A. trust　　　　　　　　　　B. home

C. public　　　　　　　　　D. external

3. 以下关于 Firewalld 区域的描述不正确的是 _____。

A. 每个接口都对应了一个区域

B. 用户通过向接口所属区域中添加规则的方式改变防火墙的规则

C. 区域的描述决定了哪些连接可以通过防火墙

D. 区域中的规则对象可以是服务、端口等

4. SELinux 是 _____ 的缩写。

A. Security-Enhanced Linux　　　B. Standard Embedded Linux

C. Simple Extended Linux　　　　D. Security Extensions for Linux

5. SELinux 的主要目标是 _____。

A. 提高 Linux 内核性能　　　　B. 提供高级网络功能

C. 增强 Linux 系统的安全性　　D. 简化 Linux 系统的管理

6. SELinux 中的安全上下文包括 _____。

A. 用户、角色和类型　　　　　B. 用户、组和类型

C. 用户、角色和特权级别　　　D. 用户、组和特权级别

二、填空题

1. 从技术角度来看，防火墙分为 _____、_____ 和 _____ 三种类型。

2. RHEL9 中防火墙的内核框架是 _____。

3. 查看 SELinux 当前工作模式的命令是 _____。

参 考 文 献

[1] 张平 . Linux 操作系统案例教程：CentOS Stream 9/RHEL 9：微课版 [M] . 北京：人民邮电出版社，2023.

[2] https://access.redhat.com/documentation/zh-cn/red_hat_enterprise_linux/9

[3] 王亚飞，张春晓 . CentOS 8 系统管理与运维实战 [M] . 北京：清华大学出版社，2021.